安阳工学院 2022 年博士科研项目，抗菌肽 APB-13 抗猪传染性胃肠炎的作用机制
编号（40076302）

现代猪病的诊断与防治探析

梁秀丽 著

天津出版传媒集团

天津科学技术出版社

图书在版编目（CIP）数据

现代猪病的诊断与防治探析 / 梁秀丽著 . -- 天津 ：
天津科学技术出版社，2024. 8. -- ISBN 978-7-5742
-2349-3

Ⅰ．S858.28

中国国家版本馆 CIP 数据核字第 20241U41U6 号

现代猪病的诊断与防治探析
XIANDAI ZHUBING DE ZHENDUAN YU FANGZHI TANXI

责任编辑：房　芳

责任印制：兰　毅

出　　版：天津出版传媒集团
　　　　　天津科学技术出版社

地　　址：天津市和平区西康路35号

邮　　编：300051

电　　话：（022）23332377

网　　址：www.tjkjcbs.com.cn

发　　行：新华书店经销

印　　刷：河北万卷印刷有限公司

开本 710×1000　1/16　印张 17.25　字数 256 000
2024年8月第1版第1次印刷
定价：98.00元

前　言

　　猪作为重要的家畜资源，在全球农业生产中占据着不可或缺的位置。对其特征的理解和相关疾病防控知识的掌握对于确保猪只健康、维护公共卫生和促进养殖业持续发展至关重要。

　　第一章详细介绍了猪的基础知识，包括它们的生物学和行为学特征，以及一些主要的品种。这些基础知识为理解猪的生理和心理需求提供了重要信息，也是识别和分类不同猪品种的基础。

　　第二章转向猪病的发生与流行。我们讨论了疾病的发生机制、传播路径，以及猪病流行的多种原因和特征。这些知识对于预测和防止疾病的暴发至关重要。

　　在第三章中，深入探讨了现代猪病的多种类型，从普通疾病到猪的常见寄生虫病，再到影响繁殖的障碍性传染病，以及呼吸道和腹泻性传染病，这些内容覆盖了猪可能遭遇的主要健康挑战。

　　第四章和第五章分别关注临床检查和实验室诊断。这两章的内容为临床兽医提供了实用的诊断工具和技术，使他们能够准确诊断并应对各种猪病。

　　第六章和第七章涵盖了猪病的预防措施，包括猪场的消毒和免疫接种。这部分内容提供了关于如何创建和维持健康生产系统的实际指导。

　　第八章探讨了猪病的治疗手段，从传统的药物治疗到更好的替代方法，如针灸，这提供了一个多方面的治疗视角。

　　第九章讨论了混合感染疾病的防控策略。在现代畜牧业中，多病原混合感染成为一个越来越严重的问题，这一章提供了关于如何防治这类复杂情况的指导。

　　通过阅读本书，读者能够获得从基础理论到实际应用的全方位知识，以更有效地应对现代猪病的挑战。由于作者水平有限，书中难免存有疏漏之处，望广大读者批评指正。

目 录

第一章　猪的特征与品种识别

第一节　猪的生物学特征

猪的生物学特性是在长时间的自我进化和人类驯养的过程中形成的。这些特性为人类提供了稳定的食物来源和经济价值。深入了解和掌握这些特性，可以帮助人类更好地饲养和改良猪种，从而为社会创造更大的价值。

一、多胎高产，世代间隔短

猪的繁殖周期相对较短，且具有高产的特性，这为其在畜牧业中的广泛养殖提供了有力的支撑[①]。仔猪在 3 ~ 5 月龄时即可达到性成熟，意味着在其生命的早期阶段，就已经具备了繁殖的能力。6 ~ 8 月龄的猪就可以进行初次配种，这一时间点相对较早，有助于提高猪的繁殖效率。值得注意的是，猪的发情并没有受到季节的限制，这意味着在一年四季，猪都可以进行发情和配种。这一特性为猪的连续繁殖提供了可能，也为养猪业带来了更为稳定的生产。猪的妊娠期相对较短，仅为 110 多天[②]。这一时间段远短于许多其他家畜，这意味着猪可以在较短的时间内完成整个妊娠过程，为下一次的繁殖做好准备。此外，猪属于多胎动物，每次妊娠可以产下 8 ~ 12 头仔猪。这一数量相对较高，为养猪业提供了大量的后备资源。考虑到猪的这些生物学特性，现代养猪业已经采用了一

---

① 远永来，王国辉，郭春辉，等.高产母猪的饲养策略[J].饲料与畜牧，2017（12）：54-55.

② 许秀平.三元杂交瘦肉型猪综合配套技术系列讲座之六：二元母猪妊娠期、哺乳期的饲养管理[J].农家致富，2001（6）：23-24.

系列的管理措施来进一步提高繁殖效率。例如，实行早期断奶并采用人工哺乳培育仔猪的方法，可以使猪在两年内达到五胎的繁殖频率。这一做法不仅提高了猪的繁殖效率，还为养猪业带来了更为丰厚的利润。另外，后备猪在 7 ～ 8 月龄进行配种，可以在 10 ～ 12 月龄分娩。这种短时间内的繁殖周期，使得猪在同一年内可以完成从出生、性成熟到分娩的整个生命周期。这种短暂的世代间隔，为猪的快速繁殖提供了条件。在两年的时间内，可以实现三代猪的繁殖。五种家畜繁殖性能对比如表1–1 所示。

表1-1　五种家畜繁殖性能对比

家畜	猪	羊	马	水牛	黄牛
初配时间	7 ～ 8 月龄	12 ～ 15 月龄	2.5 ～ 3 岁	3 ～ 4 岁	1.5 ～ 2 岁
怀孕期（天）	114	152	334	305	285
每胎产仔数	8 ～ 12	1 ～ 3	1	1	1
世代间隔（年）	1 ～ 1.5	1.5 ～ 2	3.5 ～ 4	4 ～ 5	3 ～ 4

二、生长期短，发育迅速，脂肪沉积能力强

生长期短的特性与猪的生理机制密切相关。猪的消化系统高效，能够迅速吸收和转化饲料中的营养成分，为其生长提供充足的能量和物质基础。此外，猪的新陈代谢旺盛，有助于其迅速地将摄入的营养转化为体重增长。这种高效的能量转化机制，使得猪在短时间内就能达到理想的体重和体型。除了生长期短和发育迅速，猪的脂肪沉积能力也是其生物学特性中的一个重要方面。猪体组织和体重的生长过程中，其体内的化学成分会呈现出一种规律性的变化。随着体重和年龄的增长，猪体内的水分和蛋白质的含量会逐渐下降，而脂肪的含量则迅速增加。这种变化不仅体现在脂肪的总量上，还体现在脂肪的成分上。随着脂肪量的增加，猪油中饱和脂肪酸的含量也会相对增加，而不饱和脂肪酸的含量则会减少。这一点对选择猪的屠宰时间尤为重要，因为适时的屠宰可以确保猪油的质量和口感。

　　猪的生长过程中，体躯各部位的生长速度和顺序也有所不同。体高和体长的增加是最早开始的，随后是深度和宽度的增加，而腰部的生长则最晚。从组织器官的生长顺序来看，神经组织是首先生长的，其次是骨骼，再次是肌肉，最后是脂肪。这种生长顺序反映了猪的生长和发育的生物学规律。骨骼的生长特点是先增长长度，再增加宽度。而脂肪的沉积则有其特定的顺序，从花油开始，到板油，再到肌间脂肪，最后是皮下脂肪。猪的生长速度和脂肪沉积速度也有其特定的规律。瘦肉的生长速度在体重达到30千克之前，会呈现出一个加速上升的趋势。当体重在30到60千克之间时，瘦肉的生长速度会呈现出一个匀速增长的趋势。而当体重超过60千克后，瘦肉的生长速度则会变得平稳，甚至略有下降。与此相反，脂肪的沉积速度会随着体重的增加而逐渐上升。这意味着，随着体重的增加，瘦肉的比率会逐渐降低。这也是为什么人们常说小猪长骨，大猪长肉，肥猪长膘的原因。猪与阉牛脂肪的沉积对比如表1-2所示。

表1-2　猪与阉牛的脂肪沉积对比

食入营养物质（千克）		淀粉	糖	脂肪	蛋白质	粗纤维
猪脂肪沉积	克	356	281	881	363	248
	热价（兆焦）	14.29	11.19	35.03	14.46	9.85
阉牛脂肪沉积	克	248	188	474 ~ 598	235	253
	热价（兆焦）	9.89	7.50	18.86 ~ 23.82	9.39	10.06

三、仔猪怕冷，成猪不耐热

　　猪的生理特性与其所处的环境温度之间存在着密切的关系。仔猪在出生之初，由于神经系统尚未发育完全，体温调节能力相对较差。这种调节能力的不足，与仔猪皮下脂肪的稀少、皮肤的薄弱、毛发的稀疏以及体表面积相对较大（与体重相比）有关。这些生物学特性使得仔猪对冷或潮湿的环境特别敏感。

环境温度对猪的生长和发育有着显著的影响。当环境温度处于一个适宜的范围内,猪在自由采食的条件下所需的维持能量相对较少。这意味着在这种温度下,猪可以将更多的能量用于生产,从而提高其生长效率。当环境温度超出这个适宜范围,猪为了维持体温需要消耗更多的能量。具体来说,当环境温度超过临界温度上限,猪需要更多的能量来维持体温,但其摄取的能量却会减少。相反,当环境温度低于临界温度下限,为了维持体温,猪所需的能量会呈直线增加。猪的等热区是一个特定的温度范围,在这个范围内,猪可以通过物理性调节达到感觉舒适的状态。在这个温度范围内,猪的体重增长速度也会相对较快。等热区的下限被称为临界温度,这是猪为了维持体温而开始消耗更多能量的温度点。为了确保猪的健康和生产效率,农户和养殖场管理人员应该密切关注并调整猪舍的环境温度。保持一个适宜的温度不仅有助于猪的生长和发育,还可以减少饲料的浪费,因为在适宜的温度下,猪可以更有效地将摄取的能量转化为生产能量。对仔猪来说,由于其体温调节能力较差,更应该重视其生活环境的温度,避免其受到冷和潮湿的伤害。

肉猪的临界温度是指猪在不消耗额外能量来调节体温的情况下,能够正常生长和发育的最低环境温度。这一温度可以通过公式:临界温度($℃$)=$19.5-0.065×W$ 来计算,其中 W 代表猪的体重(千克)。这个公式为养殖户提供了一个基本的参考,但实际的临界温度可能会因为多种因素而有所不同。

猪的年龄、采食量、饲养方式等都会影响其对温度的适应性。例如,脂肪型猪与瘦肉型猪在临界温度上存在差异。脂肪型猪由于体内脂肪含量较高,其临界温度相对较低。这是因为脂肪可以为猪提供一定的保温效果,使其在较低的温度下也能保持体温稳定。此外,营养水平也是影响猪临界温度的一个重要因素。高营养水平的猪其临界温度相对较低。这是因为高营养水平可以提供更多的能量,帮助猪在低温环境中维持正常的生理活动。饲养方式,如个体饲养和群饲,也会对猪的临界温度产生影响。合群饲养的猪其临界温度通常较低。这是因为在群饲环境中,猪之间的相互接触和摩擦可以产生热量,帮助它们保持体温。猪的体况也是一个不可忽视的因素。体况良好的猪其临界温度通常较低。这与它们健康的生理状态和良好的新陈代谢有关。以体重为 40 千克的仔猪为例，在环境温度为 26 ~ 32℃的条件下，其日增重和采食量与适温组（23℃）相比均有所下降。[①] 具体来说，环境温度每升高 1℃，日增重和采食量分别下降 6.3% 和 2.9%。这一数据明确地表明，仔猪在较高的温度下，其生长速度和食欲都会受到影响。高温环境会导致仔猪的生理应激，使其消耗更多的能量来调节体温，从而影响其生长和食欲。

在低温环境中，猪的能量消耗增加，为了维持体温和正常的生理机能，猪需要摄取更多的饲料。例如，体重为 155 千克的妊娠母猪，在环境温度为 59℃时，其饲料供给量需比适温条件下（18℃）高出 40%。这一现象可以解释为，当环境温度低于猪的临界温度时，猪为了维持其体温，需要消耗更多的能量，因此需要增加饲料的摄取量。此外，环境温度对猪的饲料消化率也有影响。随着环境温度的降低，饲料的消化率会相应地降低。具体来说，等热区下的温度每升高 1℃，消化率就会提高 0.25%。这意味着，在较低的温度下，猪需要摄取更多的饲料才能获得与在较高温度下相同的能量。为了更好地理解猪对温度的适应性，可以通过一个公式来描述适宜温度与猪体重之间的关系。这个公式为：适宜温度（摄氏度，℃）=26–0.06×W，其中 W 代表猪的体重（千克）。这个公式表明随着猪体重的增加，其适宜的环境温度逐渐降低。这也解释了为什么仔猪更怕冷，而成猪对高温的适应性较差。

四、饲料来源广，饲料转化率高

猪，作为杂食动物，展现了其在食物选择上的广泛性。这种广泛的食性意味着猪可以摄取多种类型的食物，从动植物到矿物质饲料，都能被猪所利用。这种广泛的食性为猪提供了一个独特的生态位，使其能够在多种环境中生存和繁衍。猪的口腔结构也为其广泛的食性提供了有力的支持。门齿、犬齿与白齿的发达，使猪能够咀嚼和消化各种不同的食物。这种口腔结构的多样性意味着猪可以摄取多种类型的食物，从硬质

---

① 周改玲，乔宏兴，支春翔，等 . 养猪与猪病防控关键技术 [M]. 郑州：河南科学技术出版社，2017：5.

的植物种子到柔软的动物组织，都能被猪所消化。胃的结构也是猪食性广泛的一个重要因素。猪的胃介于肉食动物的简单胃和反刍动物的复杂胃之间，这种中间类型的胃结构使猪能够消化各种不同的食物。这种胃的结构特点为猪提供了一个独特的消化能力，使其能够有效地利用各种饲料。猪对饲料的转化率很高，这意味着猪可以从摄取的食物中获取更多的能量和营养。这种高效的饲料转化率为猪提供了一个生存和繁衍的优势，使其能够在食物短缺的环境中生存。尽管猪的食性广泛，但它们在选择食物时并不是随意的。猪舌的舌乳头具有味蕾，这使猪在采食时能够辨别食物的口味。这种味觉的敏锐性使猪能够选择对其有益的食物，避免摄取有害的食物。特别是，猪对甜味的偏好意味着它们更倾向于选择含糖的食物，这为猪提供了更多的能量来源。猪、牛、羊饲料转化率对比如表 1-3 所示。

表1-3　猪、牛、羊饲料转化率对比[①]

类别		猪 （初生到 90 千克）	肉用阉牛 （1 周岁，肥育期间）	羔羊 （肥育期）
产品单位（活重）		1 千克 猪肉	1 千克 牛肉	1 千克 羊肉
生产 1 千克 产品所需饲料 （包括维持需要）	饲料 （千克）	4.9	10.0	9.0
	T.D.N （千克）	3.67	6.50	5.58
	消化能 （兆焦）	66.7	119.9	102.9
	蛋白质 （千克）	0.69	1.00	0.96

---

① 吕志强 . 养猪手册 [M]. 石家庄：河北科学技术出版社，2009：17.

屠宰后产量	百分率（%）	70	58	47
	净重（千克）	0.70	0.58	0.47
人吃的现成食物产量（肉去骨或蒸熟后）	与原料产量（胴体的%）	44	49	40
	每千克产品余下的重量（千克）	0.31	0.28	0.19
	热量（兆焦）	3.15	3.15	2.08
	蛋白质（千克）	0.088	0.085	0.052
转化率（%）	热量	4.6	2.6	2.1
	蛋白质	12.7	8.5	5.4
	热及蛋白质的总和	17.3	11.1	7.5

五、嗅觉、听觉灵敏，视觉不发达

　　猪的嗅觉能力在动物界中堪称卓越。其特殊的鼻子结构、广阔的嗅区以及嗅黏膜的绒毛面积都为其提供了出色的嗅觉识别能力。嗅黏膜上分布密集的嗅神经使得猪对于各种气味都能迅速嗅到并进行辨别。实际测定数据显示，猪对气味的识别能力远超狗和人类，具体来说，其识别能力比狗高出 1 倍，与人类相比则高出 7 ～ 8 倍。这种超凡的嗅觉能力在猪的日常生活中起到了关键作用。猪群中的个体间以及母猪与仔猪之间，主要依赖嗅觉来保持联系。令人惊讶的是，仔猪在出生后的几小时内就能够鉴别气味，并依赖嗅觉来寻找乳头。而到了3天后，仔猪就能够固定乳头，不会因为任何外部因素而弄错。这一点在生产中尤为重要，因为在按强弱固定乳头或进行寄养的过程中，需要在仔猪出生后的3天内完成。猪的嗅觉还在寻找食物、识别群体内的个体以及性本能中发挥了重要作用。例如，猪能够依靠嗅觉有效地寻找地下埋藏的食物。在性本能方面，发情的母猪即使在公猪不在场的情况下，只要闻到公猪特有的气味，就会表现出特定的反应。而公猪则能够敏锐地嗅到发情母猪的气味，即使距离很远，也能准确地辨别出母猪所在的方位。此外，猪的这种嗅觉能力还有实际应用价值。例如，可以利用其嗅觉灵敏性进行训练，使猪能够进行定点排类。在寄养新生仔猪的过程中，为了保证寄养的成功，需要使得仔猪的气味与母猪的气味一致。

猪的听觉特性在其生物学特性中占有重要地位。猪的耳形大且外耳腔深广，这使得它们在搜索音响的范围上具有优势。这种结构设计使猪能够辨别声音的方向、强度、音调和节律。这种能力不仅体现在成年猪上，仔猪在出生后的几小时内就能对声音产生反应。然而，仔猪需要到2月龄才能分辨出不同的声音刺激物，而在3至4月龄时，它们的这种能力会得到显著提高。猪对于意外声音的反应特别敏感。例如，当饲养员碰撞喂猪的铁桶时，猪会立即起身并发出叫声表达其想要进食的想法。这种反应不仅仅是对食物的渴望，更多的是对声音的敏感度。对于危险信号，猪也会展现出高度的警觉性。即便在深度睡眠中，一旦出现意外声响，猪会迅速苏醒并保持警惕。这种高度的警觉性对于猪在野外生存是非常有利的，因为它可以帮助猪迅速地察觉到潜在的威胁。为了确保猪的生活环境稳定和舒适，需要尽量避免突发的噪声。猪的生活环境应该是安静的，这样可以避免它们因为突发的声响而产生不必要的骚动。这种骚动不仅会影响猪的生活质量，还可能对其健康产生不良影响。因此，为了猪的健康和福利，饲养员应该尽量减少在饲养环境中的噪声。另外，猪的听觉特性也为其饲养提供了一些有趣的可能性。例如，可以利用猪的听觉灵敏性进行训练，使其在特定的声音刺激下进行定时采食。这种方法不仅可以提高饲养效率，还可以减少饲养员的工作负担。此外，公猪的叫声也可以作为母猪的发情鉴定。这种方法是基于猪对声音的敏感性，可以为饲养员提供一个简单而有效的方法来判断母猪的发情状态。

猪的视觉能力较差，这一点在多个方面都得到了证实。第一，猪的视距短，使得它们在一定的距离内才能看清楚物体。这种短视距的特性与猪的生活习性和环境有关。在野外，猪通常生活在森林、草地和其他低矮的植被中，这些环境中的物体大多都在猪的近距离内。因此，猪可能不需要长距离的视觉能力来寻找食物或避免天敌。第二，除了视距短，猪的视野范围也较小。在同一时间内只能看到有限的区域。这种有限的视野范围与猪的眼睛位置有关。猪的眼睛位于头部的两侧，这种位置使得它们的前方和两侧的视野都受到了限制。这也可能是猪在寻找食物或应对威胁时，经常需要移动头部来扩大其视野的原因。第三，猪对光的刺激的反应速度较慢，这也是其视觉能力较弱的一个表现。与声音的刺激相比，猪对光的刺激的条件反射要慢得多。这可能与猪的大脑结构和神经系统有关。猪的大脑中，处理声音和嗅觉信息的区域比处理视觉信息的区域更为发达。因此，当猪接收到光线刺激时，其大脑需要更长的时间来处理这些信息，从而导致其反应速度较慢。第四，猪对光线强弱和物体形象的分辨能力也不强。在同样的光线条件下，猪难以分辨出物体的细节和形状。这也是猪在寻找食物时，更多地依赖于嗅觉而不是视觉的原因。同时，猪的分辨颜色的能力也较差。这与猪的视网膜中色素细胞的数量和种类有关。猪的视网膜可能缺乏某些类型的色素细胞，这使得它们难以分辨出不同的颜色。

六、肉质好，屠宰率高

猪在肉用家畜中占有特殊的地位，其能力在于能够充分利用饲料与营养物质，将其转化为高营养价值的肉品。与其他家畜相比，猪的增重速度显著，饲料报酬也相对较高。特别是瘦肉型猪，其生长速度和代谢强度均超过其他类型的猪。这种猪对饲料中的蛋白质的转化率较高，因此其沉积瘦肉的能力也更为突出。事实上，瘦肉型猪转化为瘦肉的效率是脂肪型猪的两倍。饲料的转化效率在很大程度上决定了猪的肉质。猪对饲料转化为瘦肉的效率明显高于转化为脂肪的效率，这意味着瘦肉型育肥猪的饲料报酬相对较高。日粮的营养水平和饲料的质量对产肉性能有直接的影响。日粮的能量水平越高，猪的日增重就越大，饲料利用率也相应提高。这也意味着猪的瘦肉率可能会降低，背膘可能会变厚。与牛肉和羊肉相比，猪肉在多个营养方面都有其独特之处。猪肉的水分含量相对较少，而脂肪、热量和硫胺素含量则相对较高。这些营养成分使得猪肉在食品中占有一席之地。更重要的是，猪肉的品质被普遍认为是优良的，其肉质嫩滑、味道鲜美，并且易于消化。这些特点使猪肉成为人类饮食中不可或缺的动物性营养物质来源。

第二节　猪的行为学特征

猪的行为学特性是其与生俱来的反应方式，这些反应方式在很大程度上是由其遗传基因和生活环境共同决定的。猪对其生活环境、气候条件和饲养管理的反应都有其独特的行为表现，并遵循一定的规律。猪的行为习性受到两方面的影响：一是先天的遗传因素，二是后天的环境和管理因素。这意味着，猪的行为除了受到其基因影响，还受到其生活环境和人类的管理方式的影响。因此，了解猪的行为习性对于饲养者来说是至关重要的。

一、动物行为学知识

动物行为学是研究动物如何对某种刺激和外界环境进行适应性反应的学科。这种适应性反应是动物为了生存、生长和繁育而发展出来的一种机制。不同的动物种类对相同的外界刺激可能会有不同的行为反应，而同一种动物的不同个体之间的行为反应也可能存在差异。这种差异性可能是由于多种原因。其中之一是先天遗传的内在因素。这意味着某些行为是动物出生时就固有的，不受外界环境的影响。例如，某些鸟类出生后就会向光源移动，这是一种固有的行为，不需要学习。这并不意味着所有的行为都是先天的。许多行为是可以通过后天的调教或训练来改变的。例如，家犬可以被训练来执行特定的任务，如寻找物品或保护主人。动物的行为习性的适应性变化与其生存、生长和繁育有着密切的关系。为了在复杂多变的环境中生存，动物必须能够对外界刺激做出快速且恰当的反应。这种反应可能是为了寻找食物、躲避捕食者或吸引配偶。例如，当食物短缺时，某些动物可能会改变其行为模式，从日行性变为夜行性，以避免与其他动物竞争。同样，动物的繁育行为也与其适应性行为有关。为了成功繁殖，动物必须能够找到并吸引配偶。这可能涉及复杂的求爱仪式或特定的叫声。这些行为都是为了确保基因的传递，从而确保物种的延续。动物的行为不仅是对外界刺激的简单反应，许多动物都显示出一定程度的学习能力和记忆力。这使得它们能够根据过去的经验来调整自己的行为。例如，一只动物在某个地方被捕食者袭击，它可能会避免再次进入那个地方。

现代养猪学已经认识到动物行为学在生产实践中的重要性。这一学科不仅研究动物的行为活动模式，还探讨其背后的机理和调教方法。这些知识为从事养猪业的人员提供了宝贵的指导，帮助他们更好地管理和照顾猪群。随着养猪业的集约化、机械化和专业化发展，猪的饲养环境发生了显著变化。全舍饲、高密度饲养和专业化流水线生产方式虽然提高了猪的生产效率，但也给猪带来了一系列新的挑战。在这样的环境中，猪很难表达其正常的行为，容易发生应激反应。这些应激反应不仅影响猪的健康和福利，还可能降低其生产效率，从而影响养猪效益。因此，重视猪的行为特点在养猪业中显得尤为重要。了解猪的行为需求和特点，可以帮助养猪业者为猪创造更为合适的饲养环境，减少应激反应，提高猪的生产性能和福利。例如，为猪提供足够的活动空间、合适的饲料和水，以及与同伴的社交互动机会，都可以帮助猪更好地适应饲养环境，表达其正常的行为。此外，了解猪的行为机制和调教方法也对养猪业从业者具有实际意义。通过对猪的行为进行观察和分析，养猪业者可以更好地理解猪的需求和反应，从而采取合适的管理措施，提高养猪效益。例如，通过对猪的行为进行训练，可以帮助猪更好地适应饲养环境，减少应激反应，提高其生产性能。

二、猪的行为特征体现

（一）摄食与饮水行为

1. 摄食行为

摄食行为与猪的生长速度和个体健康有着密切的关系。除了睡眠，猪的大部分时间都在采食。这种行为特征反映了猪的生物学需求和对食物的天然偏好。猪属于杂食类多食性动物，在食物选择上具有广泛性。猪具有拱土觅食的遗传特性，这种特性与其高度发达的嗅觉有关。猪能够通过嗅觉寻找蚯蚓和其他地面下的食物，这为它们提供了丰富的食物来源。但是，这种拱土行为对猪舍的建筑结构可能造成破坏，同时增加了猪从土壤中感染寄生虫和疾病的风险。为了降低这种风险，给猪提供平衡的日粮和足够的矿物质是必要的。这不仅可以满足猪的营养需求，还可以减少其拱土的现象。猪对食物的偏好在很大程度上受到其生物学特性的影响。研究表明，猪对甜食有着特殊的喜好，甚至未哺乳的初生仔猪也显示出对甜食的偏好。这种偏好与猪的味觉受体和大脑中的神经回路有关。[1] 蔗糖和低浓度糖精等甜味物质更受到猪的青睐。猪在食物形态上也有其偏好。与粉料相比，猪更喜欢颗粒料；与干料相比，猪更喜欢湿料。这种偏好可能与猪的口腔结构和消化系统的特点有关。猪的摄食行为不仅反映了其生物学特性，还与其所处的环境和饲养条件有关。为了确保猪的健康和生长，饲养者需要根据猪的行为特征和食物偏好来选择合适的饲料。提供合适的饲料可以满足猪的营养需求，也可以减少其不良行为，如拱土。饲养者还需要考虑猪的生长阶段、健康状况和生理需求，以确保其摄取足够的营养。

猪的摄食行为是一个复杂的生理过程，受多个脑部中枢的调控。丘脑下部食物中枢在这一过程中起到核心作用，它主要由三部分组成：摄食中枢和饱中枢以及饮水中枢。这些中枢之间的相互作用直接影响猪的

---

① 许益民. 安全优质生猪的生产与加工 [M]. 北京：中国农业出版社，2005：4.

食欲、饮水和其他消化活动。摄食中枢位于丘脑下部的外侧部，当它被激活时，猪的食欲会增强，采食量也会相应增加。此外，消化器官的运动、分泌和吸收功能也会得到加强。这意味着，当摄食中枢被激活时，猪的整个消化系统都会进入一个高效工作的状态。相反，当饱中枢被激活时，摄食中枢会受到抑制，猪的食欲会减少，消化器官的活动也会相应减弱。丘脑下部的食物中枢的兴奋性并不是恒定的，它会受到多种因素的影响。大脑皮层边缘叶对食物中枢的兴奋性有一定的抑制作用。消化器官的传入神经冲动，以及血液中某些营养成分的浓度变化，也会影响食物中枢的兴奋性。例如，血糖和挥发性脂肪酸的浓度变化可能会改变食物中枢的兴奋状态。

　　猪在采食时展现出明显的竞争性，这一特点在群饲环境中尤为明显。与单饲的猪相比，群饲的猪在摄食量和摄食速度上都有所增加，这也导致其增重速度更快。这种竞争性是由于猪之间为了争夺有限的食物资源而产生的，这也是许多动物在群居环境中普遍存在的行为。在日常生活中，猪的采食行为呈现出一定的规律性。白天，猪的采食次数通常在 6 到 8 次之间，这比夜间的采食次数要多 1 到 3 次。每次采食的持续时间大约在 10 到 20 分钟之间，但在限饲的情况下，这一时间会缩短到 10 分钟以下。[1] 这可能是因为限饲的猪在摄食时会更加急切，以确保能够获得足够的食物。相反，任食（自由采食）的猪不仅采食时间更长，还能更好地展现出其个性和食物偏好。仔猪的摄食行为与成年猪有所不同。仔猪每天的摄食次数会因其年龄的不同而有所变化，通常在 15 到 25 次之间。这意味着仔猪在一天中大约有 10% 到 20% 的时间用于摄食。[2] 随着仔猪的成长，其摄食量和频率都会逐渐增加。大猪的摄食行为也受到其体重的影响。随着体重的增加，大猪的采食量和摄食频率也会相应地增加。

　　2. 饮水行为

　　猪的饮水中枢位于丘脑的腹内侧部，它的兴奋性会受到多种因素的

---

[1]　曹洪战. 规模化生态养猪技术 [M]. 北京：中国农业大学出版社，2013：14.

[2]　许益民. 安全优质生猪的生产与加工 [M]. 北京：中国农业出版社，2005：4.

影响。血液成分的变化和口腔及咽部的干燥都可能激活饮水中枢。当饮水中枢被激活时，猪会产生强烈的饮水渴望。一旦猪饮水，饮水中枢的兴奋性就会被抑制。

猪的饮水量相对较大，这与其生理需求和饲料类型有关。仔猪的饮水量是干料的两倍，其水料比达到了 3：1。这种高水料比在仔猪的生长发育中起到了关键作用，为其提供了足够的水分以维持生命活动。对于吃混合料的仔猪，其昼夜饮水的次数约为 9 到 10 次。这种频繁的饮水行为与混合料的成分和营养价值有关。而对于吃湿料的仔猪，其饮水次数明显减少，只需饮水 2 次以上。这是因为湿料中已经包含了一定量的水分，从而减少了仔猪的饮水需求。吃干料的猪在进食后会立即饮水，这种行为则与干料的口感和猪的消化方式有关。干料在消化过程中需要大量的水分来帮助食物在猪胃肠道中移动和分解。因此，吃干料的猪在进食后会有强烈的饮水需求。相反，限饲的猪则会在吃完料后才饮水。这种行为可能与限饲方式和猪的饥饿感有关。自由采食的猪则展现出一种交替的采食和饮水行为，这可能与其自由选择食物和水的习性有关。猪在 2 月龄前就能学会从鸭嘴式或乳头式自由饮水器饮水。这种早期的学习行为与猪的生长发育和对水的需求有关。鸭嘴式或乳头式自由饮水器为猪提供了一个简单易用的饮水方式，使其能够随时满足自己的饮水需求。成年猪的饮水量不仅与其饲料的组成有关，还在很大程度上取决于环境温度。环境温度的升高会增加猪的蒸发散热需求，从而增加其饮水量。相反，环境温度的降低则可能减少猪的饮水需求。因此，猪的饮水行为与其生活环境密切相关，需要根据实际情况进行调整。

（二）排泄行为

猪在选择排泄地点时表现出一种固定的习性，这种习性与其祖先野猪的生活方式密切相关。野猪为了避免被敌兽发现，通常不在其窝边排泄，这种行为在家猪中得到了保留。在良好的管理条件下，猪被认为是家畜中最爱清洁的动物。这一特点与其固定的排泄习性有关。猪倾向于保持其睡窝床的干净，而在猪栏内选择一个远离窝床的固定地点进行排泄。这种选择往往是阴暗、潮湿或污浊的角落，这与其对清洁和安全的天然倾向相一致。这种固定的排泄习性为猪舍的设计和管理提供了便利。了解猪的这一习性后，农户可以更有效地设计猪舍，确保猪的居住环境既干净又健康。例如，可以在猪舍的某个角落设置排泄区，而在其他地方设置食物和饮水设施。这样，猪舍内的清洁工作会变得更为简单，也能满足猪的天然习性。

　　猪的排泄行为具有一定的规律性。猪在进食和饮水后或起卧时的排泄行为较为频繁。这与其消化系统的工作机制有关。当猪摄取食物和水分后，其消化系统开始积极地工作，从而导致排泄需求的增加。值得注意的是，猪在采食过程中并不排泄，这可能是为了确保食物摄取的顺利进行。饱食后的 5 分钟内，猪开始进行 1 至 2 次的排泄。这种排泄的顺序通常是先排粪后排尿。这一现象可能与猪的消化和排泄系统的结构和功能有关。相反，当猪在饲喂之前进行排泄时，其顺序通常是先排尿后排粪。这可能是因为在两次饲喂之间，猪的尿液积累较多，而粪便的积累较少。夜间，猪的排泄行为也呈现出一定的规律性。通常，猪在夜间会排粪 2 至 3 次。[①] 这与猪的生物钟和消化系统的工作节奏有关。早晨，猪的排泄量较大，这可能是因为经过一夜的休息和消化，猪体内的废物积累较多，需要在早晨进行大量的排泄。

　　排泄量与采食量及体重之间存在明显的相关性。当采食量增加，特别是当饲料的可消化性较差时，排泄量也会相应增加。据研究显示，猪的排粪量通常为其采食量的 50% 至 70%。[②] 这一数据揭示了猪在消化和吸收饲料中的营养物质时，仍有很大一部分未被充分利用，从而以排泄物的形式排出体外。随着猪体重的增加，其排粪量也会随之增多，这可能与其消化系统的容量和功能有关。除了饲料的可消化性和猪的体重，应激也是影响猪排泄行为的重要因素。应激行为一旦出现会导致猪的排粪次数和排粪量增加。这一现象在活猪运输过程中尤为明显，因为运输过程中的各种刺激和应激因素可能会导致猪的生理和心理反应发生变化，

① 刘建涛 . 猪的采食，排泄以及群居行为 [J]. 养殖技术顾问，2012（5）：37.

② 周改玲，乔宏兴，支春翔，等 . 养猪与猪病防控关键技术 [M]. 郑州：河南科学技术出版社，2017：9.

进而产生应激行为。事实上，活猪在运输过程中可能会因应激而减重，减重幅度可达 3%。这一减重不仅与增加的排泄量有关，还可能与猪在运输过程中的食欲下降、脱水和能量消耗增加等因素有关。

（三）群体行为

群体行为是猪在群居过程中个体之间发生的各种交互作用。这种交互作用是猪通过推、拱、咬和听来进行信息传递的，旨在保持群体的社会完整性。这种社会性的行为模式为猪提供了一种有效的生存策略，使其能够在各种环境中适应和繁衍。在自然环境中，猪会选择固定的地方居住，这种行为被称为定居漫游的习性。这种习性可能与猪的生存策略和对环境的适应性有关。猪不仅有合群性，还有竞争习性。这两种习性在猪的日常生活中都起到了关键的作用。合群性使猪能够形成稳定的社会结构，而竞争习性则促使猪之间进行争斗，从而建立群体的位次关系。在放养的情况下，猪的社会结构更为明显。在野外条件下，一个小的猪群通常由一头成年公猪和 5 ～ 7 头母猪组成。公猪通常是群体的领导者，它使用其发达的犬齿作为武器，保护并引导猪群活动。这种领导者的角色可能与公猪的生理特点和对母猪的保护本能有关。在舍饲条件下，猪的社会行为也有所不同。猪的一生会经历多个结群处境，这些处境与猪的生命周期和生产目的有关。例如，最初是同窝仔猪和母猪在一起，这种结群处境可能与仔猪的生长和母猪的哺乳有关。随着仔猪的成长，它们会被转移到其他群体，如断奶仔猪群、育肥群或后备猪群。这些群体的形成和变化可能与饲养者对猪的生产安排和管理策略有关。在畜牧生产中，人为组成的同质群经常被用来代替自然群。这种人为的群体组织方式可能与生产效率和管理便利性有关。例如，产仔群、空怀母猪群和育肥群都是为了满足特定的生产目的而组成的。这些群体的组织和管理对于提高生产效率和保证猪的健康都是至关重要的。

猪群的行为特征在其生活中起到了关键的作用，尤其是在等级制度的形成和维持中。这种等级制度在仔猪出生后不久就开始形成。仔猪出生后的几小时内，为了争夺母猪前端的乳头获得更多的营养，它们之间会发生争斗行为。这种争斗行为往往导致最先出生或体重较大的仔猪获得最优的乳头位置。同窝的仔猪之间的合群性较强，它们在散开时彼此的距离通常不会太远。这种紧密的群体行为在它们面临意外惊吓时尤为明显。在受到惊吓时，仔猪会迅速地聚集在一起，形成一个紧密的堆，或者选择成群结队地逃离。这种行为可以被解释为一种防御机制，通过集结在一起，仔猪可以提高自己的生存机会。当仔猪与其母猪或同窝的其他仔猪被迫分离时，它们的行为会发生显著的变化。在与亲近的同伴分离后的几分钟内，仔猪会变得极度活跃，发出大声地嘶叫，并频繁地排放粪尿。这种行为可以被解释为一种应激反应，仔猪通过这种方式来表达自己的不安和焦虑。即便是年龄较大的猪在与伙伴分离时也会表现出类似的行为。这表明，无论年龄大小，猪都具有强烈的群体意识和对同伴的依赖性。这种依赖性可能与猪的生存策略有关，通过与同伴保持紧密的联系，猪可以提高自己的生存机会和繁殖成功率。

（四）探究行为

探究行为涵盖了探查活动和体验行为。这种行为在猪的日常活动中占据了很大的比例，主要是针对地面上的物体。猪通过视觉、听觉、嗅觉、咀嚼、拱掘和触摸等多种感官来进行探究，这种多感官的探究方式体现了猪对环境的强烈好奇心和探究欲望。这种探究欲望不仅是猪对环境的一种直观反映，更是它们与环境互动、获取信息的方式。通过这种行为，猪可以从环境中获得有关食物、安全和其他重要信息的线索，从而做出适当的反应，更好地适应其所处的环境。这种与环境的经验性交互作用对猪的生存和繁衍至关重要。仔猪在这方面的表现尤为明显。仔猪出生后的行为表明，它们天生就具有探究的本能。仔猪在出生后约一天时间就能站立起来，并开始寻找母猪的乳头。这种迅速的反应和行为表明，探究行为不仅是猪的一种习性，更是其生存和繁衍的关键。用鼻子拱或用嘴巴啃是仔猪探查环境的主要方式，这种行为在仔猪中尤为常见，进一步证明了猪从出生开始就具有探究行为的本能。

在觅食过程中，猪展现出一系列的行为动作，包括用鼻子闻和拱，用嘴巴舔和啃。这种摄食过程不仅是为了满足基本的生存需求，也是猪对环境的一种探究。当食物合乎其口味时，猪会立即开始采食，这也反映了其对食物的敏感性和选择性。仔猪吸吮母猪乳头的位置也是一个有趣的行为特征。这种行为不仅仅是为了获取营养，更是仔猪与母猪之间建立关系的一种方式。通过嗅觉和味觉的探查，母猪和仔猪之间能够准确地识别彼此，这种识别机制对于猪的生存和繁殖至关重要。在猪栏内，猪的行为也表现得十分有序。它们能够明确地区分不同的功能区域，如睡床、采食区和排泄地带。这种区分不是随意的，而是基于猪的嗅觉能力。猪通过嗅觉探究环境，区分不同的气味，从而形成了这种有序的行为模式。这些行为特征都表明，猪是一种高度敏感和有探究性的动物。它们对环境的反应不仅仅是基于本能，更多的是基于对环境的认知和理解。这种认知和理解是通过多种感官来实现的，如嗅觉和味觉。猪的这种探究行为在其生活中起到了关键的作用。例如，通过探究食物的味道和气味，猪能够选择对其有益的食物，避免有害的食物。这种选择性对于猪的生存和健康至关重要。同样，通过探究环境，猪能够更好地适应其生活环境，提高其生存率。

（五）昼夜行为

昼夜活动节律意味着猪在不同的时间段具有不同的活动模式。猪在白天、温暖季节和夏天的活动量较大，而在夜间也会有一定的活动和采食行为。当遇到阴冷的天气时，猪的活动时间会相应地缩短。猪的躺卧和睡眠时间也是其行为特性的一个重要方面。猪每天醒着的时间平均为 11.8 小时，打盹休息的时间为 5.0 小时，而真正的睡眠时间为 7.2 小时。这意味着猪的休息和睡眠时间占据了其一天中的大部分时间。这种延长的休息和睡眠时间被认为是猪的正常功能行为，对其健康和生长都有积极的影响。

昼夜活动的模式也会因猪的年龄和生产特性而有所不同。例如，仔猪的昼夜休息时间平均占据其一天时间的 60% 至 70%，而种猪的休息时间为 70%。母猪的休息时间更为显著，达到 80% 至 85%，而肥猪的休息时间则介于 75% 至 85% 之间。[1] 这种差异与猪的生长和生产需求有关。

---

① 曹洪战.规模化生态养猪技术[M].北京：中国农业大学出版社，2013：19.

仔猪在生长过程中需要更多的活动时间来促进其身体发育，而种猪和母猪则需要更多的休息时间来维持其生殖健康。猪的休息时间与其育肥效果之间存在明显的关联。猪的休息时间越多，其育肥效果通常越好。这可能是因为休息和睡眠有助于猪的身体恢复和新陈代谢，从而促进其体重增加和肉质改善。此外，休息和睡眠也可以帮助猪减少应激和提高其免疫力，从而提高其健康状况和生产效率。

哺乳母猪的睡卧休息可以分为两种不同的状态：静卧和熟睡。在静卧状态下，母猪多采取侧卧的姿势，少数会选择伏卧。此时，其呼吸表现为轻而均匀，尽管眼睛是闭着的，但对外界的刺激反应较为敏感，容易被惊醒。相对之下，熟睡状态的母猪完全处于深度休息中，其呼吸深长，并伴有鼾声。熟睡时的母猪常常会出现皮毛抖动的现象，对外界的干扰不易被唤醒。仔猪在出生后的行为模式与成年猪有所不同。在最初的三天里，仔猪的主要活动限于吸乳和排泄，大部分时间都是沉浸在酣睡之中，很少进行其他活动。随着日龄的增长和体质的逐渐增强，仔猪的活动量开始逐渐增多，相应地，其睡眠时间也有所减少。然而，当仔猪达到 40 日龄并开始大量采食补料后，其睡眠时间又会有所增加。这可能与饱食后的消化过程有关，因为在饱食之后，仔猪通常会选择较为安静的睡眠。仔猪的行为模式也受到母猪的影响。在大多数情况下，仔猪的活动和睡眠都会尾随母猪，效仿其行为模式。这种模仿行为在仔猪出生后的 10 天左右达到高峰，此时的仔猪开始与同窝的其他仔猪进行群体活动，单独活动的情况较为罕见。这种群体活动不仅限于日常的活动，还包括睡眠休息。仔猪在睡眠时主要采取群体睡卧的方式，这种方式有助于增强仔猪之间的社交联系和互动。

（六）繁殖行为

繁殖行为是动物为了传递基因到下一代而展现的一系列行为。这一行为涉及多个阶段，包括求偶、交配和分娩等。每个阶段都有其特定的行为模式和生理机制。

在求偶阶段，公猪会通过特定的叫声、体态和气味来吸引母猪。这些行为的目的是显示其健康状况和遗传优势，从而提高其与母猪交配的机会。母猪在选择交配伴侣时，会根据公猪的外貌、叫声和气味来判断其是否为合适的交配对象。交配阶段是繁殖行为中的关键时刻。在这一阶段，公猪和母猪会进行物理接触，以完成精子和卵子的结合。这一过程需要两者之间有良好的协同作用，确保交配的成功。交配后，母猪会进入妊娠期，这一期间会展现出一系列与怀孕相关的行为，如寻找安全的巢穴和增加食量等。分娩是繁殖行为的最后阶段。在这一阶段，母猪会在自己选择的巢穴中产下仔猪。分娩过程需要母猪有很强的耐受力和母性本能，确保仔猪的安全和健康。产后，母猪会对仔猪进行哺乳和保护，确保它们在成长过程中得到足够的营养和安全。繁殖行为在猪的生命周期中占有重要地位。它不仅关乎猪的生存和繁衍，还直接影响到养殖户的经济效益。为了提高繁殖效率，养殖户需要对猪的繁殖行为有深入的了解，从而制定合适的饲养和管理策略。例如，为了提高交配成功率，养殖户可以选择健康、遗传优势明显的公猪作为交配对象；为了确保仔猪的安全和健康，养殖户可以为母猪提供安全、舒适的分娩环境。

（七）母性行为

母性行为是指雌性动物对其后代展现的一系列关心和保护的行为，这种行为在猪群中表现得尤为明显。猪的母性行为是一种对后代的生存和成长有利的本能反应。这种行为的出现往往是突然的，但持续时间较长，随着后代的独立生活能力的增强，这种行为逐渐减弱，最终消失。

1. 做窝

在分娩前的 1 到 3 天，母猪开始出现做窝行为。这种行为的目的是为即将到来的小猪创造一个安全、舒适的环境。为了实现这一目标，母猪会衔来青草或干草来铺垫猪床。这种材料不仅提供了舒适的床垫，还有助于维持温度，为新生小猪提供必要的温暖。除了使用青草或干草，母猪还会在泥地上用鼻拱，用脚扒，将泥土堆积起来。这种行为可能与猪的天然习性有关，因为在野外，猪常常在泥浆中打滚，以保护皮肤免受寄生虫和太阳的伤害。在做窝的过程中，泥土可以作为隔热材料，帮助维持窝内的温度。值得注意的是，母猪在做窝过程中会特别注意卫生。

它们通常会保持做窝地方的清洁和干燥，不在窝里排粪和排尿。这种行为有助于防止有害细菌和寄生虫的入侵，为小猪提供一个无菌的生活环境。

2. 分娩

母猪通常会在乳房首次出乳的 24 小时内进行分娩。这一时间点的选择与乳房的生理变化和分娩的生理需求有关。在分娩过程中，母猪的生理状态会发生显著变化，如呼吸加快、体温上升和皮肤干燥。这些生理反应可能与分娩的疼痛和生理压力有关。值得注意的是，母猪在分娩时的行为与其他哺乳动物有所不同。例如，母猪不会咬断新生仔猪的脐带，也不会舔舐它们。这可能是因为猪的生理结构和生态习性导致的。此外，母猪在分娩过程中对已经出生的仔猪的关注度不高，直到最后一个胎儿出生后才开始关注。这一行为可能与母猪的生理和心理状态有关，也可能与其对仔猪的保护本能有关。在分娩过程中，如果母猪受到外界干扰，它会展现出强烈的防护性行为。例如，她会站立在已经出生的仔猪中间，发出急促的"呼呼"声，以此来威慑潜在的威胁。这一行为表明，尽管母猪在分娩过程中对仔猪的关注度不高，但它仍然具有强烈的母性本能和保护仔猪的意愿。经产母猪与初产母猪在分娩过程中的行为也存在差异。经产母猪在分娩时通常更为安稳，这可能与其更丰富的分娩经验和更强的生理适应能力有关。在分娩的持续时间长短上，初产猪往往比经产猪短。这可能与初产猪的生理状态和分娩的难度有关。仔猪在出生后的行为也值得关注。强壮的仔猪能够迅速地通过自身的活动将胎膜脱掉，而弱小的仔猪则可能会带着胎膜。胎盘在分娩后通常会被母猪食用。这是一种自然的行为，与母猪的营养需求和本能有关。为了确保仔猪的健康和安全，分娩时需要有专人值班，进行接产和护理工作。

3. 哺乳

哺乳行为是母猪与仔猪之间建立联系的关键环节，也是仔猪生存和成长的基础。在分娩过程中，母猪的乳头会变得饱满，有时甚至会有乳汁流出。这种生理现象说明母猪为即将到来的哺乳行为做好了准备。分娩后，母猪通常会采取侧卧姿势，这样可以方便仔猪吮吸乳头。这种姿势不仅有助于仔猪获得乳汁，还可以减少由于母猪移动而对仔猪造成的伤害。初生的仔猪在出生后会先安静片刻，这是它们适应新环境的过程。随后，它们会开始寻找乳头，这是一个本能的行为。仔猪会围绕母猪的腹侧，嗅尝任何突出的部分，以此来确定乳头的位置。一旦找到乳头，仔猪就会开始吮吸，从而获得生命所需的营养。有趣的是，不同顺序出生的仔猪在找到乳头并开始吮吸的时间上存在差异。研究发现，第一头产出的仔猪需要的时间最长，平均为 18 分钟。而随着出生顺序的增加，这个时间逐渐缩短。例如，第四头及以后的仔猪平均只需 10 分钟。这种现象可以解释为后出生的仔猪通过模仿前面仔猪的行为，从而更快地找到乳头。这种模仿行为在动物界中并不罕见，它有助于动物更快地适应环境，提高生存率。对于仔猪来说，快速获得乳汁是其生存的关键，因此模仿前面的仔猪吮吸乳头的行为是非常有益的。

分娩后的 30 至 40 分钟内，母猪会进行一次哺乳。这种哺乳行为在白天和夜间的频率略有不同，白天的哺乳间隔略长于夜间。窝产仔数较少的母猪哺乳频率高于窝产仔数较多的母猪。随着仔猪年龄的增长，哺乳的次数和每次哺乳的持续时间都会逐渐减少。哺乳行为的发起并不仅限于母猪。实际上，母仔双方都能主动引发哺乳。母猪通常通过有节奏的哼叫声来呼唤仔猪进行哺乳，而仔猪则通过其特有的召唤声和持续地轻触母猪乳房来发动哺乳。有趣的是，当仔猪发出尖叫声要求哺乳时，母猪有时会选择不理会，趴卧在地，将乳头藏于腹下，使仔猪无法哺乳。这种行为可能与母猪的泌乳性能差、营养状况不佳或处于泌乳后期有关。一头母猪哺乳时所发出的声音，往往能引起同舍或邻舍内其他母猪的哺乳行为。这种现象与猪的社交行为和对声音的敏感性有关，也可能是一种集体的、本能的反应，以确保仔猪得到充足的营养。从这些观察中，可以看出猪的哺乳行为是复杂而多样的，受到多种因素的影响。这些因素包括仔猪的年龄、母猪的营养状况、泌乳性能以及环境因素等。此外，猪的哺乳行为也与其社交行为和对声音的敏感性密切相关。

4. 母仔关系

猪的行为学特性中，母猪与仔猪的关系是一个重要的研究领域。在这种关系中，嗅觉、听觉和视觉起到了核心的作用，使得母猪和仔猪能够相互识别和建立联系。这种识别和联系的方式不仅体现在日常的生活活动中，还在特定的情境下更为明显。猪的叫声是一种重要的联络信息，它在母仔关系中起到了关键的作用。哺乳母猪和仔猪的叫声具有多种不同的特点，这些特点与其发声的部位和声音的性质有关。例如，根据其发声的部位和声音的不同，可以将其分为三种主要类型：嗯嗯之声、尖叫声和鼻喉混声。嗯嗯之声是母仔亲热时母猪的叫声，它通常发生在母猪与仔猪之间的亲密接触时。这种叫声通常是喉音发出的，它传达了母猪对仔猪的关心和爱护。这种声音在母猪哺乳或与仔猪玩耍时尤为常见。尖叫声是仔猪的惊恐声，它通常发生在仔猪感到威胁或受到伤害时。这种叫声是尖锐的，通常是鼻音发出的。当仔猪遭遇危险或受到攻击时，它们会发出这种叫声，以警告其他仔猪和母猪。鼻喉混声是母猪护仔的警告声和攻击声，它是喉音和鼻音的混合。当母猪感到仔猪受到威胁时，她会发出这种叫声，以警告潜在的威胁并保护她的仔猪。这种叫声通常伴随着母猪的攻击行为，如咬或冲撞。通过这些不同的叫声，母猪和仔猪可以互相传递信息，建立和维持他们之间的联系。这种联系是生存和繁殖的关键，它确保了仔猪在成长过程中得到足够的保护和关心。

在日常生活中，母猪在行走和躺卧时都会展现出对仔猪的保护意识。这种行为确保了仔猪在成长过程中不会受到意外伤害。例如，母猪在躺卧时会选择靠近栏杆的三角地，然后用嘴巴将仔猪从卧位中排出，再慢慢地依靠栏杆躺下。这种行为可以确保仔猪不会被压伤。当仔猪发出尖叫声时，母猪会立刻站起来，这是其对仔猪可能受到威胁的直观反映。如果仔猪被压住，母猪会重复之前的防压动作，直到确保仔猪安全为止。这种行为再次证明了母猪对仔猪的强烈保护意识。这种母性行为不仅体现了母猪的生物学特性，还反映了其在进化过程中对后代的保护策略。在自然环境中，仔猪面临多种威胁，如天敌、环境因素等。因此，母猪的这种保护行为有助于提高仔猪的生存率，从而确保种群的延续。

带仔母猪在感受到外部威胁时，会迅速做出反应。其反应的第一步通常是发出警报的吼声。这种吼声对仔猪来说是一个明确的信号，它们会立即对此作出反应，选择逃窜或伏地不动。这种行为可以帮助仔猪避免潜在的危险，为它们提供一个相对安全的环境。而对于母猪来说，当它们的仔猪受到威胁时，它们的反应更为激烈。母猪会通过张合上下颌，对侵犯者发出威吓信号。在某些情况下，如果威胁继续存在，母猪甚至会选择进行攻击。这种攻击行为不仅仅是对野生动物或其他家畜的反应，即使是饲养人员在分娩后捉拿仔猪，母猪也可能展现出强烈的攻击行为。

（八）争斗行为

猪的行为特性中，争斗行为是一个显著的特点，涵盖了进攻、防御、躲避和守势等多种行为模式。这种行为主要是为了争夺饲料、地盘以及调整群体结构。在自然环境中，为了生存和繁衍，动物往往需要展现出竞争性的行为，而猪也不例外。

争斗行为的具体形式主要是通过咬对方的头部和尾部来实现。这种攻击方式可以有效地制约对方，使其失去反抗的能力。当个别陌生的猪进入新的猪群时，由于其与原有猪群成员之间的陌生关系，可能会遭受攻击，甚至可能导致其受伤或死亡。这种现象在动物界中并不罕见，因为新加入的成员往往会打破原有的群体结构和秩序，从而引发原有成员的不满和敌意。公猪之间的争斗尤为激烈。两头公猪可能会因为争夺配偶、地盘或其他资源而发生持续的争斗。这种争斗可能会导致双方都受到伤害，败方通常会选择逃离，以避免受到更大的伤害。这种行为在动物界中是为了确保最强壮、最有竞争力的个体能够繁衍后代，从而确保种群的健康和繁荣。猪群的密度和个体之间的空间也会影响争斗行为的发生频率和强度。当猪群密度大，每头猪的活动空间受到限制时，争斗的次数和强度都会增加。这是因为在有限的空间内，猪之间的竞争压力增大，每头猪都需要更加努力地争夺有限的资源。这种情况下，猪的采食量和增重量都可能受到影响，从而影响其生长和发育。为了减少猪之间的争斗行为，农户和养殖者需要采取一系列措施。例如，合理调整猪群的密度，确保每头猪都有足够的活动空间；为猪提供充足的饲料，减少猪群之间的竞争压力；对新加入的猪先进行隔离再让其逐步融入，避免其受到攻击；对公猪进行分群饲养，避免公猪之间的激烈争斗。

（九）冷热调节行为

1. 冷热对猪的影响

与其他动物相比，猪的体温调节机能并不出色。这意味着，当面临极端的气候条件，如冬季的寒冷和夏季的高温多湿时，猪的生理机能可能会受到严重的影响。这种影响可能导致猪的发育停滞，饲料利用率降低，从而影响其生长和生产性能。随着猪从出生到成年的过程中，其对冷热的耐受能力会发生变化。随着年龄的增长，猪对冷的耐受力逐渐提高，对热的耐受力则逐渐降低。这种变化与猪的生理和代谢机制有关。对于成年猪而言，热应激对其影响比冷应激更为严重。这可能是因为成年猪的代谢率较高，对外部环境的温度变化更为敏感。瘦肉型猪在冷热调节方面面临特殊的挑战。由于其背膘薄，这种猪既不耐热，又不耐寒。无论是在寒冷还是在炎热的环境中，瘦肉型猪都可能面临生理应激。为了确保猪的健康和生产性能，农户需要为猪提供适宜的生活环境。研究表明，猪适合在 20 ～ 23℃ 的温度下生活。而猪舍内的最佳温度条件为 15 ～ 18℃，相对湿度应维持在 60% ～ 80% 之间。这些温度和湿度条件对猪的生长和生产性能至关重要。在适宜的温度和湿度条件下，猪的生理机能可以得到最佳的发挥，其饲料利用率和生长速度也会得到提高。反之，如果猪长时间处于不适宜的温度和湿度条件下，其生理机能可能会受到损害，导致饲料利用率降低和生长停滞。

温度对猪的生理和行为都有深远的影响，而猪对温度的适应性则因其种别和月龄的不同而有所差异。新生仔猪的体温调节能力相对较差，这一特点在其对低温的敏感反应中尤为明显。这种敏感性可以从其生理结构中找到原因。新生仔猪的皮肤薄、皮下脂肪少、被毛稀疏，再加上其体表面积相对较大（与体重相比），这些因素都使得新生仔猪对冷湿环境特别敏感。因此，为了确保仔猪的生存和健康，保温成了提高其成活率的关键措施。具体来说，3 日龄以内的仔猪需要的适宜温度为 30 ～ 32℃，而 4 ～ 7 日龄的仔猪则需要 28 ～ 30℃ 的环境温度。随着猪的成长，其对温度的需求也会发生变化。育成猪和肉猪的适宜温度为 18 ～ 20℃，这与新生仔猪的需求有很大的差异。当猪的体重达到 100 千克以上时，其适宜的环境温度为 15 ～ 18℃。这种温度变化的需求与猪的生理结构和代谢率的变化有关。

与其他家畜相比，猪的表皮层相对较薄，被毛也较为稀疏。这种生理结构使得猪主要依赖皮下脂肪层来进行隔热。在高温环境中，由于缺乏厚实的被毛，猪容易吸收大量的太阳辐射。同时，猪的汗腺不发达，导致其发汗量极少。这些因素共同导致幼猪和成年猪都对高温环境敏感，特别是育肥猪。环境温度对猪的生长和繁殖都产生了显著的影响。在生长育肥猪方面，采食量、饲料转化、增重以及胴体品质都受到温度的直接或间接影响。低温环境对猪的繁殖能力的影响相对较小，但高温环境则对猪的繁殖能力产生了负面效应。当温度超过 30℃时，猪的受胎率会下降，不发情的比例也会增加。高温环境还会影响种公猪的精子活力和数量，从而导致受胎率下降和胚胎存活数减少。在寒冷的季节，猪需要消耗大量的营养物质来维持体温，以弥补因寒冷而损失的体热。这种消耗不仅导致猪的体重下降，也会降低饲料转化率。这意味着在寒冷环境中，猪需要更多的饲料来维持体重。

猪的这些行为和生理反应对养殖业从业者提出了一些挑战。为了确保猪的健康和生产效益，养殖业从业者需要对猪舍的温度进行严格的控制。在高温环境中，可能需要采取一些措施，如增加通风、提供遮阳设施或使用冷却系统，以帮助猪降低体温。在寒冷环境中，可能需要提供额外的取暖设备或增加饲料的供应，以帮助猪维持体温和体重。此外，养殖业从业者还需要考虑猪的繁殖计划。在高温环境中，可能需要调整种公猪的配种时间或选择对高温有更好适应性的品种。在寒冷环境中，可能需要增加饲料的供应，以确保母猪和幼猪获得足够的营养。

2. 猪对炎热的行为反应

由于猪的散热性较差，使得它们对高温环境特别敏感。环境的高温会导致猪的呼吸频率和直肠温度上升，而脉搏跳动次数则有所减少。这种对温度的敏感性促使猪采取一系列行为来应对高温环境，以确保其生理稳定。

在高温条件下，猪会选择在泥水中打滚，这种行为有助于其体温的降低。泥水的蒸发性散热是猪降温的主要方式。当猪在泥水中打滚时，它们会不时翻身，将身体潮湿的一面暴露于空气中，利用泥水的蒸发性散热来降低体温。这种蒸发过程会散发很大的热量，而这些热量多是来自猪的皮肤。因此，这种在泥水中打滚的行为可以有效地缓解猪在高温环境下的急性热应激。不是所有的猪都有机会在泥水中打滚。例如，那些被养在水泥地面的舍内或笼内的猪，它们可能会选择在自己的粪尿中打滚，或者将身体挤进饮水槽内。这些行为同样是为了散热。猪还会采取一些其他行为来应对高温，如用鼻子拱土，选择躺在较凉的下层泥土上，并张开四肢。这种躺在凉土上的行为，以及四肢张开的姿势，都有助于猪散发体内的热量。在高温环境下，猪还可能表现出热性喘息的症状。如果有避荫的地方，猪会倾向于选择这些地方。但如果猪被迫在烈日下暴晒，它们会表现出急喘的症状，并可能发出呼噜声或痛苦的叫声。这些都是猪在高温环境下的应激反应。夏季，当猪睡觉时，它们会选择将鼻子朝向凉风，并充分伸展身体。这种姿势可以使猪的身体表面得到最大限度的暴露，从而通过辐射、传导、对流和蒸发等方式散发体内的热量。

3. 猪对寒冷的行为反应

面对寒冷的环境温度，猪的反应方式旨在减少体热散失和维持体温稳定。这些行为特征不仅是猪的生存策略，还为人们提供了关于如何为猪提供适宜的饲养环境的重要信息。当环境温度下降，无论是新生仔猪还是成年猪，都会展现出群体性的取暖行为。这种行为包括挤作一团，互相取暖。这种群体行为有助于减少热量的散失，确保猪体内的温度维持在一个适宜的范围。此外，猪还会通过改变姿势来应对寒冷。例如，当外界气温低于10℃时，猪会放弃其在温暖环境中的舒展姿势，而选择四肢贴近躯体的姿势。这种姿势可以减少其与地面的接触面积，从而减少热量的损失。仔猪在寒冷环境中的反应也值得关注。受冷的仔猪常常会蜷曲身体，这种姿势可以有效地减小体表面积，从而减少热量的散失。此外，仔猪还会通过打寒战来产生热量，这是一种生理反应，旨在增加体温。在低温环境中，猪的被毛也会起到重要的作用。被毛竖立可以增强其绝热效果，帮助猪维持体温。此外，猪还会选择避风向阳的地方，并采取侧身安静站立的姿势。这种姿势有助于猪吸收阳光中的热量，同时减少风的冷却效应。除了上述的行为反应，猪在寒冷环境中还会表现出一些其他特征。例如，猪的活动量会明显减少，行为变得迟缓。这可能是因为在低温环境中，猪需要保存能量，避免不必要的热量损失。同时，猪在窝内排泄粪尿的次数也会增加。这可能是因为猪需要排除多余的水分，以减少体内的热量散失。

第三节　猪的主要品种

猪是人类饲养的重要家畜之一，其历史可以追溯到数千年前。随着时间的推移，为满足不同的需求和环境适应性，猪的品种也经历了多次的选择和改良。现代的猪品种多种多样，每一种都有其独特的特点和用途。

一、猪的品种分类

猪的品种分类是基于其经济价值和生产目的进行的。按经济类型划分，猪主要分为瘦肉型、脂肪型和肉脂兼用型三大类。

瘦肉型猪是目前市场上最受欢迎的品种之一。这类猪的特点是生长速度快，饲料转化效率高，肉质优良，瘦肉率高。由于消费者对瘦肉的需求逐渐增加，瘦肉型猪的市场价值也随之上升。这类猪的饲养目的主要是生产高质量的瘦肉，满足市场上对健康食品的需求。瘦肉型猪的饲养技术也相对先进，饲养者通常会选择高蛋白、低脂肪的饲料，以确保猪的瘦肉增长和肉质的优良。

脂肪型猪，如其名，主要用于生产脂肪。这类猪的特点是体型较大，脂肪沉积多，肉质较为鲜嫩。在某些文化和地区，脂肪型猪的肉被认为是一种美味的食材，因此这类猪在这些地方有很高的市场价值。饲养脂肪型猪通常会选择高能量、高脂肪的饲料，以促进猪的脂肪沉积和增加其体重。

肉脂兼用型猪则结合了瘦肉型和脂肪型的特点。这类猪既可以生产优质的瘦肉，也可以生产高质量的脂肪。因此，肉脂兼用型猪的市场价值相对较高，能够满足不同消费者的需求。这类猪的饲养技术也较为复杂，饲养者需要根据市场需求和猪的生长阶段来调整饲料的配比，确保猪的瘦肉和脂肪都能得到良好的增长。三种类型猪的比较见表1-4。

表1-4　三种类型猪的比较

类型	体形外貌 （体形、头颈部、四肢、体长与胸围比）	胴体特征 （瘦肉率、背膘）	饲料利用特点	代表品种
瘦肉型	流线型；轻而肉少；高、四肢间宽大；大于15cm	高于55%；薄小于3.5cm	转化瘦肉率高转	长白、大约克、三江白猪
脂肪型	方砖型；重而肉多；矮、四肢间距窄；基本差不多，不超过2cm	低于45%；厚、多于4.5cm	化脂肪率高	槐猪、赣州白猪
肉脂兼用型	——	45%～50%；3.5～4.5cm	——	上海白猪、新金猪

二、我国的地方猪种

猪作为重要的家畜之一，在我国有着丰富的品种资源。地方猪种是我国猪种资源的重要组成部分，其多样性的特点受到了广泛的关注。根据外貌体型、生产性能、农业生产情况、自然条件以及移民等社会因素，我国地方猪种可以大致划分为六个类型：华北型、江海型、华中型、华南型、西南型和高原型。

（一）华北型

华北型猪地理分布广泛，主要集中在淮河以北的华北平原地区。这一地理位置为华北型猪提供了独特的生态环境，使其形成了一系列的生物学特性。华北型猪的外观特点鲜明。其毛色以黑色为主，但在某些部位，尤其是末端，可能出现白斑。这种毛色组合为其提供了一定的保护作用，有助于其在自然环境中的生存。华北型猪的体躯较大，四肢粗壮，这使其在寻找食物和应对外部威胁时具有优势。其头部较为平直，嘴筒较长，这与其饮食习性有关。华北型猪的耳朵大而下垂，额间的纵行皱纹也是其独特的标志。华北型猪的皮肤厚重，多皱褶，毛发粗密，特别是鬃毛，可以长达10cm。冬季时，华北型猪还会密生绒毛，这有助于其在寒冷的环境中保持体温。在生理特性上，华北型猪也有其独特之处。其乳头数量一般为8对左右，这意味着其在繁殖时可以同时哺育较多的仔猪。这一特点与其产仔数相匹配，一般可以达到12头以上。这种高产仔数为其提供了繁殖优势，确保了种群的稳定和扩张。此外，华北型猪的母性强，泌乳性能好，这为仔猪提供了良好的生长环境，使其育成率较高。在饲养管理上，华北型猪也表现出一些独特的特点。例如，抗寒能力强，这使其能够在寒冷的环境中生存和繁殖。此外，其对粗饲的耐受性和消化能力都较强，这为其提供了更广泛的饲料选择，有助于其在不同的饲养环境中生存。华北型猪还包括多个亚种，如东北民猪、八眉猪、黄淮海黑猪和沂蒙黑猪。这些亚种在某些特性上可能有所不同，但都保留了华北型猪的基本特点。

（二）江海型

江海型猪主要分布在汉江和长江中下游沿岸以及东南沿海地区。从毛色上看，江海型猪种呈现出一种独特的渐变特点。从北部地区开始，其毛色主要为全黑，而向南部逐渐过渡为黑白花色，甚至在某些猪种中完全为白色。这种毛色的变化可能与其生活环境和遗传基因有关，也可能是长期自然选择的结果。骨骼粗壮是江海型猪种的显著特点，这使得它们具有较强的生存能力和较高的生产效率。皮肤厚重而松弛，多皱褶，这种皮肤特点可能与其生活在湿润的沿海地区有关，有助于其适应湿润的气候条件。此外，其耳朵大而下垂，这也是其独特的外貌特征之一。在繁殖方面，江海型猪种表现出较高的繁殖力。乳头数量多，通常为8对或8对以上，这为其提供了充足的哺乳条件，有助于提高仔猪的生存率。窝产仔数量也相对较多，通常为 13 头以上，甚至有的可以达到 15 头以上。这种高繁殖力使得江海型猪种在生产上具有较高的经济价值。江海型猪的脂肪含量较多，瘦肉含量较少，这可能与其遗传特点和饲养方式有关。这种特点在某种程度上限制了其在现代猪肉市场上的竞争力，但也为其提供了独特的口感和风味。在江海型猪种中，有几个具有代表性的品种，如太湖猪、姜曲海猪和虹桥猪。例如，太湖猪以其骨骼粗壮和高繁殖力而著称，而姜曲海猪则以其独特的毛色和口感受到消费者的喜爱。

（三）华中型

华中型猪种分布范围主要位于长江南岸至北回归线之间的大巴山和武陵山以东的地区，与华中地区的地理位置大致相符。华中型猪较华南型猪体型更大，但在体型上与华南型猪有许多相似之处。这可能是由于两者在地理分布上的接近性，导致了一定程度的基因交流和相似的饲养环境。在毛色上，华中型猪以黑白花为主，这种颜色组合使其在外观上非常引人注目。其头部和尾部多为黑色，而体躯中部则有大小不等的黑斑。此外，还有一些华中型猪是全黑色，这种毛色可能是由于特定的遗传因素或饲养环境所导致。华中型猪的体质相对较疏松，骨骼细致。背腰部分较宽，但多有下凹，乳头数量为 6～8 对，这一特点与其他地方猪种相比并无太大差异。在生产性能上，华中型猪介于华南型猪和华北型猪之间。每窝产仔数量为 10～13 头，这一数据显示了华中型猪在繁殖能力上的优势。华中型猪的生长速度也较快，肉质细嫩，这使其在市场上具有一定的竞争力。华中型猪包括多个亚种，如金华猪、大花白猪、两头乌猪、福州黑猪和莆田黑猪等。例如，金华猪因其肉质细嫩、口感鲜美而被广大消费者所喜爱；而大花白猪则因其独特的毛色和较大的体型而受到关注。

（四）华南型

华南型猪种分布范围广泛，涵盖了云南省的西南部和南部边缘、广西、广东的南部大部分地区，以及福建的东南角和台湾各地。毛色是华南型猪的一个显著特点。这种猪的毛色主要为黑白花，其中头部和臀部的毛色多为黑色，而腹部的毛色则多为白色。这种独特的毛色分布使得华南型猪种在众多猪种中容易辨识。除了毛色，华南型猪种的体型和体态也有其独特之处。这种猪的体躯偏小，但体型丰满，背腰部分宽阔且有所下陷，腹部大而下垂。华南型猪种的皮肤较薄，毛发则比较稀疏。其耳朵小巧，或直立或向两侧平伸，这也是其与其他猪种区别的一个特点。在生育方面，华南型猪表现出早熟的特点。这种猪的性成熟时间较短，乳头数量也较多，通常为 5 到 7 对。与其早熟的特点相对应，华南型猪种的产仔数相对较少，每胎通常为 6 到 10 头。这可能与其体型偏小、体躯丰满的特点有关。在脂肪含量方面，华南型猪种的脂肪偏多。这种猪的脂肪含量较高，使其肉质口感鲜美，深受消费者喜爱。华南型猪种中包括了多个亚种，如两广小花猪、蓝塘猪、香猪、槐猪和桃源猪。

（五）西南型

西南型猪种分布广泛，覆盖了云贵高原、四川盆地的大部分地区，以及湘鄂的西部地区。在毛色方面，西南型猪种表现出多样性。大部分猪的毛色为全黑，但也存在相当数量的黑白花色猪，如"六白"或不完全"六白"。此外，红毛猪在这一品种中也有少量分布。这种毛色的多样性可能与其遗传背景和地理分布有关，也可能是长期自然选择和人工选择的结果。西南型猪种的形态特征也相当独特。其头部较大，腿部则相对较粗短。额部的旋毛或纵行皱纹为其增添了一些特色。在繁殖方面，西南型猪种的产仔数为 8～10 头，这一数据在猪种中属于中等水平。其屠宰率相对较低，且脂肪含量较多。值得注意的是，西南型猪还包括了一些具有地方特色的猪种，如内江猪、荣昌猪和乌金猪。

（六）高原型

高原型猪种主要分布在青藏高原这一特殊的地理环境中。这种猪的外观特征与其他猪种有明显的区别，被毛为全黑色，尽管也有少数黑白花和红毛的品种。其头部呈狭长形态，嘴筒直尖，犬齿发达，这些特征使其在外观上与野猪相似。此外，其耳朵小而竖立，体型紧凑，四肢坚实。高原型猪属于小型早熟品种。每窝产仔数量一般为 5 ～ 6 头，这与其生活在高寒气候中的生存策略有关。在这种环境中，资源有限，因此每窝产仔数量相对较少，可以确保每头仔猪都能获得足够的营养。尽管它们属于早熟品种，但其生长速度相对较慢。这可能是因为在高寒气候中，猪需要更多的时间来适应和生长。胴体瘦肉多是高原型猪的显著特点。这与其生活在高原环境中的食物来源有关。在高寒气候中，食物资源相对有限，因此猪需要更多的瘦肉来存活。此外，背毛粗长，绒毛密生，这些都是高原型猪种为了适应高寒气候而演化出来的特点。粗长的背毛和密生的绒毛可以为猪提供足够的保暖，确保其在寒冷的环境中生存。藏猪是高原型猪种的代表。这种猪在青藏高原上已经生活了数千年，与当地的自然环境和文化都有着深厚的联系。藏猪不仅是当地居民的重要食物来源，还在当地的文化和宗教中占有重要的地位。

三、引入的国外品种

中约克夏猪、巴克夏猪、大白猪、苏白猪、克米洛夫猪和长白猪是 19 世纪末期引入的主要品种。这些猪种各自具有独特的特点和优势，为我国的猪种改良提供了宝贵的基因资源。进入 20 世纪 80 年代，杜洛克猪、汉普夏猪和皮特兰猪也被陆续引入我国。这些新引入的品种进一步丰富了我国的猪种资源。当前，瘦肉型猪种的需求日益增加。大约克夏猪、长白猪、杜洛克猪、汉普夏猪和皮特兰猪已经成为我国影响较大的瘦肉型猪种。

（一）大约克夏猪

大约克夏猪，亦称英国大白猪，因其纯白的体毛和庞大的体型而闻名。该品种起源于英格兰的约克郡地区，历史可以追溯到 19 世纪 50 年代。在当时，大约克夏猪主要被视为一种脂用型猪，其体型较大，肉质中脂肪含量较高。随着时间的推移，社会和经济的发展带来了人们饮食习惯的变化。到了 19 世纪后期，英国的生产力得到了显著的提高，人们的生活条件也有所改善。这种变化导致了人们对猪肉中脂肪的需求大幅度减少。为了适应这一市场变化，养殖户和研究者开始对大约克夏猪进行有目的、有计划和系统的培育。通过使用高蛋白精料型日粮进行直线培育，结合定向选育和选配，大约克夏猪逐渐向瘦肉型方向发展。这种转变不仅满足了市场的需求，还使大约克夏猪在国际上获得了广泛的关注。许多国家开始从英国引进大约克夏猪，希望能够结合本地的饲养条件和市场需求，培育出适合本国的大白猪品种。苏联、美国和日本都成功地引进并培育出了各自的大约克夏猪品种，如苏联大白猪、美国约克夏和日本约克夏。这些国家在引进大约克夏猪后，都进行了一系列的选育和改良工作。通过对日粮的调整、选育技术的改进和饲养管理的优化，这些国家成功地培育出了适应本地环境和市场需求的大约克夏猪品种。这些品种不仅继承了原始大约克夏猪的优良特性，如快速增重、高饲料转化率和优良的肉质，还具有更低的脂肪含量和更高的瘦肉率。

20世纪30年代，我国首次尝试从国外引进大约克夏猪，但由于当时的社会条件限制，这一尝试并未取得预期的成功。中华人民共和国成立后，国家对于引进外国优良家畜品种的态度变得更为积极和开放。1957年，我国从澳大利亚引进了大约克夏猪。随后，在1967年至1973年间，我国又从英国引进了数百头大约克夏猪。这些猪主要被分布在华中、华东和华南等地区。由于大约克夏猪的优良特性，它们很快在中国得到了广泛的推广和应用，扩展到全国各地。大约克夏猪的引入不仅丰富了中国的家畜品种资源，还为中国的猪肉产业带来了新的机遇。这种猪的生长速度快，肉质优良，适应性强，因此在中国得到了广大养殖户的喜爱。随着大约克夏猪在中国的普及，它们对中国的猪肉产业产生了深远的影响。许多养殖户开始转向养殖大约克夏猪，希望通过这种猪获得更高的经济效益。

图 1-1 大约克夏猪

大约克夏猪，其体格偏大，全身毛色呈纯白，而额角皮肤上则不允许出现暗斑。观察大约克夏猪的头部，可以发现其头部呈长形，面部宽阔并带有中等程度的凹陷。其耳朵薄而大，且呈直立状态，这是其另一个显著的特征。从身体结构上看，大约克夏猪的体躯长，胸部宽深，肋骨有一定的扩张度。其背部平直，稍带弓形，腹部则充实且紧致。后躯部分宽长，臀部丰满，整体体形匀称，呈现出长方砖形的外观。四肢部分粗壮且较高，但需要注意的是，其后腿相对欠缺结实度。此外，大约克夏猪的乳头数量为 7 对，这也是其品种特征之一。在引入我国后，大约克夏猪经历了长期的本土驯化过程。值得注意的是，尽管经过了长时间的驯化，但其体型并没有发生明显的变化。在一些饲养条件较为恶劣的地区，大约克夏猪的体重有所减轻，腹围也相应增大。这一变化与地区性的饲养条件和管理方式有关。这种猪的性成熟周期相对较长，通常在 6 月龄时达到发情期。尽管性成熟晚，但其繁殖能力却相当强劲。多个省份和城市的国有农场进行了关于大约克夏猪繁殖力的统计。统计数据显示，初产母猪的产仔数约为 10 头。而对于经产母猪，其平均产仔数则达到了 12.15 头。这一数据明显高于初产母猪，反映出大约克夏猪随着年龄的增长，其繁殖能力逐渐增强。此外，产活仔数也是评价猪繁殖能力的一个重要指标。大约克夏猪的产活仔数平均为 10 头，而在湖北省的统计中，最高产活仔数更是达到了 11.30 头。[①]

（二）长白猪

长白猪，属于偶蹄目猪科猪属的哺乳动物，也被称为兰德瑞斯猪。[②]这一品种的猪在外观上具有独特的特点，使其在众多猪品种中脱颖而出。被毛呈现出的白色为其主要的颜色特征，但其皮肤上偶尔也会出现少量的暗黑色斑点。这种颜色组合赋予了长白猪清秀而美丽的外观。其头部相对较小，颈部短小，与其鼻嘴的狭长形态形成了鲜明的对比。耳朵的

① 张永康，李世满，杨刚 . 养猪实用技术 [M]. 银川：阳光出版社，2022：8.
② 米文宝，李陇堂，李文华，等 . 中国自然资源通典：宁夏卷 [M]. 呼和浩特：内蒙古教育出版社，2015：328.

大小适中，且常常呈现出向前倾斜或下垂的姿态。在身体结构上，长白猪的背腰部分平直，胸部稍显狭窄。这与其后半部分的发达形成了对比。腿部和臀部丰满，使其整体外观呈现出前部轻盈，后部沉稳的特点。这种体型结构使得长白猪在行动中更加稳健有力。另外，长白猪的体质结实且细致，四肢挺直，这使其在行走时更加稳定。乳头数量为 6～7 对，其排列整齐。

图 1-2　长白猪

　　长白猪是一种原产于丹麦的猪品种，目前已在全球范围内广泛分布。在我国，这一品种也得到了广泛的推广和应用，几乎各个地区都可以见到其踪迹。长白猪的饲养和繁殖特点使其在畜牧业中占有一席之地。这种猪的饲养方式相对规范。通常，长白猪的饲养环境为圈养，主要依赖配合饲料为其提供营养。这种饲养方式旨在确保猪的健康和生长，也便于农户管理和观察。配合饲料为长白猪提供了均衡的营养，确保其健康成长。繁殖方面，长白猪通常采用人工授精的方式。这种方式旨在提高繁殖效率，确保后代的品质。为了确保仔猪的健康，初生的仔猪在 3 日龄时会对其进行补铁。补铁可以预防仔猪发生贫血，确保其健康成长。仔猪的断奶日龄通常为 21 天，这是为了确保仔猪在断奶后能够快速适应固体饲料，促进其健康成长。长白猪的性成熟时间相对较晚。通常，这一品种的猪在 6 月龄时开始出现性行为。而在 9 到 10 月龄时，其体重可以达到约 120 千克，这时也是配种的最佳时机。在繁殖方面，长白猪的产仔数也相对稳定。初产母猪的产仔数通常为 10 到 11 头，而经产母猪的产仔数则为 11 到 12 头。[①]

长白猪作为一种国外品种，在我国的养殖历史中占有重要地位。1964 年，我国从瑞典引进了第一批长白猪，标志着这一品种在我国的养殖历程的开始。经过多年的引进和繁殖，目前已经形成了英系、法系、比利时系和新丹系四种不同的品系。长白猪的生产性能高，这一特点使其在养殖中具有明显的优势。高生产性能意味着长白猪在同等条件下，可以产出更多的猪肉，为养殖户带来更高的经济效益。长白猪稳定的遗传性意味着其生产性能和其他优良特性可以稳定地传递给后代，确保养殖的持续性和稳定性。在养殖中，长白猪的一般配合力好，这使其成为杂交的理想选择。杂交是一种常见的养殖方法，通过将两个不同的品种进行交配，可以得到结合了两种品种优点的后代。长白猪作为杂交的父本，可以与其他品种进行交配，得到具有高生产性能、遗传性稳定的后代。这种杂交效果显著，为养殖户带来了明显的经济效益。通过不同形式的杂交，可以得到不同选育目标的理想后代。这为养殖户提供了更多的选择，可以根据市场需求和自身条件，选择合适的杂交方式，得到满足市场需求的猪肉。通过育种过程，还可以进一步改良长白猪的品种，达到选育本土瘦肉型猪的目的。这为中国的猪肉产业带来了新的机遇，也提高了猪肉的品质和产量。

（三）杜洛克猪

杜洛克猪属于偶蹄目猪科猪属的哺乳动物，是从国外引入的重要猪品种之一。这一品种的特点在于其体形较小且结构紧凑，这种特性使其在一些特定的饲养环境中具有优势。其外观特点为全身被毛呈棕色，这种颜色与许多其他猪品种有所区别。尽管其体色为棕色，但在体侧或腹下允许有少量的小暗斑点，这为该品种增添了一些独特性。在头部结构上，杜洛克猪的头和耳大小适中，与其整体体型相匹配。嘴部短而直，

---

① 　浙江省畜牧兽医局.浙江省畜禽遗传资源志[M].杭州：浙江科学技术出版社，2016：61.

这可能与其饮食习惯和进食方式有关。杜洛克猪背部和腰部平直，这种结构有助于其在行走和活动时保持稳定。腹线的平直性也是其体型特点之一，这可能与其消化系统的结构和功能有关。杜洛克猪的体躯较为宽大，这与其丰满的肌肉有关。这种肌肉的丰满性使其在肉质上具有一定的优势，可能与其肉的口感和营养价值有关。后躯的发达性是其另一个显著特点，这与其强壮的四肢相匹配。四肢的粗壮和结实性意味着该品种的猪在行走和活动时具有较高的稳定性和较强的力量。

图 1-3　杜洛克猪

　　杜洛克猪是一种原产于美国的猪品种，其在我国内蒙古自治区各地都有所分布。这种猪品种以其强悍、耐粗的特性而著称，能够适应各种环境条件，并能够快速生长。这种快速的生长速度使其在猪肉生产中具有一定的经济价值。杜洛克猪对饲料的选择性较低，喜食青绿饲料，这使得其在饲养上具有一定的灵活性。饲养者可以根据当地的资源条件选择合适的饲料，以满足杜洛克猪的营养需求。这种灵活性在一定程度上降低了饲养成本，提高了饲养效益。在繁殖方面，杜洛克猪的性成熟较晚。通常在 6～7 月龄时开始发情，而 8 月龄以后才能进行配种。这意味着饲养者需要为其提供更长时间的饲养，直到其达到性成熟。杜洛克猪的发情周期为 21 天，发情持续期通常为 3 天。这为饲养者提供了一定的时间窗口，进行配种操作。在妊娠方面，杜洛克猪的妊娠期为 115 天，这与其他猪品种相似。经产母猪每胎产子数量为 9～10 头，这意味着可以为饲养者带来相对稳定的繁殖效益。[①]

---

① 　宋云海，王川庆 . 养猪 [M]. 郑州：中原农民出版社，2008：42.

杜洛克猪早在 1936 年由许振英教授引入，目的是进行杂交观察。这一尝试为后续的杜洛克猪在中国的推广和饲养打下了基础。1972 年，杜洛克猪再次引起了中国的关注。在这一年，美国总统尼克松访华，作为友好的象征，他送给中国一对纯种杜洛克猪。这对猪被饲养在河南息县的外贸饲养场，标志着杜洛克猪在中国的正式饲养的开始。1978 年，广东从英国引入了杜洛克猪，进一步扩大了这一品种在中国的分布。1981 年，日本友人再次送给中国 10 头杜洛克猪，这一行动加强了中日在农业领域的交流与合作。[①] 随后的年份，中国从国外陆续引入了更多的杜洛克猪，使得这一品种在中国的饲养规模逐渐扩大。杜洛克猪在中国的引入和饲养不仅仅是农业领域的一个标志性事件，更是中外交流与合作的一个缩影。每一次引入都伴随着国家间的友好交往和合作，反映了各国在农业领域的交流与合作意愿。杜洛克猪的引入也为中国的猪肉产业带来了新的机遇。作为瘦肉型的猪种，杜洛克猪的饲养可以满足市场对高质量猪肉的需求。随着杜洛克猪在中国的饲养规模的扩大，这一品种也逐渐融入了中国的猪肉产业。不少省市都开始饲养杜洛克猪，使得这一品种在中国的分布越来越广泛。

（四）汉普夏猪

汉普夏猪是瘦肉型猪品种的代表，原产于美国南部，并由美国精心选育而成。这一品种在其发展历程中经历了名称的变迁。早期，由于其特定的体型和皮肤特点，被称为"薄皮猪"。到了 1904 年，为了更准确地描述其特性和来源，其名称被正式更改为"汉普夏猪"。在 19 世纪 30 年代，美国肯塔基州对这一品种进行了重要的培育工作，建立了基础种群。这一举措为汉普夏猪的进一步发展和普及奠定了坚实的基础。随着时间的推移，20 世纪初，这一品种开始在美国各州广泛流传，逐渐受到农户的青睐。汉普夏猪的特点在于其瘦肉型的体质，这使得其在肉品市场上具有较高的竞争力。与其他品种相比，汉普夏猪的瘦肉含量较高，而脂肪含量较低，这使得其肉质更为鲜嫩，口感更佳。此外，其生长速

---

① 冯维祺，王端云.猪鸡优良品种 [M].北京：农业出版社，1993：92.

度和饲料转化效率也相对较高，这为农户提供了更高的经济效益。汉普夏猪的成功选育和推广，不仅仅是对其生物学特性的充分利用，还与当时的农业技术和市场需求有关。在 20 世纪初，随着农业技术的进步和市场对高质量肉品的需求增加，瘦肉型猪品种逐渐受到重视。汉普夏猪作为瘦肉型猪品种的代表，自然成为农户和消费者的首选。如今，汉普夏猪已经成为美国三大瘦肉型品种之一，其在全球的影响力也在逐渐增强。各国的农户和研究机构都对这一品种进行了深入的研究和推广，希望能够充分利用其优良的遗传特性，为全球的肉品市场提供更高质量的产品。

汉普夏猪是一种体型大的猪品种，其毛色特征显著，主要为黑色。其身上独特的白带围绕在肩部和颈部结合处，与黑色毛发的交界处，由黑皮白毛形成的灰色带使其被称为"银带猪"。这种独特的颜色组合使汉普夏猪在众多猪品种中容易被辨认。头部大小适中，耳朵直立，嘴部较长且直。体躯的长度适中，背腰部分呈现弓形，这可能与其后驱臀部的肌肉发达有关。这种肌肉发达的特点意味着汉普夏猪的肉质可能较为饱满和结实。杂交试验为猪的品种改良提供了有力的工具。用汉普夏猪为父本进行的杂交产生的后代在某些特性上表现出优越性。这些后代具有胴体长、背膘薄和眼肌面积大的特点。这些特性在猪肉生产中是受到欢迎的，因为它们与肉质和产量有关。

图 1-4 汉普夏猪

汉普夏猪作为一种引入的国外品种，具有其独特的生物学特性和经济价值。关于汉普夏猪的生长特性，汉普夏公猪在 30 ~ 100 千克的育肥期内，平均日增重为 845 克，饲料转化率为 2.53。成年公猪的体重范围为 315 ~ 410 千克，而母猪的体重则在 250 ~ 340 千克之间。在良好的饲养条件下，汉普夏猪的生长速度和效率都能得到明显的提高。例如，6月龄的汉普夏猪体重可以达到 90 千克，日增重在 600 ～ 650 克之间，饲料利用率约为 3.0。这些数据说明，在适当的饲养管理下，汉普夏猪的生长潜力可以得到充分发挥。汉普夏猪的屠宰性能也是其经济价值的重要组成部分。90 千克体重的汉普夏猪，其屠宰率为 71% ～ 75%，而胴体瘦肉率则在 60% ～ 62% 之间。这一数据意味着汉普夏猪的肉质较好，瘦肉含量较高，这对于肉用猪来说是一个重要的优势。在繁殖方面，汉普夏母猪通常在 6 ～ 7 月龄开始发情。经产母猪的每胎产仔数为 8 ～ 9 头。

（五）皮特兰猪

皮特兰猪是一种起源于比利时布拉帮特省的猪品种，其特点在于母性良好和仔猪育成率高。该品种在 20 世纪 80 年代由中国上海农业科学院畜牧兽医研究所从法国引进，此后在中国的养殖中表现出了一系列的优良特性。[1] 在饲养管理上，皮特兰猪对环境的适应性表现出色。在提供了较好的饲养条件下，该品种的生长速度快，这一特性使得皮特兰猪在商业养猪业中具有较高的经济价值。快速的生长速度意味着短时间内可以达到市场所需的体重，从而缩短了养殖周期，提高了养殖效率。

皮特兰猪的毛色多样，从灰白到栗色或间有红色，形成大片的黑白花纹。其耳朵中等大小，略微向下倾斜，给人一种温顺的印象。体型上，皮特兰猪的体躯宽短，背部宽阔，中间有一明显的深沟，后躯部分丰满，肌肉发达，肌肉之间的分界清晰可见。这种肌肉的分布和发达程度，使得皮特兰猪的后躯血管外露，前后肢相对较短且细。经过引入比系、法系的改良后，前后肢的高度和粗壮程度有所提升。头部形态清秀，与其体型形成鲜明对比。在生产性能方面，皮特兰猪具有较高的瘦肉率，背膘薄，眼肌面积大，这些特点使其在肉质方面表现优越。瘦肉率普遍可达 67% 左右，背膘厚度仅为 0.98cm，眼肌面积达到 43cm²，均显著优于其他品种。[2] 尽管如此，皮特兰猪的生长肥育性能相较于杜洛克猪、长

---

① 王林云.养猪词典 [M].北京：中国农业出版社，2004：51.

② 李涛.皮特兰猪的生产性能与科学利用 [J].当代畜牧，2003（7）：2.

白猪、大约克夏猪等三大名种而言，显得稍逊一筹，特别是在育肥后期，其增重速度较慢。繁殖能力方面，皮特兰猪的表现一般。产仔数量均衡，一般在 9 至 11 头之间，护仔能力强，母性表现良好。在泌乳方面，早期乳质佳，泌乳量高，但进入中后期后，泌乳量有所下降。20 日龄时，窝重平均为 48.5±2.3kg，而至 35 日龄时，窝重可达 87.7±4.8kg。[①]

图 1-5　皮特兰猪

四、杂交品种

杂交猪的产生源于不同品种或品系间的杂交，这一过程产生了具有多种优势特性的杂种猪。这些特性包括繁殖力的增强、生长速度的加快、饲料利用率的提高、抗逆性的增强以及饲养的便利性。杂交猪的这些特点是由于杂交优势（异种优势）的作用，这一现象在生物学上被称为杂种优势或杂种活力。

（一）二元杂交猪

二元杂交猪涉及两个不同的纯种猪品种，通过有计划的配种产生一代杂种。在二元杂交中，常见的纯种猪如杜洛克猪、长白猪和大白猪等优良瘦肉型猪被用作亲本。这些品种被选中的原因在于它们各自的特性，如杜洛克猪的生长速度快、长白猪的瘦肉率高以及大白猪的繁殖性能好。杂交的模式通常遵循特定的遗传规律，以确保所得后代能够集中亲本的优良特性。例如，杜洛克与长白杂交可产生杜长杂交猪，杜洛克与大白

---

① 　王蕾.皮特兰猪的饲养管理要点 [J].山东畜牧兽医，2013（3）：1.

杂交可产生杜大杂交猪，长白与大白杂交则可产生长大杂交猪。这些二元杂交猪继承了亲本的优良肉质特性，并且在生产实践中表现出较亲本更为优越的综合性能。二次杂交模式 1 如图 1-6 所示。

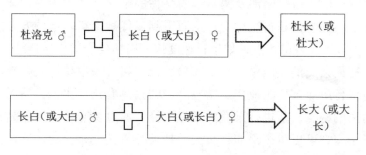

图 1-6　二次杂交模式 1

此外，在实践中，优良瘦肉型的公猪，如杜洛克猪、长白猪和大白猪，也常与本地品种的母猪，如辽宁黑猪和东北民猪，进行杂交，以产生杜本、长本、大本等二元杂交猪。这种杂交策略旨在结合两个品种的优点，从而得到生长速度更快、肉质更佳的后代。杂交猪的优势主要来源于杂种优势（异种优势），这是指杂交后代在某些生物学特性上超过其亲本的现象。这种优势使得杂交猪在多个方面表现出色，如生长性能、生产效率和适应能力。杂交猪的这些特性对于商业猪肉生产来说至关重要，因为它们直接关系到生产成本和经济效益。二次杂交模式 2 如图 1-7 所示。

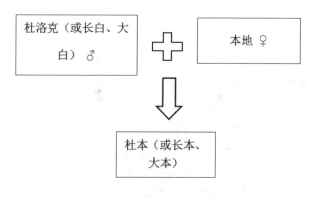

图 1-7　二次杂交模式 2

（二）三元杂交猪

三元杂交猪的目的在于结合多个品种的优良特性，以产生具有高经济价值的后代。该策略涉及两个不同品种的杂交，产生的一代杂交母猪与第三个品种的公猪再次杂交，从而得到二代杂交猪。这种方法能够有效地集中多个品种的优点，如生长速度快、肉质佳、适应性强等。

在三元杂交的实践中，杜洛克猪、长白猪、大白猪等品种因其优良的瘦肉型特质而被广泛应用。这些品种的猪具有快速生长、高屠宰率和优质肉质的特点，是进行杂交的理想选择。通过精心选择这些品种的个体进行杂交，可以生产出如杜长大、杜大长等三元杂交猪。这些杂交猪继承了父母品种的优良瘦肉特性，同时也可能表现出其他有利的生产性状。三元杂交模式 1 如图 1-8 所示。

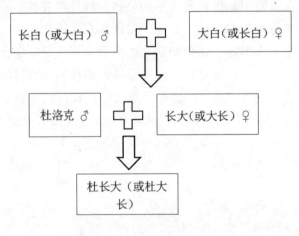

图 1-8 三元杂交模式 1

此外，将杜洛克、长白、大白等瘦肉型公猪与本地品种如辽宁黑猪、东北民猪等进行杂交，也是三元杂交的一种常见做法。本地品种通常具有良好的适应性和独特的品质特性，将这些本地品种纳入三元杂交体系，可以进一步提高杂交猪的适应性和生存能力。通过这种方式产生的杜长本、杜大本等三元杂交猪，不仅保留了优良的肉质特性，还能增强其对当地环境的适应性。三元杂交模式 2 如图 1-9 所示。

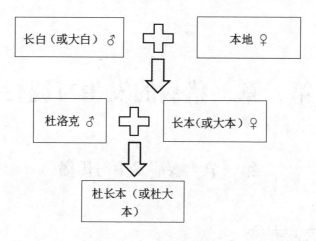

图1-9　三元杂交模式2

第二章 猪病的发生与流行

第一节 疾病发生与传播

一、疾病与感染

（一）疾病

动物疾病的发生是一个复杂的生物学过程，涉及机体与环境中致病因素的相互作用。这一过程不仅导致机体损伤，还触发了机体的抗损伤反应。疾病的出现标志着机体生命活动的障碍，这些障碍可能表现为生理功能的紊乱、生长发育的停滞或倒退，以及生殖能力的下降。动物的生产能力因此受到影响，从而导致其经济价值的降低。

动物疾病的特点可以从多个维度进行分析。第一，动物疾病的发生与多种因素相关，其中包括病原体的侵入和非生物的致病因素。病原体如细菌、病毒和寄生虫，是引起感染的主要生物性因素。这些微生物通过不同的途径进入宿主体内，破坏正常的生理机能，引发疾病。非生物性因素，如化学毒素和物理损伤，同样能够触发疾病的发生，通过损害组织结构中断生物体的正常代谢过程。第二，疾病的发展过程是一个由轻到重的连续谱系。初始阶段可能仅表现为轻微的非特异性反应，如局部的红肿或短暂的不适。若未能及时控制，这些初期症状可能演变为更严重的系统性疾病，进而影响动物的整体健康。系统性疾病可能涉及多个器官系统，导致全身性的症状，如发热、食欲缺乏、体重下降等。第三，疾病对动物个体及群体的影响是多方面的。个体层面上，疾病会影响动物的生长发育、繁殖能力和生存率。群体层面上，疾病可能导致整个养殖群体的生产性能下降，如生长速度减慢、饲料转化率降低、繁殖率下降和死亡率增加。这些影响不仅减少了畜牧业的经济效益，还可能引起公共卫生问题，特别是涉及人畜共患病原体时。

（二）感染

感染是病原微生物侵入宿主机体并在其内部生长繁殖的过程，引发宿主产生病理反应。病原微生物的侵入并不总是导致感染，因为宿主机体可能因条件不适宜而抑制病原体的生长，或者宿主的防御系统迅速响应，有效清除入侵者。此时，宿主表现出抗感染免疫，即机体对病原体的抵抗力。当宿主对特定病原体缺乏免疫力时，表现为易感性，此时病原体侵入易感宿主可成功引发感染过程。

病原微生物包括细菌、病毒、真菌和寄生虫等，它们通过不同的途径进入宿主体内。感染的发生受多种因素影响，包括病原体的侵袭力、数量、进入途径、宿主的免疫状态、营养状况和遗传背景等。一旦病原体克服宿主的初级防御并在体内定殖，就可能引起局部或全身性的病理反应。宿主的免疫系统是抵御感染的主要防线，包括先天免疫和适应性免疫两大部分。先天免疫提供即刻反应，通过物理屏障（如皮肤和黏膜）、化学屏障（如胃酸和抗菌肽）以及细胞和分子机制（如吞噬细胞和补体系统）来阻止病原体的侵入和扩散。适应性免疫则是特异性的，涉及淋巴细胞识别特定抗原，并通过产生抗体或细胞毒性反应来消灭病原体。感染作为疾病发生的主要途径，其类型可以根据不同的标准进行分类。

第一，按照感染的发生区进行划分，通常分为外源性感染和内源性感染两大类。外源性感染指的是病原体从外界环境侵入宿主体内，引发疾病的过程。这类感染的病原体可能来源于污染的水源、食物、空气以及其他携带病原的动物。例如，猪圆环病毒、猪瘟病毒等，都可以通过这些途径传播。外源性感染的防控策略包括改善养殖环境卫生、实施严格的生物安全措施、定期消毒以及使用疫苗等；内源性感染则是指宿主体内原本处于静止状态的病原微生物，在某些不良因素的影响下活化并增强毒力，导致宿主发病的过程。这些不良因素包括免疫力下降、营养不良、压力过大、环境变化等。内源性感染的例子包括某些机会致病菌的感染，如肠道疾病中的大肠杆菌感染。防控内源性感染的措施涉及提高动物的整体健康状况，包括合理饲养管理、营养均衡、减少应激条件等。

第二，按照感染部位的不同，可分为局部感染和全身感染两大类。局部感染通常发生在动物机体的抵抗力较为强健，病原微生物的毒力不强或数量较少的情况下。在这种情况下，病原体被限制在体内的特定部位，如皮肤、呼吸道或消化道等。病原微生物在这些局部区域生长繁殖，并引起相应的病变。局部感染包括皮肤感染、喉炎或肠炎等。这类感染通常对动物的整体健康影响较小，且更易于控制和治疗；全身感染则发生在动物机体抵抗力较弱，无法有效抵御病原微生物的侵袭的情况下。病原微生物冲破机体的防御屏障，通过血液循环向全身扩散，引起全身性的病变。全身感染的疾病包括败血症或全身性病毒感染等。这种感染类型对动物的健康构成严重威胁，需要迅速而有力的治疗措施。

第三，根据病原的种类，感染可分为单纯感染与混合感染。单纯感染由单一种病原微生物引起，而混合感染则涉及两种或多种病原微生物。此外，感染还可细分为原发感染与继发感染，原发感染是指动物首次感染某种病原微生物，而继发感染则发生在原发感染之后，通常在宿主抵抗力减弱时由新的病原微生物引起。单纯感染通常较易诊断与治疗，因为病原单一，治疗方案可以针对性地设计。混合感染的情况较为复杂，不同病原微生物可能会相互作用，影响疾病的严重程度和治疗效果。混合感染可能导致病情加重，治疗难度增加，甚至可能引起免疫系统的异常反应。做好原发感染与继发感染的区分对于疾病管理至关重要。原发感染的控制可以通过采取预防措施，如疫苗接种、改善养殖环境和管理来实现。而继发感染的防治则更加复杂，需要对原发感染进行有效控制的同时，增强动物的整体抵抗力，避免新的病原微生物入侵。

第四，根据其对动物健康的影响程度，可以分为良性感染和恶性感染两种类型。良性感染通常指的是那些不会导致患病动物大量死亡的感染。这类感染虽然可能会引起一定程度的疾病表现，如轻微的体温升高、食欲下降或活动力减弱，但通常不会对动物群体的整体存活率造成显著影响。良性感染的病原体往往具有较低的致病力，或者宿主动物具有较强的抵抗力。在这种情况下，感染可能通过自然免疫力的作用而得到控制，不需要医疗干预；恶性感染则是指那些能够引起患病动物大量死亡的感染。这类感染的病原体通常具有很强的致病力，能够迅速在宿主体内繁殖并引发严重的病理反应。恶性感染不仅会导致高死亡率，还可能引起猪群生产性能的显著下降，如生长迟缓、繁殖障碍等。恶性感染还可能导致疾病的迅速传播，增加防控难度，从而对畜牧业造成严重的经济损失。

其五，根据病程的长短，可以被分为不同的类别，每种类型对养殖管理和疾病控制策略的影响各不相同。最急性感染是感染类型中发展速度最快的一种，动物可能在数小时至一天内突然死亡。由于症状和病变不显著，这种感染的诊断可能较为困难。急性感染的发生往往与高毒力病原体有关，这要求养殖场管理人员必须具备快速识别病因并应对的能力，以防止疾病的蔓延；急性感染的病程通常持续几天至 14 天不等，动物会表现出典型的发病症状和病理变化。这类感染的诊断相对容易，因为症状明显，病理变化具有一定的规律性。一旦出现急性感染，管理人员需要迅速隔离病例，实施治疗措施，并采取预防措施以防止疾病进一步传播；亚急性感染的病程介于 14 天至一个月之间。这类感染的症状和病变可能不如急性感染那样显著，但仍然可以通过临床表现和辅助检查进行诊断。亚急性感染的控制策略需要综合考虑病程的持续时间和病变的发展情况；慢性感染则是一种长期的病程，可能持续一个月至几个月。慢性感染的症状和病变通常不典型，这给诊断带来了挑战。慢性感染除了需要长期的治疗和管理，还需密切监测，以便及时发现病情的变化。

二、传染病

传染病由病原微生物引起，这些微生物包括细菌、病毒等。这类疾病通常具有一定的潜伏期，临床表现和传染性，其传播速度快，控制难度大。病原体进入宿主体内后，动物体的免疫系统会启动抗传染免疫反应，以防御和抵抗病原体的侵袭。这种免疫反应是动物体对抗病原体的一种生物学防御机制。病原体与宿主动物之间的相互作用是一个动态平衡的过程，病原体的侵袭力与宿主的防御力之间的对比，决定了疾病的发生、发展和最终结果。在传染病的发展过程中，病原体的种类、数量、毒力以及传播途径都是影响疾病发展的关键因素。同时，宿主的年龄、性别、遗传背景、营养状况、免疫状态以及环境等因素也会对疾病的敏感性和抵抗力产生显著影响。

（一）传染病的特征

1. 特定的病原体

病原体的种类多样，包括病毒、细菌、真菌、寄生虫等。例如，猪瘟是由猪瘟病毒引起的，而猪丹毒则是由猪丹毒杆菌引发的，猪肺疫则通常由巴氏杆菌导致。这些病原体在猪群中的传播，导致了传染病的流行。

2. 具有传染性

患病动物成为病原微生物的宿主，通过多种途径将病原体传递给其他易感动物，导致疫病的发生。这种疾病的传播模式区别于其他非传染性感染，后者通常不具备从一个宿主传播到另一个宿主的能力。病原微生物的传播途径多样，包括直接接触、空气传播、食物和水源传播以及媒介传播等。直接接触是最常见的传播方式，患病猪只通过身体接触，如鼻腔分泌物、唾液、粪便等，将病原体直接传给健康猪只。空气传播则涉及病原体通过飞沫或尘埃在空气中的传播，这种方式在全封闭或半封闭的养殖环境中尤为常见。

3. 具有免疫性

动物体在经历某些传染病的感染并痊愈后，往往能在体内形成特异性的免疫防御机制，这种机制能够在一定时期内抵御同种病原体的再次侵袭。这种免疫性的持久性在不同的传染病之间存在显著差异。以猪瘟为例，该病是由猪瘟病毒引起的一种高度传染性疾病。猪在经历猪瘟的感染并痊愈后，可以获得长期甚至终生的免疫保护。这种持久的免疫性对于控制猪瘟的流行具有重要意义。猪瘟病毒特异性的抗体能在猪体内形成，从而为猪群提供免疫屏障，减少了疾病的传播风险。相对而言，猪丹毒和猪肺疫的免疫性则呈现出不同的特点。猪丹毒是由细菌引起的一种急性、发热性传染病，而猪肺疫则是由病毒引起的一种呼吸道传染病。猪感染这两种疾病后，能获得暂时性的免疫保护。虽然猪在感染后痊愈并获得了免疫性，经过一定时间后，这种免疫保护会逐渐减弱，猪可能再次对同一病原体产生易感性。

4. 有流行病学特征

传染病的发生需满足三个基本条件：传染源、传播途径以及易感动物。传染源是指能够产生病原体并释放到外界的个体或物体。传播途径是指病原体从传染源到易感宿主之间的传递方式，包括直接接触、空气传播、媒介传播等多种形式。易感动物则是指那些对特定病原体缺乏免疫力的动物，这一缺陷会使它们成为病原体的潜在宿主。在流行过程中，传染病的特征受到多种因素的影响。自然因素如气候变化、季节交替等，都可能影响病原体的存活和传播。例如，某些病原体在温暖湿润的环境中更易存活，因此在这种气候条件下可能导致疾病的高发。社会因素，包括畜牧业管理水平、动物密度、运输和贸易活动等，也会对传染病的流行产生显著影响。管理不善的养殖场可能因为卫生条件差、动物拥挤等问题而成为疾病的高发区。传染病的流行性表现为在一定时间内，疾病在特定区域内的发病率显著高于正常水平。地方性则指疾病在特定地理区域内持续存在，这可能与该地区的特定环境条件或养殖习惯有关。季节性是指疾病发生与特定季节相关，这可能与温度、湿度以及宿主动物的生理周期有关。

（二）传染病病程的发展阶段

1. 潜伏期

潜伏期是疾病发展的初期阶段。潜伏期定义为病原体侵入宿主体内并开始繁殖的时刻起，直至疾病显现出首次临床症状为止的时间段。在这一阶段，病原体在宿主体内积聚，但尚未达到引发临床症状的水平。潜伏期的持续时间取决于多种因素，包括病原体的种类、侵入的数量、宿主的免疫状态以及外界环境条件。不同的病原体有其特定的潜伏期，这个时间段可能从几小时到几周不等。例如，某些急性病毒性疾病的潜伏期可能非常短，而某些细菌性或寄生虫病可能有较长的潜伏期。在潜伏期，尽管宿主尚未表现出疾病症状，但病原体的存在和繁殖可能已经开始影响宿主的生理机能。病原体可能通过宿主的排泄物、分泌物或直接接触传播给其他个体。因此，潜伏期对于疾病的预防和控制具有特殊的重要性。

2. 前驱期

前驱期是疾病发展过程中的早期阶段。在这一阶段，疾病的最初症状开始显现，但尚未发展到具有传染病特征的临床表现。前驱期对于疾病的早期诊断和防控具有重要意义。在前驱期，猪可能表现出非特异性的临床症状，如食欲下降、活动减少、体温高等。这些症状往往不足以确定疾病的具体类型，但它们是疾病即将发作的信号。由于这些早期症状的模糊性，要求养殖人员具有高度的警觉性和对猪行为及生理状态的细致观察。疾病的前驱期长度因病原体种类、感染剂量、猪的年龄、免疫状态及环境条件等因素而异。因此，对于不同的传染病，前驱期的持续时间和表现形式可能有所不同。例如，某些病毒性疾病的前驱期可能非常短暂，而细菌性疾病则可能有较长的前驱期。

3. 症状明显期（发病期）

在传染病的病程中，症状明显期是疾病进展的关键阶段。该阶段紧随前驱期之后，特征性症状开始逐步显现，并逐渐加剧至充分表现。在这一时期，疾病的临床表现达到高峰，病原体的活动也最为活跃，从而导致猪出现一系列易于识别的临床症状。症状明显期的持续时间长短取决于多种因素，包括病原体的种类、猪只的免疫状态、感染的严重程度以及环境条件等。在这一阶段，病原体在宿主体内达到最大复制量，其代谢产物和毒素的积累对宿主造成显著的生理和病理影响。因此，猪只可能表现出发热、食欲下降、精神萎靡、呼吸困难、腹泻等症状，这些症状反映了病原体对猪只机体的广泛影响。在症状明显期，疾病的传播风险显著增加。病原体可能通过呼吸道分泌物、粪便、尿液或直接接触传播给同群或邻近的健康猪只。因此，这一时期的疾病管理措施至关重要，包括隔离发病的猪只、实施严格的生物安全措施以及采取适当的治疗措施。

4. 转归期（恢复期）

疾病的转归期标志着感染过程的终结，其结果取决于多种因素，包括病原体的致病性、宿主的免疫状态以及治疗措施的及时性和有效性。在这一阶段，动物的临床症状和病理变化会呈现出不同的趋势，这些趋势反映了疾病结局的两种可能性：恢复或死亡。

当病原体具有较强的致病性，或者动物的抵抗力因某些原因（如营养不良、应激或其他疾病）而减弱时，疾病可能导致宿主死亡。在这种情况下，病理变化加剧，生理功能障碍恶化，最终无法逆转。因此，疾病的致死性转归是宿主与病原体相互作用的直接结果，其中宿主的防御机制未能有效抵抗病原体的侵袭。相反，如果动物的抵抗力得到改善和增强，可能是由于自然免疫力的提升、营养状况的改善、适当的治疗措施或疾病管理过程的优化，疾病过程则可能以恢复健康为最终目标。在恢复期，动物体内的病理变化逐渐减弱，临床症状开始缓解，正常的生理功能逐步恢复。这一过程可能伴随着免疫系统对病原体的清除，以及受损组织的修复和再生。恢复期的持续时间和恢复速度的快慢可能因疾病的种类和严重程度而异。轻微的感染可能只需要短暂的恢复期，而严重的感染可能导致长期的恢复过程，甚至可能留下永久性的损害。在恢复期间，适当的营养支持、环境管理和医疗监护对于促进健康的恢复至关重要。

（三）传染病传播的基本环节

传染病在猪群中的流行是一个复杂的过程，它涉及传染源、传播途径和易感动物三个基本环节。这三个环节相互作用，共同推动疫病在猪群中的传播。理解这一过程对于制定有效的疾病控制策略至关重要。传染病传播的基本环节如图2-1所示。

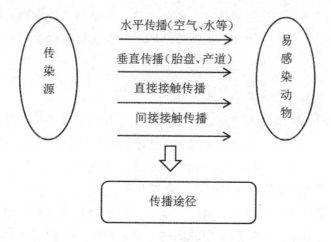

图2-1 传染病传播的基本环节

1. 传染源

传染源包括所有能够排出病原体的动物机体，是疾病传播链的起点。对于猪病的控制与预防，理解传染源的概念和类型是基础。患病动物作为传染源，因其体内病原体的存在而直接影响群体的健康状况。这些动物在疾病的临床期内，通过各种途径排出病原体，如呼吸道分泌物、粪便、尿液或体液等，从而构成直接或间接的传播途径。

病原携带者，尽管外表无症状，却在无形中成为疾病传播的隐蔽环节。病原携带者分为三类：潜伏期病原携带者、恢复期病原携带者和健康病原携带者。潜伏期病原携带者在疾病的潜伏期内，尽管未表现出症状，但已具有传染性。恢复期病原携带者在疾病康复后，仍然能排出病原体。健康病原携带者则可能永远不会表现出疾病症状，却能持续排出病原体，对群体健康构成威胁。

2. 传播途径

明确识别传播途径有助于管理人员采取有效措施，阻断病原体的传播链，从而保护易感动物免受感染。

（1）水平传播。水平传播作为病原体传播的主要形式之一，涉及病原体在同一代个体之间的传播。这种传播方式可以通过多种途径发生，包括空气、饲料、水、土壤以及活的媒介。空气传播是指病原体通过飞沫、尘埃或气溶胶在空气中传播，这是许多呼吸道疾病的主要传播途径。例如，猪流感病毒就可以通过咳嗽和打喷嚏产生的飞沫在空气中传播。病原体可以通过污染的饲料和水进入动物体内，引起消化道疾病。例如，沙门氏菌和大肠杆菌等病原体常通过污染的饲料和水传播。土壤作为传播途径，可以通过动物的粪便污染土壤，进而通过土壤传播病原体。例如，猪圆环病毒和某些寄生虫病就可以通过土壤传播；活的媒介，如蚊蝇、鼠类等媒介可以携带病原体，通过叮咬或接触将病原体传播给其他动物。例如，蚊子可以传播脑炎病毒，而鼠类可以传播沙门氏菌病和钩端螺旋体病。

（2）垂直传播。指的是病原体从父代传至子代的过程。垂直传播主要通过两种途径进行：经胎盘传播和经产道传播。经胎盘传播是指病原体通过胎盘从母猪传给胎儿，这种方式可以在猪只怀孕期间发生，导致胎儿感染。一些病原体，如猪圆环病毒和猪瘟病毒等，能够穿过胎盘屏障，影响未出生的仔猪。这种传播方式可能导致流产、死胎或出生后不久的仔猪死亡。经产道传播则是在分娩过程中发生的，当仔猪通过被病原体污染的产道时，可能会感染疾病。例如，猪链球菌和某些病毒可以在这个过程中从母猪传给仔猪。这种传播方式可能导致新生仔猪出现呼吸道疾病、腹泻等症状。

（3）直接接触传播。这种传播途径涉及病原体通过传染源与易感动物的直接物理接触而引起的传播。在猪群中，直接接触传播虽然不是最常见的传播方式，但在特定情况下，它可以成为疾病传播的有效途径。猪霉形体肺炎的传播就是一个典型的例子，该病可以通过交配过程中的直接接触传播。此外，沙门杆菌病和大肠杆菌病也可以通过类似的途径传播。这些病原体在交配时从一个个体传至另一个个体，从而引发疾病。体外寄生虫病也可能通过猪之间的直接接触传播。例如，在共同的生活环境中，通过皮肤接触或其他亲密接触方式。尽管直接接触传播在猪病中不是主要的传播途径，但其潜在的影响不容忽视。这种传播方式的一个特点是不需要外界因素的参与，如空气、水或者媒介生物，这意味着病原体的传播可能更为隐蔽，难以迅速发现和控制。因此，一旦发生，直接接触传播可能在猪群中迅速传播，尤其是在密集饲养的环境中。

（4）间接接触传播。间接接触传播涉及多种媒介，包括生物因素和非生物因素。在生物媒介方面，蚊虫、苍蝇、老鼠、猫、犬、鸟等可以携带病原体，并将其传播给易感动物。例如，蚊子在吸血过程中可能将病毒从一个宿主传播到另一个宿主。苍蝇则可能通过接触病原体污染的物质后，再与猪只接触，从而传播疾病。非生物媒介物如空气、饮用水、饲料、土壤、飞沫和尘埃也是传播病原体的重要途径。空气传播可能发生在病原体通过咳嗽或打喷嚏产生的飞沫中，而饮用水和饲料则可能成为病原体的载体，通过摄入被污染的物质，猪只可能感染疾病。人为因素在传染病的传播中也起着关键作用。饲养人员、兽医、参观者以及车辆和饲养管理用具等，都可能成为病原体的携带者。例如，未经消毒的工具或鞋子可能将病原体从一个受污染的环境带到另一个清洁的环境。人员在多个养殖场之间的移动也可能造成病原体跨区域传播。

3. 易感动物

易感性的存在是疫病传播的前提条件，其决定因素包括动物的免疫状态和非特异性抵抗力。动物的易感性水平直接关联到疾病是否能够在群体中传播，以及传播后的严重程度。特异性免疫状态通常是通过主动免疫获得，如接种疫苗。疫苗接种能够激发动物体内的免疫系统，产生针对特定病原体的免疫应答。例如，接种猪瘟疫苗的猪，其体内会产生针对猪瘟病毒的特异性抗体，从而降低或消除对猪瘟病毒的易感性。相反，未经疫苗接种的猪则保持高度易感性，一旦接触病原体，便有可能被感染并迅速传播疾病。非特异性抵抗力则涉及动物固有的、非针对特定病原体的防御机制。这种抵抗力可能包括皮肤和黏膜的屏障作用、酸性胃液的杀菌效果，以及吞噬细胞的吞噬作用等。非特异性抵抗力的高低也会影响动物对疾病的易感性。被动免疫则是通过注射高免血清或从母体获得抗体。这种免疫方式为动物提供了短期的保护，因为注入的抗体会在一段时间后降解消失。动物幼崽的免疫系统尚未发育成熟之前，这种被动免疫是至关重要的。

（四）传染病的流行形式

1. 散发性

散发性流行的特点是病例的发生呈现零星分布，且在时间和地点上没有明显的规律性。这种流行形式的出现通常与几个因素有关。

（1）动物群体中较高的免疫水平是影响传染病散发性流行的重要因素。当大部分个体通过自然感染或疫苗接种获得了对某种病原的免疫力时，病原的传播机会相应减少。这种群体免疫效应能够在一定程度上阻断传染病的传播链，从而使得病例仅在个别未获得免疫的或免疫力较弱的个体中散发性出现。

（2）隐性感染的比例较大也是导致散发性流行的原因之一。例如，在流行性乙型脑炎中，病原体可能在宿主体内长期潜伏，不表现出明显的病状，但这些携带者仍有可能成为传播源，导致病例的散发性出现。

（3）某些传染病的发生和传播需要特定的条件。以破伤风为例，破伤风梭菌的感染和疾病的发展需要有伤口感染和厌氧环境的共同存在。因此，即使破伤风梭菌在环境中普遍存在，病例也可能只在特定条件下散发性出现。

（4）散发性流行可能与病原体的传播途径有关。某些病原体可能通过非典型的传播途径，如媒介传播或间接接触，这些传播方式的偶发性和不确定性也可能导致病例的散发性出现。

2. 地方性流行

地方性流行是指某些传染病在一定地区内持续时间较长，且发病数量较多的现象。这种流行形式通常受到地理、气候、管理方式和动物种群密度等多种因素的影响。猪丹毒、巴氏杆菌病、沙门菌病等疾病在特定地区内的猪群中可能会出现地方性流行的情况。地方性流行病的特点在于其发生和持续存在于特定的地理环境中。例如，猪丹毒可能在某些气候条件下更为常见，如温带地区的冷湿季节。巴氏杆菌病和沙门菌病的发生可能与养殖场的卫生条件和养殖密度有关。这些病原体在特定条件下能够在土壤、水源或者养殖环境中存活，从而影响更多的动物。

3. 流行性

流行性疾病在猪群中的发生具有特定的特征，主要表现为在一定时间内病例数显著增多，并且能在较短时间内迅速传播至广泛区域。这种疾病的发生并不以绝对数量为界限，而是一个相对的概念，侧重于疾病发生的广度和速度。猪瘟、口蹄疫等疾病常见于流行性疾病中，它们的传播范围广、发病率高，病原体具有较强的毒力。这些疾病的传播途径多样，包括直接接触、空气传播、媒介传播等，使得动物的易感性也较高。在没有采取适当防治措施的情况下，这些疾病能够迅速扩散，对猪群造成严重影响。

4. 大流行

大流行指的是疾病在短时间内发病数量激增，并能迅速蔓延至一个或多个国家的情况。历史上，口蹄疫和非洲猪瘟等疾病就曾引发过大规模的流行，造成了巨大的经济损失和对养殖业的严重打击。口蹄疫是一种具有高度传染性的病毒性疾病，主要影响有蹄的家畜，如猪、牛、羊等。该病毒具有快速传播的特性，能够通过动物接触、空气、受污染的饲料和水源等多种途径传播。一旦发生，口蹄疫能迅速在猪群中扩散，造成高发病率和死亡率，严重时甚至需要扑杀整个猪群以阻断疾病传播。非洲猪瘟则是一种致命的猪病，由非洲猪瘟病毒引起，目前尚无有效的疫苗。该病毒同样具有高度传染性，可以通过直接或间接接触受感染的猪或其产品传播。非洲猪瘟的爆发对猪肉供应链造成了极大冲击，尤其是在没有疫苗和有效的治疗方法的情况下，控制其传播极为困难。

第二节　猪病流行的原因

一、自然因素

（一）自然因素对传染源的影响

猪病流行的原因是多方面的，其中自然因素在传染源的转移和扩散中起着至关重要的作用。地理环境，如江河、湖泊、海洋和高山，能够对传染源的流动形成自然的限制，起到天然屏障的作用，从而成为阻止疾病传播的自然隔离条件。相反，当这些自然水体受到传染源的污染，以及交通网络的发达，如公路和铁路的建设，都可能成为传染源转移的通道，促进疾病的广泛传播。季节的变换和气候的变化对动物的抵抗力产生影响，进而影响疾病的发展和传播。例如，在温暖干燥的季节，患有呼吸道疾病的猪病情可能较轻，传播疾病的机会相对较小。随着天气的变冷，病情可能加重，猪只会频繁咳嗽，排出大量病原体，从而增加了疾病传播的机会。野生动物作为传染源时，自然因素的影响尤为突出。这些动物携带的疾病通常局限于它们的自然地理环境，如森林、草原、沼泽等，这些地区成为自然疫源地。疫源地的存在，对于周边农业和畜牧业构成潜在威胁，尤其是对于那些与野生动物栖息地相邻的养猪场。洪水、干旱等自然灾害也会影响猪病的流行。这些灾害可能导致动物逃离原有栖息地，增加与其他动物的接触，从而促进病原体的传播。灾害还可能破坏养猪场的卫生环境，降低动物的抵抗力，为疾病的暴发创造条件。

（二）自然因素对传播媒介的影响

气候条件，尤其是温度、湿度和日照时长等，直接影响病原微生物的存活时间和传播媒介的变化。

夏季气温升高为吸血昆虫提供了繁殖的理想条件，蚊、蝇等昆虫数量的增加，活动能力的增强，直接导致了附红细胞体、流行性乙型脑炎等疾病的多发。这些疾病的流行与吸血昆虫的活动密切相关，因此在昆虫活跃的季节中，防控措施的加强尤为重要。在寒冷季节，由于吸血昆虫的活动受限，相应的疾病发生率降低。低温环境并非完全不利于病原体的存活和传播。日照时间的缩短和日照强度的减弱减少了紫外线对病原微生物的杀灭作用，而适宜的温度和湿度条件可以使某些病原微生物在外界环境中存活更久。因此，在温暖潮湿的季节里，传染病的发生率增加，而在寒冷季节，尽管吸血昆虫传播的疾病减少，但呼吸道传染病由于病原体存活条件的改变使得发病率升高。

（三）自然因素对易感动物的影响

环境温度的极端变化对动物健康构成了显著的威胁。在寒冷季节，低温会导致动物体温下降，呼吸道黏膜的防御功能减弱，从而增加了呼吸道传染病的感染风险。相反，在炎热季节，动物为了散热会增加饮水量，这可能导致胃液稀释，胃酸浓度降低，从而减弱了机体对病原体的杀菌能力，增加了胃肠道传染病的发生率。

应激反应是动物在面对不良刺激时的一种生物学反应，它可以通过多种机制影响动物的健康。应激因素，如过度拥挤、极端气温、长途运输等，均可导致动物的生理和心理负担的增加，进而降低其免疫功能，使得动物更易受到病原微生物的侵袭。应激还可能导致动物的行为发生改变，如进食量减少，活动量降低，这些行为的改变也会间接影响动物的健康状况。

二、社会因素

动物传染病的流行与社会因素之间存在着密切的联系。社会生产活动的方式和强度直接影响着动物的生存环境，进而对动物健康状况产生重要影响。

在现代畜牧业中，集约化养殖已成为主流模式。这种养殖方式能够大幅度提高生产效率，但也可能因密集养殖而增加疾病传播的风险。动物密度的增加往往导致疾病传播速度加快，一旦疫情暴发，其影响范围和损失程度往往更为严重。此外，社会经济发展水平和科学文化素质的提高，对于动物疾病的控制起到了决定性作用。经济发展水平较高的地区，通常能够提供更好的兽医服务和疾病预防措施，而科学文化素质较高的社会能够更有效地采取预防和控制措施，如疫苗接种、疾病监测和快速应对突发疫病等。交通运输的发展也是一个不容忽视的社会因素。随着交通工具的快速发展和运输网络的完善，动物及其产品的运输变得更加频繁和迅速，这在一定程度上增加了疾病跨区域传播的风险。因此，加强对动物运输过程中的检疫和监控是防控动物疾病流行的重要措施。

　　猪病流行的社会因素涉及政府法规、防疫政策以及监管体系的建立与执行。我国政府对动物疫病防控的重视程度体现在一系列法律法规的发布与实施。《中华人民共和国动物防疫法》和《中华人民共和国进出境动植物检疫法》等法律法规的出台，标志着国家对动物疫病防控工作的法律保障。动物防疫疫病监测规划的制定和实施，确保了对动物疫病的监控有序进行。这种规划对于早期识别疫情、及时响应和控制疫病的蔓延具有至关重要的作用。通过监测规划，可以收集和分析疫病发生的数据，为科学决策提供依据。重大动物疫病的强制免疫制度是防控动物疫病的关键措施之一。通过法律强制要求对特定动物疫病进行免疫接种，有效降低了疫病在动物群中的发生率。这种制度的实施，对于切断疫病传播途径、保护动物群体健康、减少经济损失具有显著效果。动物卫生监督管理制度的建立，进一步加强了对动物疫病防控的监管。该制度通过规范动物养殖、运输、屠宰等各个环节的卫生条件，减少了疫病的发生和传播风险。监督管理不仅限于动物本身，还包括动物饲料、养殖环境等相关因素，确保了防疫措施的全面性。企业动物防疫主体责任的落实，强化了企业在动物疫病防控中的责任。企业作为动物养殖、生产、加工的主体，对防疫工作的质量直接负责。这要求企业不仅要遵守国家的法律法规，还要建立和完善内部防疫体系，确保动物疫病防控措施得到有效执行。

三、饲养管理因素

（一）饲养管理不当是猪病发生的重要原因

在规模化猪场中，管理体制的运行效率、饲养管理的专业性、物品的使用质量、信息交流的及时性以及疾病监控手段的有效性都是影响猪病发生与控制的重要环节。管理上的滞后和信息不畅通会导致猪场无法及时应对疾病的暴发和传播，从而使得猪只的体质下降，抵抗力减弱。

1. 管理机制不健全

管理机制的不健全，尤其是体制和管理缺乏系统性考虑，直接影响了猪场的整体健康状况。饲料与养殖的脱节导致猪只在营养不良和抵抗力下降的状态下，更易受到疾病的侵袭。

猪场防疫的无效性往往与管理层面的缺陷有关。例如，饲料厂与猪场的分离管理和独立核算可能导致两者之间的利益冲突。猪场被迫使用自家饲料厂的饲料，这种做法可能忽视了饲料质量对猪只健康的影响。片面追求饲料成本的最低化，而不是营养价值的最大化，这种做法可能导致猪只营养不均衡，进而影响其健康和生产性能。饲料厂在原料采购和配方上的问题也不容忽视。为了追求利润最大化，个别饲料厂在原料采购成本高昂的情况下，不断在饲料配方上做文章，这可能导致饲料中必要营养素的缺乏。这种做法不仅损害了猪只的健康，也可能增加猪病的流行风险。饲养管理中还包括猪只的日常护理、生活环境的维护、疾病预防措施的实施等方面。管理不当会导致猪舍环境恶化，降低猪只的抵抗力，增加病原体的传播机会。例如，不合理的猪舍设计、较差的通风条件、不当的清洁消毒程序等，都可能成为猪病流行的诱因。

2. 管理意识淡薄

管理意识的淡薄体现在多个方面，包括对生物安全措施的忽视、人员管理的松懈以及对猪场卫生状态的疏忽。

在一些大型猪场中，食堂的管理不严，对外承包经营的做法导致了外部病原体的潜在风险。市场采购的肉类可能成为疾病传播的媒介，若未经严格检查和处理，就可能增加疾病传入的风险。员工的个人生活习惯也是影响猪病流行的关键因素。员工随意回家吃饭休息，人员的随意出入，都可能导致病原体的引入和传播。尤其是那些兼职其他公司的技术人员，他们可能会接触到多种饲料和药品，这些物品若未经过严格的消毒程序，就可能成为疾病传播的渠道。生物安全措施的缺失是猪病流行的另一大因素。全封闭式管理的缺乏意味着猪场对外界病原体的防御能力弱，容易受到感染。理想的猪场管理应包括严格的进出程序，如更衣、消毒等，以及对猪场内部人员和物资流动的严格控制。猪场内部的卫生管理也是防控猪病的关键。定期的清洁和消毒可以大大降低病原体在猪场内部的存活和传播概率。个别管理者的管理意识淡薄可能导致这些卫生措施被忽视，从而为病原体提供了滋生和传播的环境。

3. 兽药使用不当

不合理的兽药使用包括多种形式，每种都可能对猪群健康产生严重的负面影响。

第一，大剂量或超量使用抗生素和退热药。技术人员可能出于急于见效的心理，忽视了按照规定剂量和疗程使用药物的重要性。这种做法容易导致病原体对药物产生耐药性，进而使得疾病难以通过常规方法治愈。耐药性的形成不仅使得现有的药物失效，还迫使养殖业者寻找新的治疗方案，这无疑增加了猪病治疗的难度和成本。第二，药物配伍使用不当。在实际操作中，可能会同时使用几种同类药物，而不考虑它们之间可能发生的相互作用。这种不注意药物配伍的做法可能导致药物在猪体内蓄积，引起中毒现象，对猪的健康造成直接威胁。第三，药物敏感性试验的忽视。在使用药物前，未对病原体进行药物敏感性试验，而是盲目地选择药物，这可能导致病原体的耐药性增强或变异。这种做法不仅不能有效控制疾病，还可能导致抗生素残留超标，这不仅影响猪的健康，还可能对人类消费者的健康构成威胁。

4. 饲料质量差

饲料质量直接影响猪的健康状况，质量不佳的饲料是导致猪病发生的重要原因之一。饲料质量问题主要表现在营养不足、饲养方法不当以及饲料品质差这三个方面。

第一，营养不足会导致猪体质下降，抵抗力减弱，从而增加了疾病发生的风险。特别是矿物质元素和维生素的缺乏，常常会引起各种代谢性疾病。例如，钙和磷的不足可能导致骨骼发育不良，而维生素 A 的缺乏可能影响猪的视力和皮肤健康。因此，确保饲料中含有足够的营养元素对于预防疾病至关重要。

第二，饲养方法的不当。不均匀的饲喂会造成猪的饥饱不定，这种饲喂模式可能导致消化系统的疾病。例如，饥饿时猪可能会过度进食，导致消化不良或急性胃扩张；而饱食则可能引起肥胖，增加心血管疾病的风险。此外，饮用冰冷的水可能会刺激猪的消化道，引发腹泻等消化系统疾病。

第三，饲料品质差。发霉变质的饲料中常含有黄曲霉毒素等有害物质，这些有害物质会引起猪的中毒反应，造成肝脏损伤或免疫功能下降。亚硝酸盐中毒则可能导致血液中的氧运输能力下降，严重时可引起窒息，甚至造成猪只死亡。

（二）生产环境条件差是引起疾病发生的重要诱因

1. 饲养环境污染严重

在城郊和乡村，散养户的普遍存在以及饲养小区的密集布局，常常导致粪便和污物处理不当。多数养殖户将粪便堆积在猪舍周边，这种做法严重污染了环境。

环境控制意识的缺乏进一步加剧了舍内外的污染状况，使得防疫工作面临巨大挑战。在一些猪场，由于环境控制条件不达标且未受到足够重视，舍内外常见苍蝇、老鼠等害虫成群结队。病死猪的不及时处理和医疗垃圾的随意丢弃，以及便污水的露天排放，都会产生刺鼻的臭气，严重影响猪只的生长环境。此外，猪舍内饲料粉尘的飘浮也可能对猪只的呼吸系统造成伤害。猪只长期生活在这种恶劣的环境中，易于引发呼吸道疾病和寄生虫病等健康问题。呼吸道疾病是由于猪只吸入含有病原体的粉尘和气体，而寄生虫病则是由于猪只接触或摄入了受污染的饲料和水源。这些疾病不仅影响猪只的健康和生长，还可能通过各种途径传播给其他动物，甚至人类，造成更严重的公共卫生问题。

2. 圈舍环境控制设施不健全

控制好圈舍环境对于保障猪只健康至关重要。圈舍的整体设计、规划布局应考虑到猪只的生物学需求和行为特性。建筑结构应确保适宜的空间分配，以减少猪只之间的压力和竞争。通风设施的设计不当会导致舍内空气质量下降，增加氨气和硫化氢等有害气体的浓度，这些气体对猪只的呼吸系统具有刺激性，长期暴露会诱发呼吸道疾病。

控温控湿设施的缺失同样会对猪只的健康产生负面影响。在冬季，不保温的猪舍会导致温度过低，仔猪因应激而发生腹泻。而在夏季，缺乏降温设施会使猪舍内温度过高，增加热应激的风险。北方地区采用塑料大棚猪舍的养殖户，尤其需要注意冬季的保温和夏季的降温问题。保温不当和过度密封的门窗会导致舍内通风不良，进一步加剧有害气体的积累，从而增加猪只患呼吸道疾病和腹泻性疾病的风险。

3. 检测能力不强

检测能力的不足是导致疾病流行的主要原因。这包括对疫情监控意识的缺乏、有效检测手段的不足、临床与实验室诊断结合的不紧密，以及对疫病预报和防范措施的认识不足。

一些猪场在经济利益的驱动下，往往忽视了实验室建立和运行的长远意义，由于实验室的投入较大与过于追求短期效益之间的矛盾难以调和，因此不愿意投资实验室的建设。这种短视行为导致兽医在临床诊断时缺乏必要的实验支持，仅依赖于主观判断和个人经验，容易造成误诊。新建猪场中的年轻兽医往往缺乏足够的临床经验，这种经验的不足不仅可能导致诊断错误，还可能错失治疗疾病的最佳时机。疾病的及时诊断和有效治疗对于控制疫情至关重要，经验不足的兽医在这方面的不足需要通过系统的培训和实践来弥补。疫病档案和诊断记录的不完整也是问题所在。没有详尽的记录，猪场无法对疫病进行及时预报，更无法制定有效的防控策略。这种管理上的疏忽可能导致疫病暴发时无法迅速做出反应，从而使得疫情控制工作面临更大的挑战。

（三）病原微生物的侵袭导致传染病的发生是对规模养猪的最大威胁

1. 引种不科学

在规模化养猪过程中，病原微生物的侵袭是导致传染病发生的主要威胁。不科学的引种实践是导致病原微生物传播的主要原因之一。

详细了解引种猪场的疫病情况是防止传染病传入的前提。在实际操作中，由于缺乏严格的检疫措施和隔离观察，新引进的猪只可能携带病原体，如猪繁殖与呼吸综合征（PRRS）、猪圆环病毒（PCV）、猪伪狂犬病等，这些病原体一旦进入养殖环境，便可能迅速传播。此外，混群饲养新引进的猪只而未进行隔离观察，增加了病原微生物传播的风险。猪群之间的直接接触是传染病传播的主要途径，尤其是在密集养殖的条件下，一旦疫病暴发，其传播速度快，控制难度大，给养猪业带来严重的经济损失。

2. 消毒不严格

养猪场在消毒措施上存在的疏忽是导致传染病流行的关键因素。一些养猪场消毒次数不足，甚至忽视消毒工作，这种做法容易导致病原微生物在猪群中传播。消毒的频率和方法需要根据实际情况科学安排，以确保猪舍环境的卫生和猪群的健康。过度消毒也会带来其他问题。频繁的消毒可能会造成猪舍环境潮湿，这不仅影响猪只的舒适度，还可能引起猪只的应激反应。应激状态下的猪只更容易受到疫病的侵袭。因此，消毒工作需要遵循适度原则，既要保证消毒效果，又要避免对猪只造成不利影响。此外，消毒工作的效果还受到养猪场清洁状况的影响。一些养殖户在污物、粪便等没有彻底清理的情况下进行消毒，这样的做法会大大降低消毒液的效果。正确的做法是先彻底清理猪舍内的污物和粪便，再进行消毒，以确保消毒效果达到预期目标。

3. 免疫不科学

在生产实践中，猪场免疫程序的合理性、疫苗质量的保证、疫苗的运输与保存条件，以及免疫操作的规范性都是决定免疫效果的重要因素。

不合理的免疫程序可能导致疫苗的效力无法得到充分发挥，从而造成免疫失败。例如，疫苗接种的时间安排不当、疫苗种类选择错误或接种剂量不准确，都可能影响免疫效果。疫苗质量的不过关是导致免疫失败的另一重要原因。疫苗如果在生产、运输或保存过程中受到污染或变质，其免疫效力将大打折扣。疫苗的运输和保存条件对保持疫苗活性至关重要。不科学的运输和保存方法会导致疫苗失效，进而影响免疫效果。例如，某些疫苗需要在冷链条件下运输和保存，任何环节的温度控制失误都可能导致疫苗失效。免疫操作的规范性也是确保免疫效果的关键。不规范的操作，如接种部位不当、注射技术不准确、消毒措施不到位等，都可能导致疫苗效力的减弱或引发注射部位的感染。此外，缺乏免疫监测和药物正确使用意识，会导致免疫程序的混乱和药物使用的盲目性。缺乏定期的免疫效果监测，猪场管理者就无法准确评估免疫策略的效果，也难以及时调整和优化免疫程序。同时，药物的不当使用，如抗生素的滥用，不仅会导致药物耐药性的增加，还可能影响疫苗的免疫效果。在规模化猪场中，存在一种误区，即认为疫苗注射越多越好。这种观念忽视了疫苗类型、使用方法和猪只生理状态的重要性。新建猪场常常因为缺乏经验，而排定过长的免疫程序，造成保育结束时仍无法完成所有疫苗的接种。这种做法不仅增加了猪只的应激反应，还可能因为疫苗间的干扰而降低免疫效果。

第三节 猪病流行的特征

一、猪群的易感性强

在规模化养猪场中，特定的环境条件和多种刺激可能导致猪机体的抵抗力下降，从而增加了对各种病原体的易感性。环境压力、密集养殖条件以及不断变化的气候条件均可能对猪的免疫系统产生负面影响，使其更容易受到疾病的侵袭。近年来，随着国际交流的增加，从国外引入的新病原体不断出现，这些包括猪繁殖与呼吸综合征、猪圆环病毒、猪增生性肠病和猪传染性胸膜肺炎等。这些新出现的疫病对规模化养猪构成了严重威胁，不仅影响猪的健康和生产性能，还会造成猪场经济损失。养殖户与外界的交往频繁，尤其是在交通环境改善的背景下，疫病的传播速度和范围有了显著增加。这种频繁的人员和物资流动成为疫病传播的主要途径，使得一些已经得到控制的传染病，如猪瘟、肺疫、副伤寒等，再次成为流行病。

二、接触传染性疾病多

在规模化养猪的环境中，高密度饲养常常是为了提高生产效率而采取的做法。这种做法也带来了猪病流行的特定风险，尤其是接触传染性疾病的传播。由于猪只之间的距离缩小，猪疥癣、猪痢疾等疾病通过直接接触传播的可能性大大增加。

接触传染性疾病的特点在于，病原体可以通过猪只之间的直接物理接触或者通过共用的饲养设施传播。在高密度饲养条件下，猪只的活动空间受限，导致个体间的接触频率增加，从而加速了病原体的传播速度。密集饲养环境容易造成猪只的应激反应，降低它们的免疫力，使得猪只更容易感染疾病。猪疥癣是一种典型的接触传染性疾病，由疥螨引起，能够在猪只之间迅速传播。猪痢疾则是由细菌引起的肠道疾病，在高密度饲养环境中易于传播。这些疾病的流行不仅影响猪只的健康，还会造成经济损失，如增加治疗成本、降低生长性能和屠宰率。

三、疾病传播速度快

生产规模的扩大和猪只密度的增加，为病原体提供了便利的传播途径。一旦病原体侵入养猪场，其在猪群中的传播速度极快，导致疫病的迅速爆发。这种现象在分段式饲养工艺流程中尤为突出，因为这种流程增加了猪只在不同生产阶段的流动性，从而加速了病原体在群体间的传播。

　　疾病的传播速度快是由多种因素造成的。高密度饲养条件下，猪只接触频繁，使得病原体通过空气、饲料、水源以及人员和设备的移动得以迅速传播。此外，规模化养猪场的环境条件，如通风、温度和湿度，可能会影响病原体的存活和传播能力，进一步加剧疾病的流行。烈性传染病的暴发特征是没有明显的规律性，其出现具有不可预测性。这种不可预测性表现在疫病周期的不确定性，发病年龄的变化，以及潜伏期的不稳定性。例如，口蹄疫的流行周期从过去的十年一次，减少到五年甚至三年一次，而且潜伏期也由过去的 1 至 2 天延长到更长的时间。这种变化增加了疾病控制的难度，使得传统的预防和控制措施可能不再适用。

四、病原体多重感染严重

（一）混合感染

　　多重感染，包括双重或三重感染，涉及不同种类的病原体，如病毒、细菌和寄生虫。这些病原体可能单独感染，或者以复合的形式共同作用于宿主。在混合感染的情况下，疾病的临床表现变得复杂，且失去了单一病原体感染时的特异性症状。多重感染的情况下，病原体之间可能存在相互作用，如协同感染，其中一个病原体的存在可能促进另一个病原体的复制或加剧疾病的严重程度。例如，病毒感染可能损害宿主的免疫系统，为细菌或寄生虫的感染创造条件。细菌与寄生虫的混合感染可能导致原发感染后的继发感染，进一步加剧疾病的严重性。在临床实践中，多重感染的诊断极具挑战性。由于缺乏特异性症状，兽医在没有实验室检测的支持下，很难对病原体做出准确的判断。这要求兽医在诊断过程中采用综合性的方法，结合临床症状、流行病学信息和实验室检测结果来确定病原体。多重感染的治疗也比单一感染更为复杂。治疗策略必须考虑到所有参与感染的病原体，并采取针对性的治疗措施。例如，病毒和细菌的混合感染可能需要同时使用抗病毒药物和抗生素。

（二）猪患病后的继发感染

　　猪在被一种病原体感染后，若养殖环境中存在多种病原体，且防治措施不当或猪只的机体抵抗力下降，便容易发生继发感染。这种情况下，原有的疾病会因为新的病原体感染而加剧，导致猪只的健康状况进一步恶化。继发感染的发生不仅加重了猪只的病情，也增加了治疗的难度和成本。在规模化养猪场中，高密度饲养条件下的猪只更易于传播疾病，一旦发生继发感染，疾病的控制和防治将面临更大的挑战。此外，继发感染往往涉及多种抗生素的使用，这可能造成抗生素滥用的问题，进一步增加了疾病管理的复杂性。

（三）多种病原体引起的疾病综合征

多种病原体引起的疾病综合征，如猪繁殖与呼吸综合征、猪瘟、附红细胞体病、链球菌病以及弓形体病等，常常在同一时间内影响猪群，导致混合感染的情况。这些疾病的共同特点是能够引起猪的多系统感染，从而导致生长发育受阻，甚至死亡。混合感染的诊断和防治困难，主要是因为多种病原体同时作用于猪群，其临床症状可能相互重叠，使得单一疾病的诊断标准不再适用。不同病原体可能需要不同的治疗方法，而且有的病原体之间可能存在协同效应，使得疾病更加难以控制。在规模化养猪场中，多重感染的发生率可能非常高，有的猪场发病率可达40%至50%。这种高发病率不仅影响猪的健康，还会造成经济损失，如增加治疗成本、降低生产效率以及减少猪肉的市场价值。为了确保诊断的准确性，必须将临床症状与实验室检查结果进行综合分析。这包括采集猪只的血液、组织样本进行病原体的分离和鉴定，以及使用分子生物学技术检测特定病原体的 DNA 或 RNA。血清学检测可以帮助管理人员确定猪只是否已经对某些病原体产生了免疫反应。

五、呼吸系统疾病较为明显

呼吸系统疾病的流行特征表现为高发病率和高死亡率，其中猪呼吸道病综合征（PRDC）尤为突出。该病综合征涵盖了多种呼吸道疾病，包括猪支原体肺炎（MPS）、猪繁殖与呼吸综合征（PRRS）、猪萎缩性鼻炎（AR）、猪传染性胸膜肺炎（APP）、猪伪狂犬病（PR）、非典型性猪瘟（CHS）和猪圆环病毒感染（PCVD）等。猪舍环境的不佳，如通风不良和消毒措施不严，是导致呼吸系统疾病流行的主要因素。猪舍内空气质量差，容易引起猪只的呼吸道疾病。病原体在这样的环境中易于传播，导致疾病在猪群中迅速扩散。此外，高密度饲养条件下，猪只接触频繁，这也为病原体的传播提供了便利。

猪呼吸道病综合征的发生不仅影响猪只的生长发育，而且治疗效果通常不佳。哺乳猪和育成猪尤其容易受到影响，其生长和增重明显受阻。一旦发病，猪只可能长期处于疾病状态，甚至成批死亡。这种疾病的流行对养猪业构成了严重的直接和间接危害，导致经济损失。猪呼吸道病综合征的发病率和死亡率的统计数据表明，该病的控制和预防面临巨大挑战，发病率高达 40% 至 50%，而死亡率则在 5% 至 30% 之间。[1] 这些数据反映了疾病对养猪业的重大影响，以及采取防控措施的必要性。

六、繁殖障碍性疾病危害加大

猪繁殖障碍性疾病对畜牧业的影响深远，尤其是传染性疾病，其在繁殖障碍性疾病中的比例高达 90%。这类疾病的特点是由病原体引起，包括病毒、细菌、寄生虫等。非传染性繁殖障碍性疾病虽然占比较小，但也不容忽视，其原因多样，包括先天性因素、子宫疾病以及应激反应等。

在猪繁殖障碍性疾病中，传染性因素的危害尤为突出，它们不仅影响猪只的繁殖效率，还可能导致严重的经济损失。因此，防止传染性疾病成为造成猪繁殖障碍的关键。规模化猪场更需重视疫病控制，因为密集饲养条件下疾病的传播速度快，影响范围广。

七、免疫抑制性疫病依旧存在

猪繁殖与呼吸综合征（PRRS）、猪伪狂犬病（PRV）和猪圆环病毒 2 型（PCV2）感染等疾病不断困扰着养猪业的发展，这些疾病直接危害猪的健康，并对猪的免疫系统造成严重损害。这些免疫抑制性疾病的特

---

① 马盘河，安利民.现代猪病诊断与防治技术[M].郑州：中原农民出版社，2019：13.

点在于，它们能够损害机体的免疫细胞和免疫器官，从而抑制细胞免疫和体液免疫反应。这种免疫抑制效应导致猪的抗病能力下降，使得本来低致病性的病原体也能引起严重的疾病综合征。在这种情况下，即使是常见的病原体也可能引发严重的疾病，给猪群带来极大的健康威胁。免疫抑制性疾病的存在还会影响疫苗的效果。受影响的猪只对疫苗接种的反应可能增强，导致不良反应的风险上升。在某些情况下，免疫抑制甚至会导致疫苗接种失败，使得预防性疫苗的应用受到限制。同时，这些疾病还可能导致常规治疗对猪不起作用，增加了疾病控制的难度。

八、温和型和非典型疾病尤为普遍

猪病流行的特征显示出疫病的温和型和非典型变化日益普遍。这种趋势的形成与多种因素相关，包括隐性感染的增加、抗生素的长期使用、疫苗质量问题以及使用不当等。这些因素共同作用，导致猪群免疫水平不一致，进而影响了疫病的流行特征。

隐性感染的增加意味着病原体在猪群中的传播可能不被及时发现，从而增加了疫情暴发的风险。抗生素的长期使用可能导致病原体产生抗药性，使得传统的治疗方法不再有效。此外，疫苗的质量和使用方法直接影响免疫效果。若疫苗质量不佳或使用不当，猪只可能无法获得足够的保护，从而增加了疫病暴发的可能性。在这种背景下，一些重大疫病的病原体可能出现毒力增强或减弱的现象。这种变化可能导致疫病以非典型的症状和病理变化出现，给临床诊断带来挑战。例如，某些猪只可能表现出与猪瘟无关的临床症状，但实验室诊断结果却显示猪瘟阳性，这种非典型猪瘟的发生增加了疫病控制的难度。病原体的毒力或抗原型可能会出现新的变化，即使猪只已经接种了疫苗，也可能因为保护力不足而导致免疫失败。这种情况下，即便进行了免疫接种，猪只仍然可能发病。因此，疫苗的研发和使用策略需要不断更新，以适应病原体的变化。

第三章　现代猪病的多种类型

第一节　猪的普通疾病

一、猪疝气

猪疝气是猪只常见的一种疾病，表现为腹部内容物通过腹壁的自然孔隙进入疝囊内。这种病状在公猪中更为常见，尤其是未经阉割的成年公猪。疝气的形成可能与遗传、营养不足、饲养管理不当等多种因素有关。

疝气的分类主要基于疝囊的位置，常见的类型包括腹股沟疝和脐疝。腹股沟疝是指疝囊通过腹股沟环进入阴囊，而脐疝则是疝囊位于脐部。疝气的临床症状包括腹部肿胀、行走困难、食欲减退，严重时甚至可导致消化道阻塞和血液循环障碍。猪疝气的诊断主要依靠临床检查，包括观察猪只的行为、体态和疝囊的位置与大小。在某些情况下，可能需要借助超声检查来确定疝囊的内容物。

治疗猪疝气通常采用手术方法，通过修补疝门来防止腹内器官的脱出。术后管理包括提供适宜的休息环境、合理的饲喂和避免剧烈运动，以促进伤口愈合。在某些情况下，为了减少疝气的遗传风险，可能会建议对患病的公猪进行阉割。预防猪疝气的措施包括改善饲养管理、提供均衡的营养、避免过度肥胖和选择适当的繁殖策略。此外，对于遗传倾向性强的猪群，可以通过选择性育种来降低疝气的发生率。

二、肠套叠

肠套叠是猪只常见的一种疾病，其特征为肠道的一部分滑入相邻的另一部分，导致肠道梗阻、血液供应中断，进而引起炎症或坏死。该病状在仔猪和生长期猪只中较为常见，若不及时治疗，可能导致严重的健康问题甚至死亡。肠套叠的病因多样，大多数情况与感染性疾病、寄生虫、肠道的先天性缺陷或者饲养管理不当有关。感染性疾病如病毒性肠炎或细菌性肠病，可能导致肠壁的部分区域发炎，增加肠套叠的风险。寄生虫感染，如蛔虫，也可能刺激肠道，引发套叠。此外，不适当的饲养管理，如饲料转换过快或饲料中粗纤维含量过高，也可能增加肠套叠的发生率。

肠套叠的临床症状包括突发性腹痛、腹部膨胀、呕吐、食欲减退、体重下降以及排便习惯的改变。在严重的情况下，猪只可能表现出衰弱和休克的迹象。由于肠套叠会导致肠道内容物的积累和细菌的过度增长，因此可能进一步引发败血症。诊断肠套叠通常需要综合临床症状、体检和必要的影像学检查，如 X 光或超声检查。在某些情况下，探查手术可能是必要的，以确定肠套叠的确切位置和程度。治疗肠套叠的方法取决于病情的严重程度。在初期，可能通过药物治疗和饮食管理来缓解症状。对于严重或持续的肠套叠，手术可能是唯一的解决方案。手术旨在纠正套叠的肠段，并在必要时切除受损的肠道部分。预防肠套叠的措施包括提供适宜的饲养环境、合理的饲料配比以及定期的寄生虫控制。此外，对于猪群的健康监测也是至关重要的，以便于早期发现并处理肠套叠等疾病。

三、中暑

中暑是猪在高温环境下常见的一种热应激反应，表现为体温调节机制失衡，导致体温异常升高。这种状况若不及时处理，可能会对猪只的健康和生产性能造成严重影响，甚至导致死亡。猪的体温调节能力相对较差，因为它们只能通过呼吸来散热，而没有有效的汗腺系统。在高温高湿的环境中，猪的散热机制更加受限，容易出现热应激。中暑的猪只表现出呼吸急促、食欲下降、活动减少、体温升高等症状。在严重的情况下，可能出现脱水、电解质失衡，甚至休克。

预防中暑的措施至关重要，包括提供充足的饮水、合理的通风系统、遮阳设施以及适宜的密度管理。在饲养管理中，应特别注意环境温度的监控，避免高温时段进行剧烈的运动或操作，以减少热应激的发生。一旦猪只出现中暑症状，应立即采取降温措施，如将猪只转移到阴凉通风的地方，使用喷雾或淋浴设备降低体温，同时提供充足的饮水以补充猪只流失的水分和电解质。在治疗中暑时，还应考虑使用电解质溶液和维生素补充剂来稳定猪只的生理状态。

四、猪胃溃疡

猪胃溃疡是猪只中常见的消化系统疾病，其发生与多种因素相关，包括饲养管理、饲料成分、应激条件等。该疾病对猪只的健康和生产性能产生负面影响，因此，加大对其预防和治疗措施的研究具有重要意义。猪胃溃疡的病理特点主要表现为胃壁的局部损伤，这些损伤可能发展为深层溃疡，严重时可导致胃壁穿孔，引发腹膜炎甚至造成猪只死亡。溃疡的形成通常与胃酸分泌过多、胃壁保护机制受损或两者的共同作用有关。饲料因素，尤其是粗糙饲料的缺乏，以及高能量、低纤维饲料的使用，被认为是诱发猪胃溃疡的重要原因。此外，拥挤饲养、环境变化、运输等引起的应激，也会增加猪胃溃疡的发生风险。

预防猪胃溃疡的策略应着重于饲养管理的优化和饲料配方的调整。提供充足的粗纤维，如添加适量的麦麸、青贮料等，可以促进猪的咀嚼活动，增加唾液分泌，从而中和胃酸，减少胃壁的刺激。同时，避免过度的能量密度，确保饲料中有足够的纤维素，有助于维持胃的健康。在饲养管理方面，应尽量减少猪只的应激，如提供稳定的环境，避免频繁的群体变动和不必要的运输。此外，定期的健康监测和及时的疾病诊断也是预防猪胃溃疡的关键措施。一旦发现猪只出现食欲下降、生长迟缓、呕吐或血便等症状，应立即采取治疗措施。治疗猪胃溃疡通常需要综合管理和药物治疗的结合。药物治疗可能包括使用抗酸药物、抗生素和促进胃黏膜修复的药物。药物治疗应在兽医的指导下进行，以避免不适当的使用导致的抗药性问题。

五、便秘

便秘在猪只中是一种常见的消化系统疾病，表现为排便困难或排便频率减少。该病状可能由多种因素引起，包括但不限于饲料成分的比例不当、水分摄入不足、运动量不足、内分泌变化或消化系统疾病。

在饲料成分方面，纤维素的摄入量对猪的肠道健康至关重要。适量的纤维素可以促进肠道蠕动。但是，纤维素摄入不足或饲料中可消化营养素的比例过高，都可能导致便秘。水分是维持肠道正常功能的另一关键因素。水分不足会导致粪便变硬，增加排便困难的风险。运动对于维持猪的肠道蠕动同样重要。缺乏适当的运动会减慢肠道的蠕动速度，从而增加便秘的风险。猪的内分泌变化，如应激反应，也可能影响肠道功能，导致便秘。在消化系统疾病方面，某些疾病如肠炎或寄生虫感染，可能会损害肠道黏膜，影响肠道蠕动，从而引起便秘。长期使用影响神经系统或肠道水分吸收的药物，也可能导致猪只便秘。

治疗便秘的策略应侧重于调整饲养管理措施，包括优化饲料配方，确保充足的水分摄入，提供适当的运动空间，以及减少应激因素。在饲料配方中，应确保纤维素的适宜比例，并避免过量的高能量低纤维饲料。同时，保持充足的饮水是预防和治疗便秘的关键。为猪提供足够的运动空间，可以促进肠道健康，减少便秘的发生。在某些情况下，可能需要药物治疗来缓解便秘。使用轻泻剂或肠道润滑剂可以帮助缓解症状。药物治疗应在兽医的指导下进行，以避免不必要的副作用。

六、母猪子宫内膜炎

母猪子宫内膜炎是猪群中常见的繁殖障碍性疾病，其特征为子宫内膜的炎症反应，这种炎症可能由多种原因引起，包括细菌、病毒感染，以及分娩后的不洁操作等。子宫内膜炎不仅影响母猪的健康，还会导致繁殖效率的显著下降，如流产、死胎、弱仔和繁殖周期的延长等问题。病原体的侵入是引起子宫内膜炎的主要原因之一。常见的细菌如大肠杆菌、链球菌和霉菌等，可以在分娩过程中或分娩后通过子宫颈进入子宫内部，引发炎症。此外，不当的分娩管理和卫生条件不佳也是导致子宫内膜炎的重要因素。例如，使用不洁的仪器或手术过程中的操作不当，都可能导致病原体的传播。

　　子宫内膜炎的诊断通常基于临床症状、细菌学检查和组织病理学检查。临床上，患有子宫内膜炎的母猪可能表现出发情周期异常、分泌物增多等症状。在确诊过程中，细菌学检查可以帮助确定病原体类型，而组织病理学检查则有助于评估子宫内膜的炎症程度。治疗子宫内膜炎通常需要使用抗生素来控制感染。选择合适的抗生素需基于细菌学检查的结果，以确保药物对特定病原体有效。改善饲养管理和卫生条件也是预防子宫内膜炎的关键措施。确保分娩环境的清洁，使用消毒过的仪器，以及提供充足的营养，都有助于降低子宫内膜炎的发生率。预防措施应包括定期的兽医检查，以早期发现和处理繁殖障碍。对于已经确诊子宫内膜炎的母猪，应实施隔离措施，避免病原体传播到健康个体。

七、饲养管理不当导致的各种伤口感染

　　在畜牧业实践中，伤口感染可能由多种因素引起，包括不卫生的饲养环境、不当的猪群管理，以及不适宜的饲料和营养不良等。这些问题不仅影响猪的健康和福利，还会造成经济损失。

　　饲养环境的卫生状况直接影响猪群的健康。湿润、污染和拥挤的环境为细菌和其他病原体的生长提供了理想条件。当猪的皮肤出现创伤时，这些病原体可以轻易侵入伤口，引起感染。因此，定期清洁和消毒猪舍，确保猪只有干燥、清洁的休息区，是预防伤口感染的关键措施。猪群管理的不当也是导致伤口感染的一个重要因素。猪之间的攻击行为可能导致创伤，尤其是在配种、断奶和分群时。管理者应当监控猪群的行为，及时分离攻击性强的个体，以减少伤害事件的发生。此外，剪短猪的牙齿和磨平猪的蹄子，可以有效减少由于猪只相互打斗造成的伤害。营养不良和不适宜的饲料也会增加猪只受伤的风险。营养不良的猪只由于自身免疫力下降，更容易受到感染。因此，提供均衡的饲料，确保猪只获得足够的营养，对于维持猪群健康至关重要。同时，应避免使用可能刺激猪只或导致消化问题的饲料。在处理猪只的伤口时，应采取适当的护

理措施。这包括及时清洁伤口，使用适当的消毒剂，并在必要时使用抗生素。抗生素的使用应严格遵循兽医的指导，以防止抗药性的发展。

第二节　猪的常见寄生虫病

一、猪球虫病

（一）病原

猪球虫病是一种由特定寄生虫引起的疾病，影响猪的健康和生产性能。该病由孢子虫纲真球虫目艾美耳科的成员，特别是艾美耳属和等孢球属的寄生虫引起。在已报道的猪球虫中，猪等孢球虫（Isospora suis）、蒂氏艾美耳球虫（Eimeria debliecki）、平滑艾美耳球虫（Eimeria scabra）等种类的致病力较为显著。

（二）流行病学

猪球虫病是猪群中常见的寄生虫性疾病，其流行病学特征表明，所有年龄段的猪只都可能感染，其中哺乳仔猪的发病率尤其高。在 7 至 21 日龄的仔猪中，猪球虫病的发病率可达 50% 至 75%，尽管在一般情况下死亡率并不高，但若并发其他疾病，则死亡率可能激增至 75%。[①] 温暖潮湿和多雨的季节会加剧病情的严重程度。成年猪通常作为病原体的带虫者，对猪球虫病的传播起到关键作用。它们虽然可能不表现出明显的病状，但却能通过粪便排出球虫卵囊，从而污染环境并传播给其他易感猪只，尤其是仔猪。

（三）临床症状

主要感染 7 至 14 日龄的仔猪，但 3 至 4 周龄的仔猪感染率也很高。

---

① 佩红，王建.猪传染病防治图谱[M].上海：上海科学技术出版社，2015：208.

该病状在仔猪群体中较为普遍，约有 20% 的腹泻案例与此病相关。[①] 感染猪球虫病后的猪只表现出多种临床症状，其中包括体况下降和发育停滞，这对于畜牧业者而言，意味着经济损失。病猪的被毛变得粗糙且失去光泽，这是由于营养吸收不良和身体状况不佳的直接外在表现。腹泻是猪球虫病的主要症状之一，此时的粪便颜色多变，病初期通常为松软糊状的黄色或灰白色，且一般不含血。这种粪便的外观类似于"挤黄油"状，是诊断该病的一个重要依据。随着病情的发展，2 至 3 天后，粪便会转变为水样，黏附在会阴部和后躯，伴有强烈的酸臭味。腹泻的持续时间一般为 4 至 6 天，但有时也会观察到轻微的黄疸症状。

（四）诊断

猪球虫病的诊断主要依赖于粪便检查，其中饱和盐水浮集法是一种常用的实验室技术。该方法通过检测粪便样本中卵囊的存在与否，以及卵囊的种类和数量，为诊断提供依据。此外，临床表现和流行病学资料也是诊断时必须考虑的因素。只有当其他可能引起肠炎的疾病被排除后，结合上述信息，才能对猪球虫病做出确诊。在动物死亡后，剖检是确诊猪球虫病的另一重要手段。在显微镜下检查肠黏膜上皮细胞，发现大量不同发育阶段的球虫是确诊猪球虫病的关键。肠黏膜涂片的显微镜检查也能观察到大量不同发育阶段的球虫。

（五）防治

环境管理是防控猪球虫病的基础。实施"全进全出"生产制度，可以有效减少猪舍内球虫卵囊的积累和传播。这一制度要求在一群猪出栏后彻底清洁和消毒猪舍，再引入新的猪群。猪舍，特别是产房，必须保持清洁、干燥，并确保良好的通风条件，以降低球虫卵囊的存活率。营养支持也是防控策略的一部分。在饲料中添加足够的维生素 A 和维生素 K，可以增强猪的免疫力，从而降低猪球虫病的发病率。维生素 A 对于

[①] 吴家强.肉猪疾病临床诊治与规范用药 [M].济南：山东科学技术出版社，2021：119.

维持上皮细胞的完整性和功能至关重要，而维生素 K 在维持血液凝固和骨骼健康方面发挥作用。

药物治疗是控制猪球虫病的直接手段。定期使用抗球虫药物可以减少猪群中球虫的数量。例如，甲苯三嗪酮溶液（百球清）以 20 mg/kg 体重的剂量灌服，可以有效抑制球虫的生长。磺胺类药物，如磺胺六甲氧嘧啶和磺胺喹噁啉，以 20~25 mL/kg 体重的剂量，每天一次，连续使用 3 天，或以 12.5 mg/kg 的剂量混入饲料中，连续使用 5 天，也显示出良好的防治效果。莫能霉素预混剂以 60 mg/kg 体重的剂量混入饲料中，连续使用 4 周，也是一种有效的预防措施。

二、猪鞭虫病

（一）病原

猪鞭虫病是由猪鞭虫引起的一种寄生虫病，该病在全球范围内的猪群中普遍存在。该寄生虫的卵呈特有的腰圆形态，两端具有塞状结构，这种结构的存在使得卵能够在恶劣的外部环境中保持生存。卵壳的厚度和外壳的光滑黄褐色特征，进一步提供了对抗外界物理和化学因素的保护。

猪鞭虫的生命周期包括卵、幼虫和成虫阶段。感染通常是通过摄入含有猪鞭虫卵的食物或水源发生的。一旦卵进入猪只的消化系统，它们就会在肠道中孵化成幼虫，再发育成成虫。成虫会在肠道内寄生，完成其生命周期。

（二）流行病学

虽然所有年龄段的猪都可能感染猪鞭虫，但 6 月龄以下的幼猪更易表现出临床症状，这可能与其免疫系统未完全发育有关。猪鞭虫的虫卵通过宿主的粪便排出到外界环境中，在适宜的湿度和温度条件下，经过 3 至 4 周的发育，成为具有感染性的虫卵。这些虫卵具有极强的环境抵抗力，其感染性在外界条件下可持续长达 6 年。45 日龄的幼猪体内就可能检出虫卵，而到了 4 个月大时，虫卵数和感染率会急剧上升。随着年龄的增长，猪的感染率逐渐降低，到了 14 个月龄时，感染猪鞭虫的个体极为罕见。

环境卫生状况是影响猪鞭虫病流行的重要因素。在卫生条件较差的环境中，猪鞭虫病可全年发生，但以夏季最为常见。这可能与夏季高温多湿的环境条件有利于虫卵的发育和存活有关。猪鞭虫的虫卵壳较厚，能在土壤中存活长达 5 年，这增加了猪只感染的风险。在卫生条件良好的猪场，猪鞭虫病的发生通常与夏季放牧活动有关。放牧期间，猪只可能会接触到含有感染性虫卵的土壤或水源，从而导致感染。而在秋冬季节，由于温度下降，虫卵的发育速度减慢，猪只感染后的临床症状可能会更加明显。

（三）临床症状

1. 轻度感染

在轻度感染的情况下，猪只可能表现出轻度贫血和间歇性腹泻。贫血的出现是由于猪鞭虫附着在宿主的肠道内，消耗宿主的血液和营养物质。腹泻则是由于猪鞭虫破坏了肠道的正常功能，导致消化不良和营养吸收不足。这些症状进一步导致猪只生长受影响，体重增加缓慢，甚至出现体重下降的情况。被毛粗乱则是营养不良和健康状况不佳的外在表现。

2. 严重感染

严重感染时，猪只体内的虫体数量可达数千条。这种高密度的寄生虫负担会导致猪只出现精神不佳和食欲减少的状况，这是由于寄生虫消耗了猪只大量的营养，并刺激了消化道，引起不适。结膜苍白和贫血是由于鞭虫对猪只肠道黏膜的损伤和慢性出血造成的。顽固性腹泻、稀薄粪便以及带血的粪便是由于肠道黏膜的损伤和炎症反应，这些症状进一步削弱了猪只的体质。随着病程的发展，猪只的身体会出现极度衰弱的现象，表现为拱腰吊腹，行走摇摆。这些症状反映了猪只全身性的疲弱和不适。体温通常会升高到 39.5 至 40.5℃之间，是对感染的生理反应，而病程通常持续 5 至 7 天。在病情的末期，猪只会排出水样血色粪便，含有黏液，这是严重脱水和肠道损伤的表现。最终，猪只会因呼吸困难、脱水和器官衰竭而死亡。

（四）诊断

诊断猪鞭虫病通常依赖临床症状、粪便检查和内窥镜检查等方法。临床症状包括腹泻、体重减轻、生长迟缓和贫血等。这些症状并不特异，因此需要通过粪便检查来确认诊断结果。粪便检查是通过显微镜观察粪便样本中的鞭虫卵来进行的。猪鞭虫的卵具有特征性的柠檬形状，两端尖细，中间宽大，这一形态特征对于诊断至关重要。除了粪便检查，内窥镜检查也是诊断猪鞭虫病的重要手段。通过内窥镜可以直接观察到猪大肠内壁的状况，包括炎症、出血点和鞭虫的存在。组织学检查也可以用于诊断，通过对猪大肠组织的切片进行染色和显微镜观察，可以发现鞭虫引起的组织反应和病理变化。在诊断猪鞭虫病时，还应考虑到猪群管理和饲养环境因素。猪鞭虫的卵需要在外界环境中才能孵化成为感染性幼虫。潮湿和不卫生的饲养环境会增加猪鞭虫病的发生风险。对饲养环境的评估也是诊断过程中的一个重要方面。

（五）防治

环境卫生管理是预防猪鞭虫病的基础。猪鞭虫的卵在温暖、潮湿的环境中易于孵化，因此，保持猪舍的干燥和清洁对于控制猪鞭虫的传播至关重要。定期清理猪舍，消除猪粪便，可以有效减少猪鞭虫卵的数量，降低猪只感染的风险。应定期更换猪舍的垫料，避免猪只直接接触可能被猪鞭虫卵污染的土壤。

在药物治疗方面，伊维菌素是常用的治疗药物，其作用机制为激活猪体内的特定神经受体，导致寄生虫瘫痪并最终死亡。伊维菌素的使用剂量为每千克体重 0.3 毫克，可以通过皮下注射或口服的方式给药。对于重症病例，补液盐和痢特灵（呋喃唑酮）的联合使用可以缓解脱水症状并抑制病原体，剂量为每千克体重 10 毫克，连续使用 2 天。噻咪唑（驱虫净）是另一种有效的抗寄生虫药物，其剂量范围为每千克体重 10 至 15 毫克，可通过口服、皮下或肌内注射的方式给药。阿苯达唑和左旋咪唑也是治疗猪鞭虫病的有效药物，分别以每千克体重 20 毫克和每千克体重 7.5 毫克的剂量口服或注射。羟嘧啶则以每千克体重 2 至 4 毫克的剂量溶于水后喂服，但严禁注射，因为该药物采取注射的方式会引起严重的副作用。

三、猪蛔虫病

（一）病原

猪蛔虫病由蛔虫科中的猪蛔虫引起，该寄生虫主要定居于猪的小肠内，是其中体型最大的线虫。猪蛔虫的繁殖过程中产生两种形态的卵：受精卵和未受精卵。受精卵的形态特征为短椭圆形，具有较厚的壳和一层凹凸不平的蛋白膜，该蛋白膜有时可能会脱落。在受精卵内部，包含一个圆形的卵细胞，该细胞两端与壳之间的空隙呈新月形。相比之下，未受精卵的形态较为不规则，呈现出比受精卵更狭长的外观。其壳和蛋白膜相对较薄，内部含有反光性较强的卵黄颗粒，这些颗粒呈油滴状。

猪蛔虫的生命周期包括卵、幼虫和成虫三个阶段。成虫在猪的小肠内产卵，卵随粪便排出体外，在适宜的湿度和温度条件下发育成感染性幼虫。猪通过摄入含有感染性幼虫的卵而感染蛔虫。幼虫穿过肠壁进入血液，通过血液循环到达猪的肝脏和肺部，最终回到小肠发育成成虫。

（二）流行病学

蛔虫的生命周期简单，无需中间宿主，直接通过口服途径传播，这一特性使得其能在猪群中迅速扩散。

蛔虫的繁殖能力极强，一只成熟母虫每天可产下大量卵，这些卵具有极强的环境抵抗力，能在恶劣条件下存活。因此，猪蛔虫病的控制与饲养管理和环境卫生的改善密切相关。在饲养管理不善、环境卫生条件差、猪只拥挤的猪场中，猪蛔虫病的流行尤为严重。特别是在营养不良的情况下，如饲料中缺乏维生素和必需矿物质，3 至 5 月龄的仔猪更容易大规模感染蛔虫，病情也更为严重，甚至可能导致死亡。猪只感染蛔虫主要是通过摄入被感染性虫卵污染的饮水和饲料。在实际饲养过程中，母猪的乳房也可能成为虫卵的污染源，仔猪在吸乳过程中容易受到感染。因此，提高饲养环境的卫生水平，特别是对饲料和饮水的清洁处理，对于预防猪蛔虫病至关重要。

（三）临床症状

猪蛔虫病的典型症状包括幼虫在肺部移行时引起的咳嗽，体温可升至40℃，呼吸加快，食欲减少。猪在咳嗽后常有咀嚼和吞咽动作。在病情严重的情况下，猪可能会出现呼吸困难、心跳加快、呕吐、流涎、精神不佳等症状。除此之外，猪可能还会表现出多躺卧、不愿走动的行为。病程通常经历1至2周，可能好转，但也有可能因虚弱而导致死亡。

成虫在猪的肠道内大量寄生时，会引起一系列临床症状，对猪只的健康和生长造成显著影响。病猪表现出营养不良、消瘦、被毛粗乱，食欲不稳定，时而正常时而减退，甚至出现异食现象，如食土等。这些症状反映了猪蛔虫对宿主营养吸收的干扰。生长缓慢是猪蛔虫病的另一显著特征，这与寄生虫消耗宿主营养物质和能量有关。结膜苍白可能是由于猪只营养不良导致的贫血现象。在病情严重的情况下，猪只可能出现腹泻，体温升高，这是由于猪蛔虫引起的肠道炎症反应。如果蛔虫数量众多并且发生绞缠，可能会导致肠阻塞，猪只会出现腹痛，排便停止，甚至可能因肠破裂而死亡。猪蛔虫体钻入胆管的情况虽不常见，但一旦发生，将导致食欲丧失，下痢，黄疸，以及明显的疼痛和不安，猪只会出现滚动和乱蹬四肢的行为。体温可能先升高后下降，猪只最终卧地不起。在某些情况下，猪只可能出现一过性皮疹。

（四）诊断

确诊此病的标准方法是通过粪便样本进行虫卵检查。粪便中虫卵的数量是诊断的关键指标，当1克粪便中检出的虫卵数达到或超过1000个时，可以确诊为猪蛔虫病。当粪便中虫卵数量较少时，诊断可能会变得复杂。在这种情况下，需要结合流行病学数据和临床症状进行综合分析。流行病学调查可以提供疾病发生的地理分布、季节性，以及影响特定群体的信息，而临床症状则包括猪的体重减轻、生长迟缓、食欲缺乏等。

另外，还需考虑是否存在其他病原体的混合感染，这可能会加剧病情或掩盖蛔虫病的典型症状。值得注意的是，2月龄以内的小猪粪便中往往检测不到虫卵。这是因为猪蛔虫的生命周期中存在一个迁移阶段，在这个阶段，虫卵还未发育成成熟的蛔虫，因此不会在粪便中排出虫卵。这一特点提示，在对幼猪进行猪蛔虫病的诊断时，需要特别注意检测方法的选择和诊断时机。除了粪便虫卵检查，其他辅助检查方法也可用于猪蛔虫病的诊断。例如，血液检查可能显示出特定的白细胞计数变化，或者血清学检查可能检测到针对猪蛔虫特定抗原的抗体。这些检查可以在粪便虫卵检查不确定的情况下提供额外的信息。

（五）防治

在预防措施方面，定期使用广谱驱虫药物是控制猪蛔虫病发生的关键。建议每年对猪只进行4至6次驱虫，以打断猪蛔虫的生命周期，减少猪群内的感染率。此外，粪便的及时清除和猪舍环境卫生的维护也是预防猪蛔虫病的重要环节。通过这些措施，可以有效防止仔猪接触到受蛔虫卵污染的母猪粪便，同时避免饲料和饮水受到污染。

治疗猪蛔虫病时，可选用多种药物。左旋咪唑、阿苯达唑、精制敌百虫和伊维菌素是治疗猪蛔虫病的常用药物。这些药物的使用需严格按照体重剂量来计算，以确保治疗效果并减少药物副作用。治疗后，需对排出的粪便进行集中处理，以防止蛔虫卵再次污染环境，形成感染循环。除了药物治疗和环境管理，还需对猪群进行定期的健康监测，包括对蛔虫卵的定期检测，以评估防治措施的效果。对饲养人员进行防治教育，提高他们对猪蛔虫病防治知识的认识，也是减少病发率的重要措施。

四、猪疥螨病

（一）病原

猪疥螨病是由穿孔疥虫引起的一种寄生虫病，该病原体寄生在猪皮肤的深层，造成猪只严重的皮肤病。穿孔疥虫体积微小，肉眼难以直接观察，其大小范围在0.2至0.5毫米之间，呈淡黄色，外形类似龟壳，背面隆起而腹部扁平。该虫体前端装备有钝圆形口器，专门用于在宿主的表皮内挖凿隧道，以皮肤组织和渗出的淋巴液为食。

穿孔疥虫的生命周期包括卵、幼虫、若虫和成虫四个阶段，其全部发育过程都在宿主体内完成。这种寄生虫的生存严重依赖于宿主，一旦离开宿主体，其存活时间通常不超过三周。

（二）流行病学

该病不分年龄和品种，所有猪只都有可能感染。病猪与健康猪之间的直接接触是传播的主要途径，而被疥螨及其卵污染的环境，如圈舍、垫草以及饲养管理用具，也是疾病间接传播的媒介。

猪疥螨病的流行病学特点表明，该病的传播速度快，控制难度大。幼猪由于其挤压成堆躺卧的习惯，特别容易造成疥螨的迅速传播。这种行为增加了猪只之间的接触频率，为疥螨提供了传播的机会。疥螨可以在猪只的皮肤上产卵，增加了疾病在猪群中持续存在和传播的风险。

（三）临床症状

猪疥螨病的临床症状通常先出现在眼周、颊部和耳根等部位，随后蔓延至背部、体侧和股内侧。疥螨的活动引起猪剧烈的瘙痒感，导致病猪频繁摩擦或用肢蹄搔擦患部。这种行为可能会导致患部皮肤损伤，甚至出血。随着病情的发展，患部可能出现脱毛、结痂，皮肤逐渐肥厚并形成皱褶。

猪疥螨病的临床表现主要分为两种类型：皮肤过敏反应型和皮肤角化过渡型。皮肤过敏反应型以瘙痒为主要症状，猪只因为疥螨的排泄物和遗体引起的过敏反应而产生剧烈瘙痒。而皮肤角化过渡型则表现为皮肤的角质层增厚，皮肤表面硬化，形成明显的皮层。

（四）诊断

猪疥螨病的诊断是一项细致且技术性的工作，其关键在于准确地识别疥螨的存在。在实践中，诊断通常从患病猪只的患部与健康部的交界处开始。此处的病料是检测的首选样本，因为它可能包含了疥螨的虫体或虫卵。诊断过程中，采用手术刀刮取痂皮是常规操作，需继续刮取至轻微出血，以确保获得足够的病料。在症状不明显的情况下，耳内侧皮肤的刮取物成为检查的备选样本。这是因为耳部是疥螨喜好寄生的区域之一，且相对容易采集样本。将刮取的病料放入试管中，并加入 10% 的苛性钠或苛性钾溶液进行煮沸，此步骤旨在溶解毛发、痂皮等固体物质。煮沸后，待固体物质大部分溶解，静置 20 分钟，使残留物沉淀。然后从管底吸取沉渣，滴在载玻片上进行显微镜检查。低倍显微镜足以观察到疥螨的幼虫、若虫和虫卵，这些都是确诊疥螨病的关键指标。在某些情况下，患猪由于瘙痒会啃咬患部，导致疥螨虫卵可能通过口腔进入消化道。因此，在粪便检查中，尤其是采用水洗沉淀法时，也可能发现疥螨虫卵。这为疥螨病的诊断提供了另一种途径。

（五）防治

在防治措施中，定期驱虫是基本且关键的环节。建议在每年的季节交替时期，即春、夏、秋、冬季之交，对猪场进行至少两次彻底的驱虫工作。这一过程包括对猪只体内和体外的驱虫，持续时间为 5 至 7 天。这种做法能够有效打断疥螨的生命周期，减少其在猪只体内外的存活和繁殖机会。除了定期驱虫，还需加强防控措施与环境净化的结合。环境中的螨虫是疥螨病传播的重要媒介，因此，杀灭环境中的螨虫对于防控疥螨病至关重要。这包括对猪舍的定期清洁和消毒，特别是在猪只居住的区域，如栏杆、墙壁和地面等。使用有效的杀螨剂进行环境消毒，可以大幅度降低疥螨的数量，减少疥螨病的发生。在进行环境净化时，还应注意选择安全、高效的消毒剂，并按照正确的使用方法和剂量进行操作，以确保既能杀灭螨虫，又不会对猪只健康造成负面影响。同时，应定期检查消毒效果，必要时调整消毒策略。

该病的治疗策略主要包括外用药物治疗、口服治疗和肌内注射治疗三种方法。

外用药物治疗是猪疥螨病常用的治疗方式。在适宜的气候条件下，通过选用 5% 敌百虫、0.05% 双甲脒、0.005% 至 0.01% 溴氰菊酯、0.025% 三氯杀螨醇等药物对猪只进行体外喷雾，可以有效地杀灭寄生在猪体表的疥螨。此类治疗通常每周进行 1 至 2 次，连续使用 2 至 3 次，以确保疥螨被彻底清除；口服治疗则是通过将伊维菌素混入饲料中，按照每千克体重 0.2 至 0.3 毫克的剂量进行投喂，连续 3 至 5 天。伊维菌素作为一种宽谱抗寄生虫药物，其口服形式能够方便地通过饲料进入猪体，对体内外的疥螨都有良好的治疗效果；肌内注射治疗适用于病情严重的个体。通过使用伊维菌素注射液（每千克体重 0.3 毫克）或 1% 多拉菌素（如通灭）进行皮下注射或肌内注射，可以直接将药物输送至猪体内，迅速发挥作用。这种方法对于疥螨的杀灭效果显著，能够有效控制病情。

第三节　繁殖障碍性传染病

一、猪弓形虫病

（一）病原

猪弓形虫病是由弓形虫属中的龚地弓形虫引起的一种寄生虫病。该病原体在其生命周期中表现出多种形态，根据其在宿主体内的发育阶段，可分为滋养体、包囊、裂殖体、配子体和卵囊五种形态。在猪等中间宿主体内，主要以滋养体和包囊形态存在，而裂殖体、配子体和卵囊则专门在终末宿主——猫的体内发育。

滋养体是弓形虫的活跃生长形态，它能够在宿主体内迅速繁殖，导致组织损伤。包囊则是一种休眠状态，可以在宿主体内存活数年之久，当宿主的免疫系统较弱时，包囊中的滋养体可能重新活化，引发病症。猪体内的这些包囊可以通过食物链传播给其他宿主，包括人类，因此猪弓形虫病也是一种重要的人畜共患病。

（二）流行病学

弓形虫的传播途径多样，包括消化道、呼吸道、皮肤等，而胎内感染则是其特有的传播方式之一。在弓形虫的生命周期中，猫作为其终末宿主，在病原体的传播与维持中扮演着关键角色。病畜和带虫宿主的组织、分泌物及排泄物是弓形虫传播的主要源头。这些传播源普遍存在于农场环境中，为弓形虫提供了广泛的传播途径。在猪群中，断乳后的仔猪对弓形虫病的易感性较高，死亡率可显著上升至 30% 至 40%。相比之下，成年猪急性发病的情况较少，多数情况下呈现为隐性感染，即无明显症状但可作为潜在的传染源。

（三）临床症状

该病在猪群中普遍存在，影响各个年龄段和品种的猪。临床症状多样，且与猪瘟的症状相似，给诊断带来一定的挑战。仔猪在感染后表现出的症状尤为严重，通常呈现急性症状。

感染弓形虫的猪在临床上表现出多种症状。体温的升高是最初的迹象，可超过 41℃并持续 7 至 10 天。当出现呼吸急促时，猪会采取腹式或犬坐式呼吸以缓解呼吸困难。鼻涕和眼部分泌物的出现，进一步表明了呼吸系统和眼的受累。消化系统亦受影响，便秘和拉稀交替出现，粪便中常见黏液附着，尿液颜色的改变也是感染的迹象。随着病情的进展，神经系统症状开始显现，如后肢麻痹。皮肤和黏膜的症状也逐渐出现，如耳、鼻端、下肢、股内侧和下腹等处的紫红斑和出血点。耳壳上的痂皮形成和耳尖的干性坏死进一步指示了疾病的严重性。在疾病的后期，呼吸困难加剧，体温急剧下降，这些症状最终导致死亡。孕猪感染弓形虫病后，流产或产下死胎的情况常见。此外，视网膜脉络膜炎的发生可能导致失明，这一症状在猪群中虽不常见，但一旦出现，后果严重。部分猪在经历急性期后，病情转为慢性，外在症状消退，但食欲和精神状态仍然受到影响，最终可能导致猪的僵直。

（四）诊断

诊断猪弓形虫病主要依赖于血清学检测和分子生物学方法。血清学检测，如间接荧光抗体试验（IFAT）和酶联免疫吸附试验（ELISA），可用于检测猪血清中的特异性抗体。这些抗体的存在表明猪只已经感染了弓形虫。但血清学检测不能区分当前的活动感染和过去的感染。分子生物学方法，如聚合酶链反应（PCR），可以检测猪组织或体液中弓形虫的 DNA。这种方法对于确定当前的活动感染非常有用，因为它可以直接检测到病原体的遗传物质。PCR 技术的高灵敏度和特异性使其成为诊断弓形虫病的重要工具。除了实验室检测，临床诊断也是识别猪弓形虫病的重要手段。感染弓形虫的猪可能表现出多种临床症状，包括发热、食欲缺乏、呼吸困难、神经症状和生殖障碍。许多已经被感染的猪可能是无症状的表现，这就需要依赖实验室检测来确认诊断。

（五）防治

防治措施包括药物预防和环境管理两个方面。药物预防方面，磺胺 –6– 甲氧嘧啶和三甲氧苄啶的应用是常见的治疗方法。这些药物通过口服给药，按照每公斤体重 60mg 至 100mg 的剂量，连续使用 7 天，可以有效预防弓形虫病的感染。这种预防措施旨在保护未感染的猪只，并治疗已经感染的猪只。环境管理方面，病猪舍和饲养场的消毒是防治工作的重要组成部分。使用 2% 的烧碱液或 20% 的石灰乳液进行消毒，可以有效杀灭弓形虫卵，减少病原体在环境中的存活。开展灭鼠活动和防止猫鸟及昆虫侵入也是重要的预防措施，因为这些动物和昆虫可能是弓形虫的中间宿主或传播媒介。粪便的及时处理也是防治弓形虫病的关键环节。对猪只粪便进行发酵处理，可以有效降低弓形虫卵的活性，减少病原体的传播风险。此外，对引进猪只的严格检疫同样重要，这可以防止带有弓形虫的猪只传入养殖场，从而减少疫情的传播。

磺胺类药物在治疗猪弓形虫病方面显示出较好的疗效。这类药物的作用机制主要是通过干扰寄生虫的代谢途径，抑制弓形虫的生长和繁殖，从而达到治疗目的。治疗方案包括口服给药和肌肉注射两种方式。口服给药方案中，磺胺喀呢与三甲氧胺喀或二甲氧苄氨嘧啶的组合使用，按照每公斤体重 70 毫克磺胺喀咤加 14 毫克三甲氧胺喀或二甲氧苄氨嘧啶的剂量，每天两次，连续用药 3 至 4 天。另一种口服方案是磺胺甲氧毗嗪与三甲氧胺喀院的组合，每天口服一次，每公斤体重 30 毫克磺胺甲氧毗嗪加 10 毫克三甲氧胺喀院。肌肉注射方案则是使用 12% 磺胺甲氧毗嗓注射液，每头猪 10 毫升，每日一次，连续注射 4 天。这种方法直接将药物注入血液循环，可以迅速达到治疗浓度。

二、猪衣原体病

（一）病原

猪衣原体病是由鹦鹉热衣原体引起的一种传染病，该病原体隶属于衣原体科衣原体属，具有革兰氏染色阴性的特性。衣原体作为一类细胞内寄生菌，其生存和繁殖依赖于宿主细胞。由于其独特的生物学特性，衣原体对环境中的紫外线敏感，这一特性为病原体的控制提供了可能。

（二）流行病学

猪衣原体病是猪群中一种普遍存在的传染病，其感染不受年龄或品种的限制，普遍影响整个猪群。怀孕母猪和新生仔猪对此病特别敏感，而育肥猪的感染率在不同地区平均介于 10% 至 50% 之间。[①] 该病的流行具有季节性特点，尤其在秋冬季节，感染率会有显著上升。猪衣原体病通常呈现为慢性发展，病程中往往不易被及时发现。这种慢性流行特性导致病原体在猪群中持续存在，形成潜伏性传播。这种持续的潜伏性传播是猪衣原体病流行病学中的一个关键特征，它使得疾病控制和预防工作变得更加复杂。

（三）临床症状

在繁殖障碍方面，该病的临床症状表现多样。感染母猪可能出现流产、死胎、弱仔和早产等现象。流产通常发生在妊娠后期，而死胎和弱仔则可能在任何妊娠阶段出现。此外，感染的母猪可能会表现出生殖道分泌物增多的症状。在公猪中，衣原体感染可能引起附睾炎，这会影响精子的质量和活力，进而影响繁殖效率。病理学上，附睾炎表现为组织的红肿、炎症细胞浸润和可能的纤维化。

---

① 白红杰，赵博.现代实用养猪全书 [M].郑州：河南科学技术出版社，2014：318.

（四）诊断

猪衣原体病的诊断主要依赖于临床症状的观察、病理变化的检查以及实验室检测的结果。临床症状可能包括繁殖障碍、流产、死胎、弱仔和生殖器官的炎症；实验室检测方法包括血清学检测、分子生物学检测和细菌培养。血清学检测如 ELISA（酶联免疫吸附试验）可用于检测猪体内的特异性抗体，这表明猪可能已经暴露于衣原体感染。分子生物学检测，如 PCR（聚合酶链反应）技术，可以检测猪组织或体液中的衣原体 DNA，提供更为直接的感染证据。细菌培养则可以从临床样本中分离出病原体，但由于衣原体的培养难度较大，这种方法并不常用；病理检查也是诊断猪衣原体病的重要手段。通过对流产胎儿、死胎或弱仔的组织进行病理学检查，可以观察到典型的病理变化，如炎症反应和特定组织的损伤。

（五）防治

疫苗接种是预防猪衣原体病的有效手段。通过接种疫苗，可以激发猪只的免疫系统产生针对衣原体的免疫反应，从而减少病发率。疫苗的选择和接种计划应根据猪群的具体情况和疫情监测结果来制订。

药物治疗方面，抗生素是控制衣原体感染的常用药物。特定的抗生素，如四环素类和大环内酯类，对衣原体具有良好的抑制作用。在使用抗生素时，必须遵循兽医的指导，合理用药，以避免抗生素抗性的产生。

管理措施包括改善饲养环境，确保猪舍的清洁卫生，定期进行消毒，以减少病原体的传播。应实施严格的隔离措施，对新引进的猪只进行隔离观察，避免病原体的引入。

三、猪布鲁氏菌病

（一）病原

猪布鲁氏菌病主要由猪布氏杆菌引起，该病原体不仅能够感染猪，还能感染人类以及其他动物，如鹿、牛、羊等。猪一旦感染布氏杆菌，可能会出现全身性感染，这种感染通常会导致繁殖障碍，影响猪只的生殖能力。与猪布氏杆菌相比，其他种布氏杆菌通常只侵害局部淋巴结，并不引起明显的临床症状。

（二）流行病学

病猪和带菌猪是该病的主要传染源。病原体的排出是不定期的，主要通过病猪的乳汁、精液、脓汁排出，尤其是病母猪的阴道分泌物、流产胎儿和羊水。这些分泌物和体液是病原体传播的主要途径。环境中，病原体可通过被污染的饲料、饮水、猪舍和用具等媒介传播。这些媒介的污染导致病原体的扩散和再传染，增加了疾病控制的难度。猪布鲁氏菌病的传播途径多样，病原体可以通过消化道和生殖道进入宿主体内，也可以通过正常或破损的皮肤和黏膜感染。胎盘是病原体感染胎儿的途径之一。人工繁殖过程中，通过配种也可能发生传播，尤其是在使用受污染的精液时。损伤的皮肤和吸血昆虫的叮咬也是病原体传播的途径，这些途径增加了疾病控制的复杂性。

（三）临床症状

在母猪中，该病通常导致其妊娠期间的流产，妊娠的第三个月尤为高发。此外，死胎的产出和产后胎衣不排出也是常见症状。该病还可能引起乳房水肿，并在一些情况下导致阴道炎和子宫炎，这些病变可能进一步导致不孕症。

在公猪中，猪布鲁氏菌病常见的表现为睾丸炎，可能是双侧或单侧的，伴随睾丸肿大和疼痛。如果病情长期不愈，可能导致睾丸萎缩，从而使公猪丧失配种能力。除了生殖系统的症状，猪布鲁氏菌病也可能引起后肢麻痹和跛行。

（四）诊断

临床症状包括流产、不育以及生殖器官的病变，但这些症状并不特异，因此需要进一步的实验室检测来确认诊断。血清学检测是诊断猪布鲁氏菌病的常用方法，包括玫瑰红平板凝集试验（RBPT）、补体结合试验（CFT）和酶联免疫吸附试验（ELISA）等。这些试验能够检测猪血清中特异性抗体的存在，是诊断该病的重要手段。ELISA 因其高灵敏度和特异性，在现代诊断中被广泛应用；细菌培养是确诊猪布鲁氏菌病的金标准，但由于布氏杆菌的培养难度较大，这种方法在实际应用中受到限制。培养通常需要从感染猪的血液、组织或体液中分离出病原体，并在特定的培养基中进行培养；此外，分子生物学技术，如聚合酶链反应（PCR），也被用于猪布鲁氏菌病的诊断。PCR 可以检测病原体的特定DNA 序列，具有高度的灵敏性和特异性，能够快速确诊。

（五）防治

对于疑似布鲁氏菌病的猪场，实施定期检疫是关键的预防措施。检疫程序中，一旦发现阳性病例，应立即淘汰该病猪，以防止病情的扩散。种公猪参与配种前的检疫同样不可或缺，确保只有检疫结果为阴性的猪才能参与繁殖，从而降低疾病传播的风险。对于结果呈阴性的种猪群，采取定期口服布鲁氏菌病猪型二号冻干苗的预防措施，可以有效地控制疾病的发生。按照规定的剂量和间隔时间进行饮喂，是确保疫苗效力和预防效果的关键。对于猪流产的胎儿、胎衣、羊水以及阴道分泌物，采取深埋处理，是防止病原体扩散到环境中的必要措施。同时，被污染的圈舍、场地及用具需要使用有效的消毒药物，如选用 3% 来苏儿或 2% 甲醛进行彻底消毒，以消灭残留的病原体。

四、日本乙型脑炎

（一）病原

日本乙型脑炎（JE）是由日本乙型脑炎病毒（JEV）引起的一种动物传染病，该病毒属于黄病毒科（Flaviviridae）黄病毒属（Flavivirus）。JEV 的形态为球形，直径大约在 30 至 40 纳米之间，具有二十面体对称结构。病毒粒子在氯化铯溶液中的浮密度为 1.24 至 1.25 g/cm^3。病毒的核心结构由衣壳蛋白包裹的单股正链 RNA 组成，外层包有囊膜糖蛋白。JEV 的基因组长度约为 10976 碱基对，其抗原性表现出稳定性，存在单一血清型。尽管如此，基于 E（包膜）蛋白基因的差异，JEV 可以进一步分为五个基因型。在中国，流行的 JEV 毒株主要是基因 I 型和基因 III 型。

（二）流行病学

病例通常在气温较高的 7 至 9 月份集中出现，这一时期蚊虫活动频繁，为病毒提供了传播的媒介。随着气温下降，蚊虫数量减少，相应地，疾病的发生率也有所下降。猪日本乙型脑炎的流行呈现散发性质，而且存在大量的隐性感染者。这意味着，即使在无症状的情况下，猪只有在感染初期，即病毒血症阶段，才具有传染性。一旦感染后，猪可能不表现出任何症状，但仍然可以作为病毒的携带者和传播者。猪日本乙型脑炎的发病年龄通常在猪只出生后 6 个月左右。这个年龄段的猪只更容易表现出疾病症状，这可能与其免疫系统的成熟程度有关。疾病的这一特点对于制定预防和控制措施具有指导意义，特别是在疫情高发季节。

（三）临床症状

日本乙型脑炎对怀孕母猪的影响表现为流产、早产或延时分娩。感染后的胎儿常见死胎或木乃伊胎，而存活的仔猪可能在出生后几天内因痉挛而死亡，但也有部分仔猪能够正常生长和发育。在同一窝仔猪中，个体之间在大小和病变程度上可能存在显著差异，并且健康与受影响的仔猪可能同时出现。母猪在经历流产后，通常不会影响其后续的配种能力。而在公猪中，猪日本乙型脑炎可导致睾丸肿胀，这种肿胀多为一侧性，伴随局部发热和疼痛感。肿胀在数日后开始消退，但多数情况下睾丸会缩小并变硬，导致公猪丧失配种能力。

（四）诊断

猪日本乙型脑炎的诊断涉及多种实验室技术，旨在检测病原体的存在和母猪的免疫反应。对于因该病导致流产或早产的疑似病例，诊断步骤通常包括采集死产仔猪的脑组织和存活仔猪吮乳前的血液样本。这些样本需在低温条件下保存，并迅速送往实验室进行检查。实验过程中，脑组织样本会被制成悬浮液，并接种于鸡胚的卵黄囊内或新生乳鼠的脑内，以便于病毒的分离和培养。对于流产的母猪，其血清可用于进行血球凝集抑制试验。这一试验通过检测血清中免疫球蛋白 M（IgM）的含量来评估母猪对病毒的免疫反应。在进行血球凝集抑制试验时，血清样本分为两部分：一部分用二巯基乙醇（2-ME）处理，以分解血清中的免疫球蛋白 M（IgM）含量；另一部分保持未处理。两部分样本均要进行血球凝集抑制试验。通过比较处理前后的血清样本在血凝抑制效价上的差异，若差异达到四倍以上，即可作为确诊猪日本乙型脑炎的依据。

（五）防治

猪日本乙型脑炎的防治措施是多方面的，关键在于阻断病原体的传播途径。蚊虫作为该病毒的主要传播媒介，对其的控制成为防治工作的重点。环境管理措施包括消灭蚊虫滋生地，疏通沟渠，填平洼地，排除积水等，以减少蚊虫的繁殖环境。采用化学防治方法，如在猪圈内喷洒敌敌畏、马拉硫磷、倍硫磷、双硫磷等杀虫剂，尤其在黄昏时分进行喷洒，也是有效的防蚊措施。在疫苗接种方面，乙型脑炎弱毒疫苗的使用是预防该病发生的有效手段。在蚊虫活跃前进行疫苗接种，可以提高猪群的免疫力。根据推荐的疫苗接种程序，第一年应以两周间隔接种两次，随后每年维持一次接种，以保持免疫效果。这种预防策略对于防止母猪流产具有重要作用。

在猪日本乙型脑炎的治疗中，立即隔离发病猪只个体是减少疾病传播和降低死亡率的关键步骤。同时，细致的护理工作对促进猪只康复同样重要。由于缺乏特效药物，治疗主要依赖于支持性疗法和预防措施。为了预防继发感染，抗生素和磺胺类药物的应用是常见的做法。例如，20% 磺胺嘧啶钠液可以通过静脉注射的方式给药，以减少继发性细菌感染的风险。

五、猪细小病毒病

（一）病原

猪细小病毒病是由猪细小病毒（Porcine parvovirus，PPV）引起的一种传染病，主要影响猪的繁殖系统。猪细小病毒属于 Parvoviridae 科，是一种非包膜的单链 DNA 病毒，具有高度的稳定性和环境抵抗力。该病毒能在外界环境中存活较长时间，对普通消毒剂和热处理具有较强的抵抗力。

（二）流行病学

该病毒对初产母猪具有较高的感染率，并且能在全年各季节发生。一旦阴性猪场引入带毒猪，短时间内猪群的感染率可能迅速上升至 100%，造成地方性流行或散发情况。此病毒的持续性流行可能延续多年，对猪群的健康和繁殖能力构成长期威胁。猪细小病毒主要攻击新生胚胎和初生仔猪，影响猪只的繁殖能力。特别是在母猪怀孕的早期阶段，若感染了猪细小病毒，胚胎的死亡率可能会显著增加，达到 80% 至100%。[1] 这种高死亡率对于猪场的生产力和经济效益造成严重影响。

（三）临床症状

猪细小病毒病是一种影响猪繁殖能力的传染病，其对母猪的影响表现为繁殖障碍，具体症状因感染发生在妊娠的不同阶段而表现不同。在妊娠早期（30 天以内）感染时，可能造成胎儿死亡并被吸收，导致母猪不孕或出现无规律的反复发情。若感染发生在妊娠 30 至 50 天，胎儿可能发生木乃伊化，这不仅会延长分娩期，还可能导致同窝原本正常的仔猪死亡。在妊娠 50 至 60 天内感染，流产和死胎是主要症状。而在妊娠 70 天后感染，可能导致产出弱仔，尽管大部分胎儿能存活并且外观正常，但可能会长期携带并排出病毒。

猪细小病毒病主要影响初产母猪，而经产母猪较少发病。公猪即便感染，其性欲和精子活力通常不受明显影响。这表明猪细小病毒病的影响在性别和生殖状态上表现出差异性，对母猪的繁殖能力构成威胁，而对公猪的生殖功能影响较小。因此，防控措施应重点关注母猪，尤其是初产母猪的保护，以减少繁殖障碍的发生。

---

[1] 薛龙君，陈解放，张奎举.规模化猪场常见病的防治与净化[M].银川：阳光出版社，2017：144.

（四）诊断

当母猪出现流产，产下死胎或木乃伊胎时，猪细小病毒感染应被列入鉴别诊断的可能性之一。实验室检测中，建议将 70 日龄以下的死胎或木乃伊胎送检，以便进行病毒检测和病理分析。对于超过 70 日龄的木乃伊胎、死胎或初生仔猪，不推荐送检。因为在这一时期，胎儿可能已经发展出自身的免疫反应，体内可能存在抗体，这些抗体可能会干扰实验室检测结果，导致诊断不准确。因此，对于这些样本，实验室检测可能无法提供确切的诊断信息。

（五）防治

疫苗接种是预防猪细小病毒感染的有效方法。通过对母猪进行免疫接种，可以在其体内产生特异性抗体，这些抗体能够通过胎盘传给胎儿，为新生仔猪提供早期的保护。定期的疫苗接种计划应该根据猪群的健康状况和病毒暴露风险来制订。

生物安全措施是防止猪细小病毒传播的基础。这包括限制外来人员和动物的接触，确保饲养环境的清洁消毒，以及对新引进猪只进行隔离观察。此外，应严格执行进出场所的消毒程序，避免病毒通过人员或设备传入养殖场。

良好的饲养管理也是预防猪细小病毒病的关键。这涉及提供适宜的饲养环境，如温度控制、通风和适当的密度，以减少猪只间的接触和应激。饲养管理还包括定期监测猪群的健康状况，及时识别和隔离疑似病例，以防止病毒在猪群中扩散。

六、猪伪狂犬病（PRV）

（一）病原

猪伪狂犬病（PRV），亦称为奥杰斯基病，是由伪狂犬病病毒（Pseudorabies virus，PRV）引起的一种传染性疾病。该病毒属于疱疹病毒科（Herpesviridae）中的猪疱疹病毒属（Varicellovirus）。PRV 感染主要影响猪，尽管其名称含有"狂犬病"，但与狂犬病病毒不同。PRV 病毒能够引起猪的神经系统、呼吸系统以及生殖系统的疾病。在感染的猪群中，该病毒可导致呼吸困难、生殖障碍、流产以及仔猪的死亡。成年猪可能表现出呼吸道症状和神经症状，而感染的仔猪则常常出现更为严重的神经症状，致死率较高。

（二）流行病学

该病对各年龄段的猪只均有感染，幼龄猪经感染后可通过自然机制排出病毒，但成年猪在经历感染后，即使症状不显著，仍可成为潜在的传染源，尤其是种猪。猪场内的其他动物，如猫和鼠类，也可能成为 PRV 的宿主，进一步扩散病毒。PRV 的传播途径多样，包括但不限于呼吸道、消化道、泌尿生殖道以及通过皮肤黏膜的创伤和眼结膜。病毒的传播既可以通过直接接触，也可以通过间接接触。例如，工作人员、饲料、器材、病猪分泌物以及公猪精液等被病毒污染的物品，都可能成为传播途径。此外，吸血昆虫也可能作为传播媒介。PRV 能够穿透胎盘屏障，由带毒的母猪垂直传播给胎儿，进而导致流产和死胎。病毒也能通过乳汁传播，泌乳母猪在感染后约一周内乳汁中就会检测到病毒，哺乳的小猪可能因此而感染。

（三）临床症状

该病的临床症状多样，繁殖障碍、神经症状、呼吸道症状和消化道症状是其主要表现。症状的严重程度受到多种因素的影响，包括猪的年龄、免疫状态以及生产管理水平。哺乳仔猪对 PRV 特别敏感，主要表现为神经症状、持续性腹泻和呼吸道问题。神经症状一旦出现，死亡率接近 100%。保育猪和育肥猪则主要出现呼吸道症状，如咳嗽和气喘，常伴有结膜炎。这些症状往往与细菌性疾病如副猪嗜血杆菌病、链球菌病和传染性胸膜肺炎等并发，进而影响猪的生长速度和饲料转化率。在繁殖方面，怀孕母猪可能出现流产、死胎或产生木乃伊胎，其中产死胎的情况较为常见。公猪可能出现睾丸肿胀和萎缩，严重时可能完全丧失生殖能力。种猪的不孕症也是 PRV 的一个典型症状，感染后的公猪和母猪可能出现不育或不孕的情况。

（四）诊断

诊断 PRV 通常依赖于临床症状的观察与实验室检测的结合。临床症状可能包括呼吸困难、发热、食欲缺乏、行为异常以及繁殖障碍等。神经症状如抽搐、瘫痪和行为改变在感染后期尤为明显。这些症状并非特异于 PRV，因此进行实验室检测对于确诊至关重要。实验室诊断方法包括病毒分离、血清学检测和分子生物学检测。病毒分离是通过培养猪的组织样本来检测病毒的存在。血清学检测，如病毒中和试验和酶联免疫吸附试验（ELISA），用于检测猪血清中的特异性抗体。分子生物学检测，如聚合酶链反应（PCR），能够检测猪组织或体液样本中的病毒DNA，这是一种高度敏感和特异的诊断方法。

（五）防治

尽管病毒可能出现变异和毒力变强的情况，但通过有效的防控措施，该病的影响是可以被显著减轻的。

疫苗接种是控制 PRV 的核心策略。推荐使用高效价且质量稳定的疫苗，并执行科学的免疫程序，确保不留任何免疫空档。具体的免疫策略包括：种猪群每年进行 3 至 5 次免疫；新生仔猪实施滴鼻免疫；在保育至育肥阶段的猪进行 2 至 3 次免疫；后备种猪在配种前进行 2 至 3 次免疫。此外，还需坚持使用 gE 抗体阴性的后备种猪，以防止病毒的传播。

除了疫苗接种，还必须加强生物安全措施和提升饲养管理水平。这包括严格的猪场卫生程序、疾病监测和隔离措施，以及合理的饲养密度和环境控制。通过这些综合措施，可以在 2 至 3 年内实现猪场的 PRV 净化。对于已经发病的猪群，应采取紧急措施，包括接种 PR 活疫苗，控制细菌感染，并提供加强的护理与对症治疗。这些措施通常能在 1 至 2 周内使猪群状况逐渐稳定。

第四节　常见呼吸道传染病

一、猪流感

（一）病原

猪流感是由猪流感病毒（Swine Influenza Virus，SIV）引起的一种高度传染性呼吸道疾病。该病毒属于正粘病毒科（Orthomyxoviridae）的流感病毒 A 属，能够引发猪群中的急性呼吸道感染。猪流感病毒具有多种血清亚型，这些亚型包括但不限于 H1N1、H1N2、H3N2、H3N6、H2N3、H4N6、H5N1 及 H9N2 等。这些亚型中，H1N1、H9N2 和 H3N2 毒株是在猪群中广泛流行的主要亚型。猪流感病毒的变异性较高，这导致了多种不同的血清亚型。病毒的这种多样性是由其表面蛋白的遗传变异引起的，主要是血凝素（H）和神经氨酸酶（N）的不同组合。这些表面蛋白负责病毒的吸附和进入宿主细胞，是免疫系统识别和响应病毒的关键抗原。

（二）流行病学

猪流感病毒对不同品种、年龄和性别的猪都有感染性，但 2 月龄仔猪的易感性尤为显著。该病毒的传播主要通过病猪的呼吸道分泌物，如打喷嚏和咳嗽时排出的病毒颗粒，健康猪吸入这些颗粒后可能会被感染。秋冬季节是猪流感的高发期，尽管疾病没有明显的季节性。一旦猪只感染猪流感病毒，其他猪只的发病率可能高达 100%，但其死亡率通常低于 1%。猪流感的传播速度快，病猪在发病后 2 至 3 天内可能将病毒传播至整个猪场，导致地方性流行。在没有继发感染或并发症的情况下，病猪通常在 5 至 7 天内可以迅速康复。

（三）临床症状

猪流感的临床症状通常在感染后 1 至 3 天内迅速显现。病毒的传播效率高，导致猪群在首头病猪出现症状后的 24 小时内普遍被感染。感染猪流感的猪只表现出厌食和精神不佳，倾向挤在一起，不愿意活动。呼吸道症状明显，包括急促呼吸、流涕（清液或浓稠鼻涕）以及眼部分泌物增多。眼结膜出现潮红现象，并伴随咳嗽。猪流感还影响猪的排泄系统，表现为粪便干燥和尿液颜色加深。对于生殖系统的影响尤为严重，怀孕母猪可能会流产或产下死胎。病毒感染的时期与母猪的妊娠状态密切相关。如果感染发生在配种后 21 天内，且胚胎尚未着床，可能导致返情。若胚胎在交配后 14 至 16 天已经着床，感染可能会引起妊娠中断，表现为延迟返情。在妊娠期前五周内感染病毒的母猪，可能会导致胚胎死亡和吸收，结果是假怀孕或产仔数减少。公猪在感染猪流感后，会造成体温升高，精子品质下降，这将导致受精率在接下来的 4 至 5 周内持续降低。这些症状的出现不仅影响猪只的健康状态，还会对猪场的生产性能产生长期的负面影响。因此，对猪流感的及时诊断和有效控制对于维护猪群健康和生产效率至关重要。

（四）诊断

猪流感的诊断主要基于临床症状、流行病学史以及实验室检测结果。临床症状可能包括发热、咳嗽、呼吸困难、食欲减退和活动力下降等。流行病学史的考察则涉及疾病的季节性分布、猪群中的发病率以及疾病的传播模式。实验室诊断结果是确诊猪流感的关键，包括病毒分离、血清学检测和分子诊断技术。病毒分离通常需要将猪的呼吸道样本在细胞培养中进行培养，以观察病毒增殖。血清学检测，如血凝抑制试验（HI）和酶联免疫吸附试验（ELISA），可以检测猪血清中针对 SIV 的特异性抗体。分子诊断技术，如逆转录聚合酶链反应（RT-PCR），能够检测猪呼吸道样本中的病毒 RNA，这是一种快速且敏感的诊断方法。

（五）防治

猪流感的治疗主要依赖对症治疗和预防继发感染。由于缺乏针对性药物，治疗通常包括使用复方吗啉片、复方金刚烷片及板蓝根冲剂等药物，其用量需根据猪的体重和药品含量来调整。

为防止继发感染，可采用一系列抗生素和支持疗法的组合治疗。治疗方案包括头孢噻呋、盐酸吗啉胍（病毒灵）、柴胡注射液、安乃近注射液以及维生素 C 的组合使用。具体用药方法如下：头孢噻呋以 3 至 5 mg/kg 的剂量进行肌肉注射，每日两次，疗程为 5 至 7 天；盐酸吗啉胍以每公斤体重 25 mg 的剂量进行肌肉注射，同样每日两次，连续使用 5 至 7 天；柴胡注射液的剂量为每公斤体重 0.1 至 0.2 mL，肌肉注射，每日两次，持续 5 至 7 天；30% 安乃近注射液以每公斤体重 30 mg 的剂量进行肌肉注射，每日两次，疗程 5 至 7 天；维生素 C 注射液则以每公斤体重 1 至 3 mg 的剂量进行肌肉注射，每日两次，连续 5 至 7 天。①

猪流感的防治策略中，中药治疗方法是一种补充手段。该方法涉及使用一系列草药成分，包括荆芥、金银花、大青叶、柴胡、葛根、黄芩、木通、板蓝根、甘草和干姜。这些草药成分按照每头猪体重 50 公斤取量 25 至 50 克的比例，经晒干和粉碎成细面后使用。中药治疗的原理基于中医理论，旨在通过草药的药理作用来缓解症状和促进恢复。这些草药成分通常具有解热、抗炎、抗病毒等作用，可能有助于减轻猪流感的临床症状，并支持猪只的免疫系统。

二、猪肺疫

（一）病原

猪肺疫是由多杀性巴氏杆菌（Pasteurella multocida）引起的一种急性传染病，该病在畜牧业中也被称为"锁喉风"或"肿脖瘟"。这种细菌性病原体能够引发猪只的呼吸道疾病，通常表现为急性或慢性呼吸困难，且可能导致高死亡率。

---

① 吴家强.肉猪疾病临床诊治与规范用药 [M].济南：山东科学技术出版社，2021：60.

（二）流行病学

多杀伤性巴氏杆菌在特定条件下会引发疾病。不利的环境因素如温度极端、湿度高、密集养殖、通风不良、营养不足和长时间运输等，均可促使病原菌增殖并触发疾病。传染源主要是携带病原的猪，无论是病态还是表面健康。病原体存在于患病猪的肺部病灶及其他器官，也可在某些健康猪的呼吸道和肠道中检出。

猪肺疫的传播途径多样，病猪的分泌物和排泄物是主要的传播媒介。这些分泌物和排泄物能够污染水源、饲料、用具及环境，进而通过消化道传播给健康猪。呼吸道飞沫传播也是一种重要途径，病猪咳嗽和打喷嚏时排出的飞沫能够传染给其他猪。吸血昆虫通过叮咬皮肤和黏膜伤口也能传播该病。猪肺疫是一种影响猪群的传染病，其流行病学特征不受明显季节变化的限制。该疾病在气候波动显著、温度变化剧烈的时期，尤其是在高温季节，发病率有所上升。猪肺疫的发生可呈现为散发性或地方性流行。最急性型的猪肺疫具有地方性流行的特点，而急性型和慢性型则多表现为散发性，这些情况往往伴随着猪瘟、猪支原体肺炎等其他疾病的混合感染。猪肺疫对不同年龄段的猪均有感染风险，但中幼年猪的易感性较高。值得注意的是，除了猪，其他家禽家畜也可能成为该病的宿主。

（三）临床症状

猪肺疫是一种影响猪只的呼吸道传染病，其潜伏期通常为 1 至 5 天。该疾病根据病程的长短及临床表现的差异，可分为三种类型：最急性型、急性型和慢性型。

1.最急性型

猪肺疫的最急性型表现为急性起病，患猪可能在无明显临床症状表现的情况下迅速死亡。若病程有所延长，患猪体温可升高至 41 至 42 摄氏度，伴有食欲缺乏，全身衰弱，常躺卧不起，呼吸困难。患猪可能采取犬坐姿势以缓解呼吸不适，黏膜可见发绀现象，口鼻流出泡沫状分泌物。此型猪肺疫的病程一般为 1 至 2 天，若不及时治疗，死亡率可达100%。

2.急性型（胸膜肺炎型）

猪肺疫的急性型，亦称胸膜肺炎型，表现为体温显著升高至 40 至 41 摄氏度。患猪出现痉挛性干咳，痰液由黏液性转为脓性。呼吸过程中遭遇困难，干咳逐渐转变为湿咳。胸痛常见，可采取犬坐或犬卧姿势以减轻不适。消化系统初始表现为便秘，继而转为腹泻。皮肤出现瘀血性出血斑。病程通常持续 5 至 8 天。随着病情加重，患猪表现出精神萎靡和食欲减退，严重时可能完全停止进食。晚期症状包括极度衰弱和卧倒不起。多数患猪因窒息而死亡，存活个体可能发展为慢性病程。

3.慢性型

感染后，猪只可能表现出持续性咳嗽和呼吸困难，这是由于呼吸道受到病原体的持续攻击。患猪鼻腔可能还会分泌少量黏液。在某些情况下，关节肿胀也可能作为并发症出现，这可能与病原体引起的全身性炎症反应有关。消瘦和腹泻也是慢性猪肺疫的特征，反映了疾病对猪只整体健康状况的影响。在疾病进程中，若未能得到有效治疗，猪只可能在两周以上时间内逐渐衰竭直至死亡。慢性猪肺疫的病死率较高，大约在60% 至 70% 之间。

（四）诊断

猪肺疫的诊断依赖于临床表现、病理变化和实验室检测的综合评估。临床上，猪肺疫通常表现为呼吸困难、咳嗽、发热及体重下降等症状。病理学检查可见肺部有典型的病变，包括肺泡和支气管淋巴结的充血、水肿以及出血。实验室检测则包括病原体的分离培养、血清学检测和分子生物学诊断方法，如 PCR（聚合酶链反应）等，以确定病原体的存在。确诊猪肺疫需结合这些方法，排除其他呼吸道疾病的可能性。

（五）防治

猪肺疫的防治主要依赖疫苗接种，以实现群体免疫。春季与秋季为关键免疫时期，此时对猪群进行集中免疫可有效预防疫情的发生。仔猪通常接种含氢氧化铝甲醛的猪肺疫菌苗，该菌苗在注射 14 天后开始发挥作用，能提供长达 6 个月的免疫保护。此外，弱毒菌苗经冷开水稀释后，通过拌料饲喂方式使用，仔猪在摄入 7 天后可获得免疫力，保护期可达 10 个月。尽管疫苗免疫可以显著降低发病率，但并不能完全排除疾病发生的风险。因此，规模化养殖场应定期进行抗体水平监测，确保猪只抗体水平处于有效防护范围内。若检测结果显示抗体水平不足，应立即进行补充免疫。

在治疗方面，青霉素与链霉素的混合使用是常见的治疗方法，通过肌肉注射，每日两次，连续使用 3 天。硫酸卡那霉素也可用于治疗，按照 4 万单位 / 千克的剂量，同样采用肌肉注射，每日两次，连续 3 天。此外，盐酸土霉素、多西环素、庆大霉素等抗生素也可用于猪肺疫的治疗。

三、猪肺丝虫病

（一）病原

猪肺丝虫病是由猪肺丝虫（Metastrongylus apri）引起的一种寄生虫病。该病原体属于线虫门（Nematoda），强壮线虫科（Metastrongylidae）的一员。成虫寄生在猪的支气管和支气管树中，其生命周期包括中间宿主（通常是蚯蚓）和最终宿主（猪）。感染过程中，猪通过摄入含有感染性幼虫的蚯蚓而感染。幼虫随后穿过猪的肠壁，进入血液循环，并最终在肺部成熟为成虫。

（二）流行病学

在不同日龄的猪群中均有发生，但以幼猪和生长期猪的发病率较高。放牧猪由于其生活环境的开放性，更易于接触到病原体，因此感染率显著高于舍饲猪。在野生环境中，野猪后圆线虫和复阴后圆线虫是猪肺丝虫病的主要病原体，它们可以单独或同时感染宿主。后圆线虫的虫卵具有较长的外界生存期和较强的抵抗力，这使得它们能够在多种环境条件下存活，进而感染多种宿主。这种强大的环境适应性，导致猪肺丝虫病在中国的广泛分布，并在某些地区形成地方性流行。

猪肺丝虫病的传播与多种因素相关。环境条件，如湿润的气候和土壤，为猪肺丝虫的中间宿主——蚯蚓的生存提供了适宜条件。猪只通过摄入含有感染性幼虫的蚯蚓而感染病原。猪群密度高、卫生条件差的养殖环境也是猪肺丝虫病流行的重要因素。

（三）临床症状

感染周期约为 30 至 45 天。该病症的临床表现随时间逐渐加剧，主要症状包括阵发性咳嗽，尤其在早晨、晚间或猪只活动时更为明显。随着病情的发展，猪只出现体重减轻，毛发变得干燥且失去光泽。在病程的末期，猪只可能出现食欲下降甚至完全丧失，呼吸困难，脉搏加快，黏膜苍白，营养状态显著恶化，精神状态低落，体力衰竭，最终可能导致死亡。

（四）诊断

猪肺丝虫病的诊断通常采用漂浮法检测虫卵。由于虫卵排放具有周期性，因此并不总是能够检出。在对疑似感染猪肺丝虫病的猪只进行诊断时，可采用药物诊断法。具体方法为给予猪只 8 毫克 / 千克体重的左旋咪唑进行口服。感染猪肺丝虫病的猪只在服用药物后 1 至 2 分钟内会出现剧烈咳嗽反应，部分猪只在咳嗽后会有呕吐现象，呕吐物中的黏液可用于检查虫体。未感染的猪则不会出现咳嗽症状。剖检也可发现虫体，从而确诊猪肺丝虫病。

（五）防治

饲养模式的转变是基本措施之一，由粗放饲养转向舍饲圈养，减少猪只与蚯蚓等潜在传播媒介的接触，从而降低感染风险。对猪粪进行集中处理，通过堆积发酵，能有效消除病原虫卵，切断病原体的传播途径。

阿苯达唑和盐酸左旋咪唑是治疗猪肺丝虫病的常用药物，按照体重计算剂量，能够有效治疗感染猪肺丝虫病的猪群。阿维菌素和伊维菌素的使用，以每千克体重 0.3 毫克剂量，无论是通过皮下注射还是拌料内服，也显示出了治疗效果。这些药物的应用需严格按照兽医指导和药物说明书进行，以确保疗效并减少药物副作用。

四、猪支原体肺炎

（一）病原

该病原体在分类学上隶属于软膜体纲、支原体目、支原体科、支原体属。猪肺炎支原体，亦称猪肺炎霉形体，其显著特征为缺乏细胞壁，因此表现出多种形态，如环状、球状、点状、杆状以及两极状。这种多形态的特性使得猪肺炎支原体在显微镜下呈现多样的形态。由于缺乏细胞壁，猪肺炎支原体对革兰氏染色反应呈阴性，且染色效果不佳。使用姬姆萨染色或瑞氏染色可以得到较好的染色效果，这有助于在显微镜中识别和区分猪肺炎支原体。这种特殊的染色反应是由于猪肺炎支原体的细胞膜成分与革兰氏染色所依赖的细胞壁成分不同，而姬姆萨染色和瑞氏染色能够与细胞膜上的分子结合，从而使细菌体显现出特定的颜色。

猪肺炎支原体菌体直径范围在 300 至 800 纳米，缺乏细胞壁结构，导致其呈现多变的形态。在显微镜下观察，可以发现猪肺炎支原体呈球状、两极状、环状等不同形态。其中，环状菌体形态较为常见，且大小不一。猪肺炎支原体在宿主体内的定位主要在呼吸道区域，尤其是气管、支气管以及细支气管的纤毛间隙中。电子显微镜下的观察进一步证实了菌体常见的球状和环状形态。由于其独特的生物学特性，猪肺炎支原体能在宿主体内逃避免疫系统的监测，从而在呼吸道内定居并引发疾病。

（二）流行病学

该病在全球范围内普遍存在，能够在一年四季的任何时候发生，但研究表明，寒冷季节、潮湿环境、气温剧烈变化以及通风条件不佳的养殖场所，病发率有显著上升。[1] 猪支原体肺炎主要通过水平途径传播，即病猪与健康猪之间的直接或间接接触。

病原体的传播途径多样，包括空气传播、接触传播以及通过受污染

---

[1] 周永亮，黄建华，侯昭春.规模化猪场科学建设与生产管理：第 2 版 [M].郑州：河南科学技术出版社，2020：229.

的饲料和水源。病猪和带菌猪是传播的主要媒介，它们通过呼吸道分泌物、唾液和鼻腔分泌物，将其中带有的病原体传播给健康个体。带菌猪即使在没有临床症状的情况下，也能成为潜在的传染源，增加了控制该病的难度。所有年龄阶段的猪都可能感染，但哺乳仔猪和保育猪由于免疫系统未完全发育，更容易受到感染。感染后的猪只可能出现咳嗽、呼吸困难、生长迟缓等症状，严重影响猪只的生长发育和养殖户的经济收益。

（三）临床症状

以咳嗽和气喘为主要临床表现，该疾病根据病程的不同，可分为三种类型：急性型、慢性型和隐性型。

1. 急性型

通常在新发疫区或土种猪群中出现。该疾病的急性形式较为罕见，但一旦发生，其临床表现则相当显著，感染率高，且病毒传播速度快，常呈现爆发流行状态。急性期可能持续长达三个月，之后疾病往往进展为慢性形态。

2. 慢性型

慢性型在临床上较为普遍，尤其影响 3 至 10 周龄的小猪。该病型的潜伏期通常介于 10 至 16 天之间。慢性型猪支原体肺炎的主要临床表现为持续性干咳和显著的呼吸困难，这些症状会周期性地复发。尽管体温和食欲可能保持稳定，但受影响的猪只生长发育速度减缓。

3. 隐性型

此形态的特点在于感染后的猪只显示出最轻微的临床症状，甚至可能完全无症状。患猪偶尔会出现轻微的咳嗽，但总体健康状况保持良好，生长和发育未受明显影响。

（四）诊断

猪支原体肺炎的诊断依赖综合临床表现、流行病学史、实验室检测和病理学检查。猪支原体肺炎的临床表现通常包括咳嗽、发热、呼吸困难等症状。流行病学史考虑疫情发生的地区、时间和猪群中的疾病传播模式。实验室检测可以通过血清学方法检测特异性抗体，或者通过分子生物学技术，如聚合酶链反应（PCR）检测病原体的DNA。病理学检查主要用于观察肺组织的病变，如典型的肺泡和支气管淋巴结的病理改变。确诊需结合这些方法，排除其他呼吸道疾病，如猪瘟、猪流感等。

（五）防治

1. 加强管理

管理的核心在于早期诊断与隔离，这有助于迅速切断传播途径，从而控制疾病的蔓延。早期诊断依赖对症状的精准识别与及时反应，隔离则需确保感染个体与健康猪群之间的有效隔离，以防交叉感染。健康猪群的建立与扩大是一个逐步发展的过程，需要持续的监控和评估。在无病猪场的环境下，自繁自养的实践被视为一种有效的防疫措施。这种做法减少了外来猪只带入潜在疾病的风险。对于新引进的猪只，实施隔离观察是必要的预防措施，以确保它们不会将疾病带入现有的健康猪群。饲养卫生管理的加强对于预防猪支原体肺炎同样至关重要。良好的饲养环境能够减少猪只的应激反应，应激反应会降低动物的免疫力，从而增加感染疾病的风险。确保饲养环境的清洁、温度和湿度的适宜，以及提供充足的营养，都是预防猪支原体肺炎的正确做法。

2. 疫苗免疫

疫苗免疫作为防控此病的核心措施之一，已有研究开发出两种主要的疫苗：弱毒活疫苗与灭活疫苗。

弱毒活疫苗通过减弱病原体的毒力，保留其免疫原性，使接种后的猪只能够在不引发疾病的情况下产生免疫应答。该类疫苗通常通过胸腔注射的方式给药，其特点是能在接种约60天后产生持久的免疫力。灭活疫苗由于其安全性高，易于储存与运输，成为防治猪支原体肺炎的另一有效工具。灭活疫苗的主要优势在于其肌内注射的便捷性以及良好的免疫效果。由于病原体已被灭活，因此不会引起疾病，同时能够激发猪只的免疫系统产生防御反应。

3. 药物治疗

治疗通常采用特定的抗生素，以水或饲料作为载体，确保药物能够有效地被动物吸收。泰妙菌素是一种常用的抗生素，通过饮水给药，剂量控制在每升水 45 至 60 毫克，持续使用 5 天。此外，泰乐菌素通过拌入饲料中给药，使用剂量为每 1000 千克饲料中添加 100 克，连续使用 5 至 7 天。替米考星的使用剂量则为每 1000 千克饲料中添加 200 至 400 克，连续使用 15 天。

除上述药物外，四环素类、大环内酯类和部分氟喹诺酮类药物也显示出对猪支原体肺炎的治疗效果。这些药物的选择需基于病原体的敏感性测试，以及对动物种群的安全性评估。药物治疗不仅要考虑治疗效果，还需考虑抗生素抗性的发展，因此在使用时应遵循兽医的专业指导，以确保治疗的合理性和有效性。

五、猪传染性胸膜肺炎

（一）病原

猪传染性胸膜肺炎由猪胸膜肺炎放线杆菌（Actinobacillus pleuropn-eumoniae，App）引起，该病原体专一性感染猪只，导致猪群中的呼吸系统疾病。该病原体影响猪只的呼吸道黏膜，引发慢性呼吸道疾病，且常与其他呼吸道病原体共同感染，形成复合感染，从而加剧病情。该菌是一种小型至中等大小的革兰阴性球杆菌。其尺寸通常宽 0.3 至 0.4 纳米，长 0.8 至 1.5 纳米。该细菌在某些条件下可形成丝状结构，显示出多形性特征。胸膜肺炎放线杆菌不具备鞭毛，亦不形成芽孢，但存在菌毛。有毒株分离时，常见有荚膜。在美蓝染色下，该菌呈现出两极着色的特性，特别是在病理样本中，两极浓染更为显著。

（二）流行病学

该病对不同年龄段的猪均有感染风险，3 至 5 月龄的猪最为易感。疾病传播主要源于病猪和带菌猪，尤其是那些无症状但带有病变或隐性带菌的猪。胸膜肺炎放线杆菌在猪中具有高度的宿主特异性，能在急性感染期间在肺部病变及血液中检出。该病主要通过呼吸道传播，空气飞沫是关键的传播媒介。在密集饲养环境中，病原体的接触感染风险增加。疫情暴发时，感染可从一个猪舍迅速扩散至另一个猪舍，显示出气溶胶能在较远距离内传播病原。猪场工作人员可能通过间接接触传播病原，为疾病传播提供了另一途径。因此，控制猪传染性胸膜肺炎的传播需要关注呼吸道传播机制，并采取有效的生物安全措施以减少病原体在猪群中的传播。

疾病在猪群中的传播主要与带菌猪的引入及慢性感染猪的存在有关。环境条件不佳及管理措施不当是促进该病发生与传播的关键因素，这些不利因素可导致发病率和死亡率的上升。疾病初次爆发时，猪群的发病率和病死率较高，但随着时间的推移，这些指标会逐渐降低。发病率的波动范围较大，从 8.5% 至 100% 不等，病死率也有相似的波动，介于 0.4% 至 100%。[①] 不良的卫生环境和恶劣的气候条件同样能够加剧疾病的发生。

（三）临床症状

本病的潜伏期受菌株毒力和感染剂量的影响。人工接种后，潜伏期可短至 1 小时，长至 12 小时；自然感染则可能在 1 至 2 天内显现症状，或延至 7 天。疾病的死亡率因菌株毒力和环境条件的不同而变化，通常较高。临床表现根据病程的速度和严重程度，可分为四种类型：最急性型、急性型、亚急性型和慢性型。每种类型的临床症状和病程有其特定的表现。

1. 最急性型

猪传染性胸膜肺炎的最急性型表现为少数仔猪突发高热，体温可超过 41.5℃，伴随精神沉郁和食欲丧失。临床初期，循环系统障碍显著，表现为耳朵、鼻子、腿部及体侧皮肤出现发绀的情况。随着病情的发展患猪出现呼吸困难，张口喘气，行为不安，常采取犬卧姿势。病情末期，

---

① 舒相华，宋春莲，尹革芬. 规模化猪场疾病防控 [M]. 昆明：云南科技出版社，2017：144.

口鼻可能流出带血的泡沫状分泌物。病程进展迅速，患猪多在 24 至 36小时内死亡。部分患猪可能因急性败血症而无预兆突然死亡。

2. 急性型

急性型表现为多头猪群体同时出现症状。感染猪只体温升高，精神萎靡，食欲下降或完全丧失。呼吸障碍症状显著，包括呼吸困难、咳嗽和张口呼吸。患猪常卧地不愿起立，呈蜷卧或蜷坐姿势，皮肤出现瘀血，颜色变为暗红。部分患猪鼻孔流出血色分泌物，污染鼻口周围皮肤。若能及时治疗，症状可迅速缓解，存活过 4 天的猪只可能逐步恢复或发展为慢性病程。慢性阶段体温不再升高，但会出现间歇性咳嗽，生长速度减慢。

3. 亚急性型和慢性型

在亚急性型和慢性型中表现出的症状较轻。感染个体可能出现低烧或无发热症状，伴有不同程度的间歇性咳嗽。食欲减退和生长延缓也是常见表征。在病程中，其他微生物如肺炎支原体和巴氏杆菌可能导致继发感染，这会加剧呼吸困难并可能提高致死率。

（四）诊断

该病症的诊断过程涉及多个步骤，包括临床症状观察、病理变化检查以及流行病学调查。临床症状可能包括呼吸困难、咳嗽和发热等，而病理变化则可能表现为胸膜和肺部的炎症。确诊该疾病需要通过细菌学检查，这通常涉及从支气管或鼻腔分泌物以及肺部病变组织中分离病原体。分离病原体是诊断的关键，因为它可以直接证明病原体的存在。但从陈旧病灶中分离病原体可能较为困难，因为随着病程的发展，活跃的病原体数量可能减少，使得检测变得不那么直接。在疫情初发地区，实验室检查是确诊的必要条件。实验室检测包括细菌培养、分子生物学方法如聚合酶链反应以及血清学方法。这些检测能够提供关于病原体种类和存在性的确凿信息，从而支持诊断结论。

（五）防治

适宜的饲养条件能够降低猪只的疾病发生率。维持良好的卫生状态，通过定期清洁和消毒设施，可以有效地减少病原体在猪群中的传播。通风换气是保持舍内空气质量的基本措施，有助于降低病原体浓度，减少猪只的呼吸系统疾病；营养管理对于猪只的健康同样重要。均衡的营养摄入有助于提高猪只的免疫力，减少疾病的发生。减少应激因素能够避免猪只免疫力下降，从而降低疾病的感染率。生物安全措施是防控传染病的关键。引进猪只时，必须确保来源于无病猪场，以防止带菌猪的引入。实施"全进全出"的饲养方式，能够有效隔离病原体，减少疾病在猪群间的传播。彻底清洁和消毒栏舍，并实施适当的空栏期，是确保彻底消除病原体的有效方法。

灭活疫苗的应用也是防控 App 的有效方法之一。灭活疫苗通过引入已失活的病原体，激发猪只的免疫系统产生针对该病原体的免疫应答，而不会引起疾病本身。疫苗接种程序通常在猪只 5 至 8 周龄时开始，此时接种第一剂疫苗，以建立初步的免疫屏障。值得注意的是，在首次接种后的 2 至 3 周要进行第二次接种，以强化免疫效果。这种分阶段的接种方法有助于提高疫苗诱导的免疫记忆，从而在猪只体内形成长期的保护。对于母猪，接种疫苗的时机则选择在预产期前 4 周。这样做的目的是通过母体免疫，提高母猪体内的抗体水平，这些抗体可以通过母乳传递给仔猪，为新生猪只提供早期的被动免疫保护。

在用药治疗方面，常用的抗生素包括青霉素、卡那霉素、土霉素、四环素、链霉素和磺胺类药物。治疗原则强调大剂量的肌肉或皮下注射，并需重复给药以确保疗效。具体用药剂量方面，青霉素的推荐剂量为每头猪每次 40 万至 100 万单位，每日 2 至 4 次注射。对于能正常采食的猪只，可在饲料中添加土霉素或磺胺类药物，推荐剂量为每千克饲料添加土霉素 0.6 克，连续使用 3 天。若连续数日使用同一药物后效果不佳，应考虑细菌可能产生了耐药性，此时需更换药物。可采用多种药物联合治疗，或使用庆大霉素，剂量为每千克体重 0.1ml，每日两次注射。同时，建议与青链霉素联合使用。土霉素 1 至 3 克可溶于 5% 氯化镁 10ml

中进行肌肉注射，每日或隔日一次。除此之外，可连续使用 10% 磺胺嘧啶钠 100ml 进行静脉注射，每日两次。

六、猪传染性萎缩性鼻炎

（一）病原

该病由支气管败血波氏杆菌 I 相菌和产毒素性多杀性巴氏杆菌共同作用引起。支气管败血波氏杆菌初期感染后会导致轻度的鼻炎症状，这一阶段的病变通常是可逆的。当多杀性巴氏杆菌的 D 型或 A 型菌株介入时，其产生的毒素会加剧病情，导致严重的鼻腔结构损伤，这种损伤往往是不可逆的，并且伴随着生长速度的减缓。

猪萎缩性鼻炎杆菌是一种革兰氏阴性菌，具有高度的传染性和侵袭性。在病理机制上，该细菌通过分泌多种毒素和酶，破坏鼻腔黏膜的完整性，进而引发炎症反应和组织损伤。长期的炎症反应会导致鼻腔软骨和骨骼结构的萎缩，进而影响猪只的生长发育和饲料转化率。

（二）流行病学

该病症能够感染不同年龄段的猪只，尤其在 2 至 5 月龄的幼猪中更为普遍。感染通常导致鼻腔结构的损伤，尤其是在仔猪早期感染时，可引起鼻甲骨的萎缩变形，影响猪只的呼吸功能。猪传染性萎缩性鼻炎的传播途径主要是通过飞沫和直接接触。病原体在上呼吸道的存在使得呼吸道传播成为主要的传播途径。感染后的猪只，无论是症状明显的病猪还是无症状的带菌猪，均可成为传染源。病原体的传播不仅限于猪只之间的直接接触，还包括通过昆虫、污染的物品以及饲养管理人员间接传播。环境因素在猪传染性萎缩性鼻炎的发生和发展中扮演重要角色。不良的饲养管理条件，如潮湿、寒冷、通风不良的猪舍环境，以及高密度饲养、缺乏运动空间等，均可加剧疾病的传播和病情的恶化。不均衡的饲料，特别是缺乏钙、磷等矿物质的饲料，也会降低猪只的抵抗力，从而增加疾病的易感性。

（三）临床症状

感染后的仔猪通常会表现出鼻炎的典型症状，包括频繁打喷嚏，这些症状可能是连续的或间歇性的。呼吸时伴随鼾声，表明呼吸道有明显阻塞。动物因鼻腔黏膜受到刺激而表现出不安，常见的行为包括用前肢搔抓鼻部，鼻端拱地，以及在围栏或食槽边缘摩擦鼻部，有时会因此留下血迹。鼻炎初期，从鼻部排出的分泌物通常为透明的黏液，随着病情发展，分泌物可能转变为黏液性或脓性物质，严重时甚至有血性分泌物出现，部分病例会出现不同程度的鼻出血。

病猪在鼻炎发作期间，眼结膜常见发炎现象，眼角泪水分泌增多，持续流泪。泪液与尘埃混合，在眼眶下方皮肤形成特有的半月形泪痕，呈现褐色或黑色斑痕，俗称"黑斑眼"。该症状为猪传染性萎缩性鼻炎的特征性表现。

在某些病例中，鼻炎的症状在数周后会自行缓解，不会引起鼻甲骨的萎缩。在大多数情况下，病情会进一步恶化，导致鼻甲骨萎缩。当鼻腔两侧受损程度相当时，鼻腔长度和直径会减小，导致鼻腔缩短，病猪的鼻子会变短并向上翘起。此外，鼻背皮肤会出现皱褶，下颌伸长，上下门齿错位，影响正常咬合。若病变主要发生在鼻腔的一侧，鼻子会向一侧歪斜，严重时可达 45°。鼻甲骨的萎缩还会影响额窦的正常发育，导致两眼之间的距离缩小，甚至改变头部外形。

（四）诊断

猪传染性萎缩性鼻炎的诊断依赖临床表现和病理检查。典型病例中，猪只会展现鼻甲骨的变形或扭曲，伴随不同程度的分泌物，并出现生长迟缓。这些临床特征足以支持初步诊断。但是，对于症状轻微或疫情不显著的情况，即使是经验丰富的诊断者也可能难以作出准确判断。尸体解剖是另一种有效的诊断手段。特别是对于 4 周龄以上死亡的猪或达到屠宰年龄的猪，通过在第一或第二白齿处将猪鼻横向锯开，观察鼻甲骨是否萎缩，可以提供诊断依据。为了增加诊断的准确性，建议对多患猪进行解剖检查。

通过细菌学进行诊断时，对于疑似此病的猪群，需检测鼻腔、鼻分泌物、扁桃体和肺中的病原体。采样应使用金属或弹性塑料杆、竹签等工具，这些工具末端附有棉签。在采样前，需固定猪只并清洁其鼻孔。采样时，棉签轻插鼻中，沿腹侧轻转动推进，注意避免损伤鼻甲骨。采集后的样本应迅速接种至鉴别培养基中，以便进行菌落形态观察、荧光检测以及后续的生化试验和菌体型鉴定。对于检测出的多杀巴氏杆菌，需进一步检测其产毒素能力。此过程可通过豚鼠接种实验，或采用ELISA、PCR等实验室技术完成。这些方法有助于确诊猪传染性萎缩性鼻炎，为后续治疗提供依据。

（五）防治

1.环境控制

适宜的环境控制，如保持猪舍干燥、清洁并避免过度拥挤，是预防该病传播的关键。对于无病猪场，应实施自繁自养策略，严格检疫新引进的猪只，执行兽医卫生规程，防止病猪或携带病原体的猪只引入。一旦猪群中出现病例，应立即将表现出临床症状的猪只淘汰，避免其参与繁殖。健康母猪应实行单独圈养，确保其与病猪群隔离。断奶的仔猪应筛选健康个体作为繁殖用猪，且不得与病猪接触。对于患病的仔猪和母猪，应采取育肥后宰杀的措施。在消毒方面，猪舍及器具应使用2%的氢氧化钠溶液或10%至20%的石灰乳进行彻底消毒，以消灭病原体。

2.药物治疗

广谱抗生素和磺胺嘧啶类药物是治疗此病的常用药物，通过口服和滴鼻的方式给药。磺胺药物在治疗猪传染性萎缩性鼻炎中显示出较好的效果，尤其是与抗菌增效剂联合使用时。四环素、土霉素、喹诺酮类药物也对此病有治疗效果。针对多杀性巴氏杆菌，青霉素、链霉素泰乐菌素、林可霉素、大观霉素、氨苄西林、阿莫西林、螺旋霉素等抗生素也显示出有效性。治疗时需考虑到耐药性的可能发展，合理使用抗生素以避免耐药性的产生。

現代猪病的诊断与防治探析

3.免疫接种

目前，有两种疫苗可用：Bb（I相菌）灭活油剂苗和Bb-Pm灭活油剂二联苗。对于常发猪群，建议在母猪产仔前6周到2周进行接种。此后，每次产仔前14天应再次接种，以确保仔猪通过初乳摄取母源抗体，获得持续至断奶期的保护。对于未经母猪免疫的仔猪，建议在1至3周龄时开始免疫，并在一周后进行第二次注射。研究表明，二联苗的效果更佳。[1] 要想完全控制猪传染性萎缩性鼻炎，需保持数年的连续免疫。

第五节　主要腹泻性传染病

一、猪痢疾

（一）病原

猪痢疾，学名为猪红细胞体病，是由猪痢疾杆菌引起的一种传染性疾病，主要影响猪的大肠，导致严重的黏液血性腹泻。该病原体属于螺旋体科，是一种强致病性的厌氧细菌，能在猪群中迅速传播。其病原体为猪痢疾短螺旋体，历史上曾有多种命名，包括猪痢疾密螺旋体和猪痢疾蛇形螺旋体。该病原体主要分布在猪的病变肠段黏膜、肠内容物及粪便中。短螺旋体结构特征为4至6个弯曲，两端尖锐，形态似缓慢旋转的螺丝线。在暗视野显微镜观察下，病原体显示出较为活跃的旋转运动，并以其长轴为中心。电子显微镜下可观察到细胞壁与外膜之间存在7至9条轴丝。[2] 猪痢疾短螺旋体不染革兰氏染色，但可用苯胺染料或姬姆萨染液进行有效着色。在组织切片中，采用镀银染色法能更清晰地显示病原体。

① 马盘河，安利民.现代猪病诊断与防治技术[M].郑州：中原农民出版社，2019：203.

② 王茂森，郭健，逯春香.兽医传染病学研究[M].银川：宁夏人民出版社，2020：231.

（二）流行病学

猪痢疾是一种仅影响猪类的传染病。该疾病对各年龄段和品种的猪均具有感染性，尤其在 7 至 12 周龄的幼猪中更为常见。发病率大约为75%，而病死率在 5% 至 25% 之间。幼猪相较成年猪展现出更高的发病率和病死率。

病原体的主要传播源为病猪或携带病原体的猪，这些猪在康复后仍可能长期排出病原体。病原体通过粪便排出，进而污染环境、饲料和饮水。人员、工具和运输工具也可能成为病原体的携带者，促进病原体的传播。犬和鸟类也能通过口部摄入病原体，并在一定时间内通过粪便排出。昆虫（如苍蝇）和啮齿类动物（如小鼠）也能携带并传播病原体。极端天气等环境因素和不良的卫生条件，亦可能触发猪痢疾的发生。其流行特点不受季节变化影响。疾病传播过程通常缓慢，一旦发生，可能持续时间较长，并有可能多次复发。疫情通常起始于单一猪舍内的少数个体，随后逐步向周围猪只扩散。在大规模猪群中，若治疗措施延迟，疾病可能持续数月，且根除难度大。

（三）临床症状

临床表现通常包括精神状态沉郁和消化系统异常。具体而言，患病猪只常表现出腹泻症状，粪便颜色变化多样，可能为黄色或灰色，呈糊状，有时伴有黏液和血液。在病情严重的情况下，粪便可能转变为灰白色或血色，并含有坏死组织的碎片，呈水样稀释状态。虽然此病导致死亡的比例不高，但严重影响猪只的生长速度，导致生长迟缓。

（四）诊断

猪痢疾的诊断是一个综合性过程，涉及临床表现、病史、病理变化及实验室检测等多个方面。

诊断首要步骤为详细病史的收集，包括疫情发生的群体、年龄分布、病情发展的速度与范围。紧接着，观察猪只的临床症状，如是否存在血便、黏液便或腹泻。这些症状虽然提示性强，但并非特异性，需要进一步的实验室检测来辅助确认。

病理学检查是诊断的关键环节，通过对死亡猪只的解剖，观察肠道病变，如典型的黏膜出血、溃疡或假膜形成。显微镜下的组织病理学检查可揭示特定的病变，如隐窝深部的炎症细胞浸润。

实验室检测方法包括细菌培养、PCR 技术等，用以直接检测病原体或其 DNA。细菌培养需在特定的培养基上进行，而 PCR 技术则能提供更快速、更敏感的检测结果。

（五）防治

猪痢疾的防治策略需遵循严格的生物安全措施。首要策略包括禁止从疫区引进种猪，以及对引进的带菌猪进行至少一个月的隔离观察。在病症出现的无病猪场，推荐的做法是淘汰所有病猪，执行彻底的清扫和消毒程序。建议猪场空置两至三个月，对粪便进行 1% 氢氧化钠液消毒处理，并使用 1% 来苏儿对猪舍进行消毒。虽然目前尚无有效疫苗，但对于已患病的猪只，应给予包括乌梅、黄连等中草药在内的治疗药物。治疗方案为将上述草药粉碎成细末，用开水冲调后温服，大猪每日一次，连续三天。此治疗方法旨在缓解病症，减少疾病传播。

二、猪轮状病毒病

（一）病原

猪轮状病毒病是由轮状病毒引起的一种传染性胃肠炎，主要影响幼猪。轮状病毒属于呼肠孤病毒科，轮状病毒属，具有多个衣壳抗原，其中 VP6 是确定病毒群特异性的关键抗原。基于中和试验的结果，轮状病毒可被分类为 A 至 E 五个种（群），以及另外两个暂定种（群）F 和 G。A 群轮状病毒被视为典型轮状病毒，而其他群则被称为非典型轮状病毒或副轮状病毒。在猪中，A、B、C 和 E 群轮状病毒是已知的病原体，而 D、F 和 G 群则主要影响禽类。轮状病毒感染导致的病症通常表现为腹泻，这对幼猪的健康和生长造成严重影响。

（二）流行病学

猪轮状病毒病是一种影响各年龄段猪只的传染性疾病，尤其在 8 周龄以下仔猪中的发病率极高，可达 90% 至 100%。该病主要由病猪及无症状带原猪通过消化道排泄物传播，粪便污染的饲料、饮水和使用工具成为传播媒介。猪轮状病毒病的发生有季节性特点，晚秋、冬季以及早春的寒冷天气条件下发病率增高。环境因素如低温、湿度、卫生条件不佳、饲料营养缺乏以及其他病原体的共同影响，均可加剧疾病的传播和发生。

（三）临床症状

仔猪精神萎靡，吮吸能力下降。感染后的猪只会排出特征性的糊状或水样粪便，这些粪便通常呈白色或灰白色，并含有絮状物质，伴有明显的腥臭味。病程中，部分猪只可能出现呕吐现象。腹泻一般持续 3 至 5 天，之后病情会逐步好转。新生仔猪若未能及时吮食初乳，其受到的危害极大，因为初乳中含有母猪提供的抗体，对新生仔猪至关重要。未吮食初乳的新生仔猪感染轮状病毒后，病死率可达 100%。相比之下，10 至 20 日龄的哺乳仔猪症状较轻，通常在 2 至 3 天内可自行康复，致死率相对较低。成年猪和种猪可能不表现出明显的症状，但可以成为病毒的携带者，通过粪便排出病毒，成为疾病传播的隐性源头。

（四）诊断

诊断猪轮状病毒病通常依赖于临床表现、流行病学史、病理变化和实验室检测结果的综合评估。

临床表现上，感染猪只通常表现为急性起病的水样腹泻，伴有呕吐和食欲减退。幼猪是最易感的群体，特别是断奶后的仔猪。流行病学调查中，需关注疾病的发生时间、地点和影响的猪群规模，以及疾病的传播速度和范围。病理学检查可见，感染轮状病毒的猪只小肠黏膜出现萎缩，绒毛高度减少，这是由于病毒直接破坏小肠上皮细胞所致。小肠内容物中可能出现大量的轮状病毒颗粒。实验室检测是确诊猪轮状病毒病的关键。常用的检测方法包括电子显微镜检查、聚合酶链反应（PCR）、酶联免疫吸附试验（ELISA）等。电子显微镜可以直接观察到病毒颗粒，但此方法成本较高，操作复杂。PCR技术能够检测到病毒的遗传物质，具有高度的特异性和灵敏性。ELISA则是通过检测猪只血清中的特异性抗体或病毒抗原来诊断是否感染了病毒。

（五）防治

在疫苗接种方面，轮状病毒油佐剂灭活苗和猪轮状病毒弱毒双价苗的使用，为控制疾病提供了有力的工具。疫苗通过激活猪只的免疫系统，使其产生针对轮状病毒的特异性抗体，从而在病毒暴露时减少或避免疾病的发生。母猪在分娩前接种疫苗，可以通过初乳将抗体传递给新生仔猪，为仔猪提供早期的被动免疫保护。疫苗接种的时机和剂量需要精确控制。怀孕母猪在临产前30天接种油佐剂苗，可以确保在分娩时母猪体内有足够的抗体水平。仔猪在生后7日和21日接种，有助于在母源抗体消退前建立自身的免疫防御。弱毒苗的接种则在临产前5周和2周进行，以确保母猪和仔猪在关键时期获得免疫保护。饲养管理的优化也是预防猪轮状病毒病的关键举措。通过改善饲养环境，控制温度和湿度，确保良好的通风条件，可以显著降低病毒的存活率和传播风险。合理的饲料配比和喂养程序能够增强猪只的整体健康状况和抵抗力，从而降低疾病的发生。兽医防疫措施的严格执行对于控制猪轮状病毒病的流行同样至关重要。定期的疫病监测，及时隔离病猪，以及病区的彻底消毒，都是防止病毒传播的有效方法。对养殖人员进行教育，提高其对疾病的防控意识和能力，也是防疫工作不可或缺的一环。

该病毒无特效治疗药物，治疗策略的核心在于迅速识别病症并立即停止喂乳，以减少病原体的摄入和繁殖。停乳后，应立即以葡萄糖盐水或复方葡萄糖溶液补充流失的液体和电解质，这种溶液通过口服给予，能够有效地对抗由腹泻引起的脱水和电解质不平衡。葡萄糖在此处起到提供能量的作用，而氯化钠、甘氨酸、柠檬酸及其盐类则有助于维持猪只体液的酸碱平衡和电解质稳定。对症治疗方面，收敛止泻剂的使用可以减少肠道分泌，降低腹泻的严重程度。抗菌药物的合理应用旨在预防或控制可能的继发细菌性感染，这是由于轮状病毒感染可能会损伤肠黏膜，从而为细菌性病原体提供了侵入的途径。

三、猪大肠杆菌病

（一）病原

猪大肠杆菌病是由大肠杆菌引起的一种动物疾病，主要影响猪只，尤其是仔猪。该病原体属于革兰氏阴性杆菌，存在于动物的肠道中，是正常菌群的一部分。在特定条件下，某些毒力较强的株系可以引发疾病。病原体的致病机制涉及多种因素。毒力因子包括黏附素、外毒素和内毒素等，这些因子使得病原体能够附着在宿主细胞上，破坏宿主组织，抑制宿主免疫反应，并通过产生毒素来损害宿主。某些大肠杆菌株产生的肠毒素可以引起肠道细胞损伤，导致腹泻。

（二）流行病学

病原体的传播途径主要是通过带菌母猪及病仔猪排出的粪便。粪便中的病原体污染母猪皮肤和奶头，再通过消化道传播给健康仔猪。环境因素在猪大肠杆菌病的流行中起着重要作用。不佳的饲养管理、猪舍卫生条件差、潮湿的环境以及气候的剧烈变化均可增加病发风险。仔猪保温措施不当也是引起疾病的一个重要因素，因为温度的波动会影响仔猪的免疫力，使其更容易感染病原体。营养不足也是导致猪大肠杆菌病发生的一个关键因素。饲料中矿物质和维生素的缺乏，尤其是硒、B族维生素和维生素E，会削弱猪群的整体健康状况和抵抗力。这些营养素对于维持正常的生理功能和增强免疫系统至关重要。

（三）临床症状

该病根据临床症状的不同，可分为黄痢和白痢两种形式。黄痢主要影响1周龄以内的仔猪，而白痢则多发于10至30日龄的仔猪，均以腹泻为主要症状，但其严重程度和后果存在差异。

黄痢的临床症状是仔猪排出黄色或黄绿色的稀粪，粪便中常见凝乳片和小气泡，伴有腥臭味。这种类型的腹泻导致仔猪迅速出现消瘦、脱水症状，并可能迅速死亡。黄痢的死亡率较高，有时可超过 50%。相比之下，白痢的临床症状相对较轻，仔猪排出白色或黄白色的稀粪，干燥后转变为瓷白色。尽管白痢不会引起猪只体温和食欲的显著变化，但可观察到患病仔猪皮毛粗糙，生长发育受阻。值得注意的是，经过适当治疗，大多数患有白痢的仔猪能够恢复正常，死亡率相对较低。

（四）诊断

猪大肠杆菌病的诊断依赖于临床表现、细菌培养和分子生物学检测等多种方法的综合评估。该病通常影响幼猪，表现为腹泻、脱水和生长迟缓等症状。

临床表现是诊断猪大肠杆菌病的初步依据。猪大肠杆菌病的典型症状包括急性或慢性腹泻，幼猪可能出现黄色或白色的稀便。在急性病例中，腹泻可能会导致猪只快速脱水和电解质失衡，如未及时治疗可能迅速致死。细菌培养是确诊的关键步骤。从患病猪的粪便或肠内容物中分离出的病原体，通过在特定培养基上的生长特性，可以初步判断为大肠杆菌。由于大肠杆菌属于正常肠道菌群，因此必须通过生化试验和血清型鉴定来确认病原菌的致病性。分子生物学检测，如聚合酶链反应（PCR），可以检测特定的致病基因，如毒力因子基因。这种方法的灵敏度和特异性较高，能够快速准确地诊断出猪大肠杆菌病。

（五）防治

疫苗接种作为一种预防手段，通过在产前对母猪进行规划的免疫程序，能够有效提高初乳中的母源抗体浓度。具体来说，母猪在分娩前 30 天及 15 天接种大肠杆菌 K_{88}、K_{99}、987P 三价灭活疫苗或 K_{88}、K_{99} 双价基因工程疫苗，能显著减少仔猪黄痢、白痢的发生率。此外，确保母猪在产前及产后获得适宜的饲养管理，对于防止乳腺炎、子宫内膜炎综合征的发生至关重要，这些疾病会影响初乳的质量与供应，进而影响仔猪的健康。做好猪场的环境控制同样是预防疾病的重要方面。分娩舍的温度与湿度调控，避免极端条件，对于维持仔猪的健康状态具有显著作用。

保温和防潮措施能够减少病原体的生存与传播，降低仔猪感染疾病的风险。

治疗此类疾病的药物种类繁多，包括抗生素、磺胺类药物、干扰素、补液盐、收敛止泻药、助消化药及微生态制剂等。治疗策略通常依据病原体的敏感性来选择合适的药物，以提升治疗效果，减少经济损失，并降低猪只死亡率。在口服药物方面，烟酸诺氟沙星、恩诺沙星、土霉素、盐酸小檗碱、硫酸新霉素等被广泛应用。这些药物通过口服的方式进入猪只体内，对抗病原体，减轻症状。肌内注射药物如烟酸诺氟沙星、乳酸环丙沙星等，则通过注射直接进入血液循环，快速发挥作用，适用于病情较重的猪只。在选择药物时，药敏试验是关键步骤。通过此试验，可以筛选出对特定病原体有高效作用的药物，从而确保治疗的针对性和有效性。合理使用抗生素和其他药物对于防止药物抗性的产生和传播具有重要意义。

四、猪流行性腹泻

（一）病原

猪流行性腹泻（PED）是由猪流行性腹泻病毒（PEDV）引起的一种高度传染性疾病，主要影响猪的小肠，导致急性腹泻、呕吐、水分丢失和高死亡率，尤其是在仔猪中。PEDV属于冠状病毒科，是一种单股正链 RNA 病毒，具有包膜，其基因组结构与其他冠状病毒类似，包含多个开放阅读框架，编码病毒复制和结构蛋白。

（二）流行病学

PED 的发病不分年龄，从哺乳仔猪到成年猪都可能感染，但不同年龄段的猪发病率和死亡率存在显著差异。哺乳仔猪因免疫系统未完全发育，对 PEDV 的抵抗力较弱，因此发病率和死亡率极高。相比之下，成年猪的发病率和死亡率则因个体差异和免疫状态而有较大波动。季节性是 PED 发生的一个重要特征。冬季和初春，即 12 月至次年 4 月，是 PED 发病的高峰期，这可能与冬季低温条件下病毒的存活能力增强有关。

夏季高温可能会抑制病毒的活性，从而减少疾病的发生。在 PED 初次爆发的 1 至 2 年内，疾病往往会在当地呈现流行状态，尤其是对 5 至 8 周龄的断奶仔猪和新引进的猪只。哺乳仔猪在母体抗体的保护下，发病率较低。断奶后，这些仔猪会失去来自母猪的抗体保护，易于感染 PEDV，导致发病率上升。

（三）临床症状

病程初期，感染猪只可能表现出轻微的体温升高或保持正常水平，但行为上显得萎靡不振，食欲下降。随着疾病的进展，猪只会出现水样便，颜色多为灰黄或灰色，进食或哺乳后部分猪只可能出现呕吐现象。PED 对不同年龄段的猪只影响程度不同。特别是在一周岁以下的仔猪中，腹泻发生后 2 至 4 天内，由于严重脱水造成的死亡率可高达 50%。新生仔猪若立即感染 PED，其死亡率将更高。相比之下，断奶猪、肥育猪和成年母猪虽然也会经历 4 至 7 天的持续腹泻，但大多数能逐渐恢复至正常状态。[①] 成年猪则主要表现为呕吐和食欲缺乏。

（四）诊断

诊断猪流行性腹泻需综合临床表现、流行病学史、病理变化和实验室检测结果。临床上，感染 PEDV 的猪只表现为发病快，并伴有水样腹泻、呕吐、食欲减退、体重下降、脱水和电解质失衡的症状。幼猪感染后死亡率可达 100%。流行病学调查中，需注意疫情的地理分布、猪群的年龄结构、疫情的季节性分布以及疫情的发展速度。病理学检查通常显示小肠黏膜损伤和绒毛萎缩，这会导致营养吸收不良和腹泻。实验室诊断方法包括病毒分离、电子显微镜观察、RT-PCR、ELISA 等。病毒分离是确诊的"金标准"，但操作复杂，耗时较长。电子显微镜可以直接观察到病毒颗粒，但需要专业设备和技术人员。RT-PCR 技术具有高度的敏感性和特异性，可用于直接检测猪粪便、肠内容物或组织样本中的

---

① 舒相华，宋春莲，尹革芬.规模化猪场疾病防控[M].昆明：云南科技出版社，2017：93.

病毒 RNA。ELISA 可用于检测血清中的特异性抗体，但可能受到疫苗接种的影响。

（五）防治

市场上已推出的 PED 商品化疫苗为防控此病提供了工具。疫苗接种通常在母猪产前 4 周和 2 周进行，以确保母猪能够通过胎盘传递免疫力给仔猪。注射疫苗通常选择后海穴（交巢穴）这一部位，因其被认为能够提高疫苗的效果。考虑 PEDV 是肠道病毒，黏膜免疫在防御病毒过程中扮演了不可或缺的角色。口服疫苗能够刺激机体产生免疫球蛋白 A（IgA）和分泌型免疫球蛋白 A（sIgA），这些是黏膜免疫的关键成分，能在肠道黏膜表面形成保护层，对抗病毒。除了疫苗接种，生物安全措施对于控制 PEDV 的传播也至关重要。病毒的存在要求猪场采取严格的消毒措施，包括对进入猪场的车辆和物资进行彻底消毒，确保进场人员经过严格的消毒和隔离程序。对引进的后备猪进行细致的检测，以防止病毒的引入和传播。

治疗 PED 的主要目标是维持猪只的水电解质平衡和防止继发细菌感染。口服补液盐是治疗腹泻猪只的基础措施，能够有效补充因腹泻而流失的水分和电解质。土霉素碱和诺氟沙星这类抗生素的使用，可以帮助控制可能的继发细菌感染，减少病情的恶化。在预防方面，人工感染怀孕母猪的做法是基于"自然免疫"的原理。通过接触病猪粪便或小肠内容物，母猪在分娩前产生乳源抗体，这些抗体可以通过初乳传递给仔猪，从而提供早期的免疫保护，减少疾病的发生率。白细胞干扰素的使用是基于其抗病毒活性，能够增强宿主的免疫反应，帮助猪只抵抗病毒感染。而盐酸山莨菪碱的注射则是为了缓解猪只的痉挛症状，减轻病情。

五、猪传染性胃肠炎

（一）病原

猪传染性胃肠炎是由猪传染性胃肠炎病毒引起的一种急性、高度接触性肠道传染病。该病毒属于冠状病毒科，冠状病毒属。该病毒感染后可导致猪只出现急性肠道症状，并具有高度的传染性。病毒粒子的直径范围为 90 至 200 纳米，形态多样，可为圆形或椭圆形，外围包裹有囊膜。囊膜的主要成分是脂质双层，其上附着的纤突结构大而稀疏，为病毒粒子提供了识别宿主细胞受体的能力。病毒的结构蛋白主要包括纤突（S）蛋白、小膜蛋白（sM）、膜内蛋白（M）以及核衣壳（N）蛋白。纤突（S）蛋白负责与宿主细胞表面的受体结合，是病毒进入宿主细胞的关键因素。该蛋白质的棒状结构突出于病毒粒子表面，是形成病毒特征性"冠状"外观的主要因素。核衣壳（N）蛋白呈螺旋形结构，与 RNA 结合形成核蛋白复合体，是病毒复制过程中的关键组成部分。

（二）流行病学

该病对不同年龄段的猪具有普遍的易感性。特别是在 15 日龄以下的仔猪中，该病的发病率和死亡率极高，可能达到 100%。怀孕母猪在感染后往往表现出较为严重的症状，而断奶仔猪和成年猪的症状相对较轻，多数情况下能在大约 7 天内恢复健康。病毒的传播途径多样，包括粪便、乳汁、鼻分泌物、呕吐物以及呼出的气体，这些排泄物和分泌物通过污染饲料、饮水、用具及空气等途径传播病毒。因此，环境卫生管理对于控制此病的传播至关重要。病猪在康复后仍可能成为病毒的携带者，带毒时间一般为 2 至 8 周，但在某些情况下，这一期限可延长至 104 天。长时间的病毒携带状态增加了疾病传播的风险，对猪群健康构成持续威胁。

该病在冬春季节，即每年 12 月至次年 4 月期间，发病率显著上升，而在夏季则较为罕见。这种季节性发病模式可能与猪只所处的环境温度、湿度以及猪群密度等多种因素有关。在疫情初发的新疫区，猪传染性胃肠炎呈现出高度流行性，感染几乎波及所有猪只。该病对幼猪有着致命威胁。对于断奶仔猪和成年猪，症状相对较轻，且多数猪只能够经历良性过程并获得主动免疫。在疫情较为稳定的老疫区，猪传染性胃肠炎的流行呈现地方性或间歇性特点。由于病原体和携带者的持续存在，感染过该病的母猪能够维持 9 个月至 3 年的免疫力。母猪通过初乳传递给仔猪的抗体能够有效降低哺乳仔猪的发病率和死亡率。一旦断奶，仔猪体内的母源抗体水平便会下降或消失，它们便重新变得易感，从而可能导致疾病的再次发生。

（三）临床症状

该病症的临床表现多样，但主要症状包括突发性呕吐和水样腹泻。哺乳仔猪在发病后 2 至 7 天内死亡的比例极高，5 日龄内的仔猪病死率可达 95% 至 100%。即便在育肥猪中，该病的发病率最高可达 100%，表现为急性发病，伴随着水样腹泻和食欲减退。病猪的粪便颜色变化，可能呈现灰色或茶褐色，并含有未完全消化的食物残渣。病程一般持续 5 至 7 天，在腹泻的初期，极少数猪会出现呕吐现象。成年猪虽然感染同样的病原，但大多数不会出现临床症状，仅有部分个体会出现轻度腹泻或偶尔软便，这对其体重增长并无显著影响。这种差异可能与成猪相对成熟的免疫系统有关，能够在一定程度上抵御病毒的侵袭。

（四）诊断

其诊断需综合临床表现、病理变化、实验室检测等多方面信息。该疾病通常表现为急性、亚急性或慢性腹泻，尤其是仔猪感染后，可导致脱水、电解质失衡及营养吸收不良。

诊断过程首要考虑临床症状。猪只可能出现呕吐、食欲减退、体重下降等症状。幼猪感染后，病情进展迅速，致死率较高。成猪虽然症状较轻，但仍可造成经济损失，因为它们的生长速度和繁殖效率可能受到影响。病理学检查是诊断的关键环节。典型的病理变化包括胃肠道黏膜的炎症、出血和溃疡。在某些情况下，还可能观察到淋巴结肿大和肠壁增厚。实验室检测对确诊病因至关重要。常用的检测方法包括病毒分离、PCR（聚合酶链反应）和 ELISA（酶联免疫吸附试验）。病毒分离可以直接从病变组织中分离病原体。PCR 技术用于检测病毒的遗传物质，其灵敏度和特异性较高。ELISA 则用于检测血清中的特异性抗体，有助于评估猪只的免疫状态。

（五）防治

在防控猪传染性胃肠炎方面，检疫措施的严格执行显得尤为重要。该疾病的防控策略需避免潜在病源的引入，对于新引进的猪只，必须确保其来自血清学检测结果为阴性的养殖场。此外，新引进的猪只应进行至少两至四周的隔离观察，以确保其健康状态无异常后才能与原群体混合。猪场的生物安全管理同样关键，需对人员和车辆的进入进行严格控制，以防止病原体的携带和传播。此外，应采取措施防止猫、犬等可能携带病原的动物侵入养殖区域。

免疫接种是预防猪传染性胃肠炎的有效手段。目前，中国养殖业普遍接种的是预防猪传染性胃肠炎与流行性腹泻的二联灭活疫苗。该疫苗通过后海穴注射，能在接种后 14 天内激发免疫反应，维持免疫力长达六个月。为了应对流行季节，建议对全群猪只进行二联疫苗的接种。对于种猪，接种时间应安排在分娩前 30 至 60 天进行，以确保母猪及其后代在分娩时具有充分的免疫保护。后备母猪则应在分娩前 40 天及 20 天分别进行接种。至于仔猪，建议在断奶后 7 天进行一次接种，以建立初步的免疫防线。

该病一旦发生，迅速采取有效的防控措施对于遏制疾病的扩散至关重要。隔离病猪是初始且基本的步骤，能够有效阻断病原体的传播途径。清理圈内杂物并进行发酵处理不仅能够减少病原体的生存环境，同时也有助于降低环境中的病原体负荷。圈舍及其设施的消毒是防治工作中的另一关键环节。使用合适的消毒剂对饮水系统、饲喂器具、饲槽以及场地进行彻底消毒，可以大幅度减少病原体在环境中的存活率，从而降低疾病传播的风险。此外，对于怀孕母猪的管理措施需根据其分娩时间的远近来定制。对于即将在两周后分娩的母猪，接种疫苗是一种很好的预防策略，能够在母猪体内激发免疫反应，进而通过初乳传递给仔猪，为新生仔猪提供初期的免疫保护。对于两周内即将分娩的母猪，由于时间紧迫，疫苗接种可能无法在分娩前激发足够的免疫力，因此提供单独的圈舍并采取其他适当措施显得尤为重要。这些措施包括但不限于保持圈舍的清洁卫生、确保饲料和水源的安全以及限制人员和其他动物的接触，从而最大限度地减少母猪感染的可能性。

由于缺乏特效治疗药物，防治策略主要集中在对症处理和预防继发感染上。治疗中，暂停或减少饲料的供给，确保猪只能够摄入清洁的饮水和易于消化的饲料，对于维持生理机能和防止脱水至关重要。口服补液盐的添加，能够有效补充因腹泻而流失的电解质和水分，而电解多维和植物血凝素（或黄芪多糖）的使用，则有助于增强猪只的抵抗力。在预防继发感染方面，选择性使用抗生素是常见的做法。庆大霉素、氟苯尼考、环丙沙星和黏杆菌素等抗生素，可以有效预防由细菌引起的次级感染。抗生素的使用需要严格控制，以避免产生抗药性和残留问题。对于哺乳仔猪，高免血清或康复猪的抗凝血皮下注射，可以提供被动免疫，从而在一定程度上减轻病情。此外，通过灌服或腹腔注射的方式纠正脱水，是处理急性腹泻时的紧急措施。

在饲养管理上，每吨饮水中添加 15 公斤口服补液盐，300 克植物血凝素（或黄芪多糖），以及 200 克氟苯尼考（或 100 克庆大霉素、300 克环丙沙星、200 克黏杆菌素），可以让猪只自由饮用，以此来预防猪只脱水和维持其体内电解质平衡。饲料中加入 5000 克藿香正气散和 3000 克益生素，可以促进猪只的健康和增强抵抗力。这些措施通常需要连续执行 5 至 7 天。

对于腹泻严重的病例，山莨菪碱与维生素 B 的肌肉注射是常见的治疗方法。山莨菪碱具有抗胆碱能作用，能够减少肠道蠕动，从而减轻腹泻症状。维生素 B 则参与多种代谢过程，有助于恢复肠道功能。继发感染导致体温升高时，抗生素的选择至关重要。庆大霉素、氟苯尼考和环丙沙星等抗生素通过肌肉注射给药，能有效对抗细菌感染。这些抗生素具有广谱的抗菌活性，能够抑制多种细菌的生长，减轻感染症状。严重脱水的猪只需要及时补充液体和电解质。葡萄糖生理盐水和 5% 碳酸氢钠注射液通过静脉给药，能迅速补充流失的液体和电解质，维持生命体征。三磷酸腺苷、维生素 C 和维生素 B 的补充，有助于提供能量，增强机体抵抗力，促进恢复。对于脱水严重的仔猪，腹腔注射是另一种补液方式。这种方法可以迅速补充体内的水分，但操作需要谨慎，以避免可能的并发症。口服补液盐的灌服是治疗脱水的另一种选择，通过口服可以直接补充肠道所需的水分和盐分。在使用口服补液盐的同时，辅以维生素 B 和维生素 C，能够提高治疗效果，添加盐酸山莨菪碱和鞣酸蛋白，能够进一步帮助缓解肠道炎症，减少腹泻。

第四章 现代猪病诊断：临床检查

第一节 临床检查方法与步骤

一、临床检查方法

相较于实验室诊断而言，临床检查是一种能够快速辨别猪只疾病类型及病因的诊断方式，有助于养猪户及时制定出针对性的治疗方案，遏制疾病的进一步恶化与传播。对猪只的疾病进行临床检查的方法较为多样，望、闻、问、触是经常使用的临床诊断方法，在实际生活中，应将四种方法结合使用，以便能够对猪只的病情有更为全面的了解，进而确保治疗方法的针对性与正确性。

（一）望

望，即看，通过肉眼"看"的方式对病猪与猪群的状态进行局部与整体的观察。望诊主要包括对病猪的精神观察、形态观察、粪便观察、食欲观察以及呼吸观察。

1. 精神观察

健康的猪通常表现出活跃的精神状态，警觉性高，对周围环境有好奇心。相反，患病的猪往往精神萎靡，行为迟缓，表现出明显的不适症状。在精神观察中，目光呆滞是猪感染疾病的常见征兆之一。健康猪的眼神通常清晰、有神，而患病猪的眼神则显得无光、空洞。耳朵和尾巴的活动也是健康指标。正常情况下，猪会频繁扇动耳朵，以驱赶昆虫或表达其情绪状态；尾巴摇摆则是其感到舒适和满足的表现。病态的猪则往往耳朵下垂，尾巴松弛，缺乏活力。社交行为的变化也是诊断疾病的关键。健康猪喜欢群居，而患病猪则倾向独处，常常蜷卧在猪栏的角落，避免与同伴接触。

2. 形态观察

望形态，特指对猪只体型、姿态和行为等外在形态特征的观察，以此来推断可能的疾病。在观察猪只的形态时，需细致评估其体型是否正常，体表是否完整，皮毛是否光滑。体型的异常可能提示营养不良或消化吸收问题，如猪只出现消瘦，可能与消化系统疾病或寄生虫感染有关。皮肤病变，如红斑、丘疹或脱毛，可能是皮肤病或猪瘟等全身性疾病的外在表现。皮毛的光泽丧失可能与营养不良、内分泌失调或长期慢性疾病有关。姿态的观察同样重要。猪只是否能够自由行动，行动是否协调，是否有跛行或不愿移动的表现，都是诊断的重要线索。例如，跛行可能与关节炎、蹄部疾病或创伤有关；而不愿移动可能与系统性疾病、疼痛或神经系统疾病相关。行为的改变往往是疾病早期的敏感指标。猪只是否有食欲，是否表现出攻击性或异常的社交行为，是否有摇头、磨牙等异常行为，都可能是健康问题的信号。食欲减退可能与消化系统疾病、全身性感染或精神压力有关；攻击性增强可能与疼痛、恐惧或神经系统疾病有关；摇头或磨牙可能与耳病、牙病或消化不良相关。

3. 皮肤观察

皮肤的色泽、湿度、弹性和完整性是评估猪健康状况的关键指标。正常情况下，猪的皮肤应呈现出自然的粉红色，有一定的湿润度和良好的弹性。皮肤的异常变化往往预示着潜在的健康问题。例如，猪的皮肤苍白可能是其贫血或循环不良的信号。皮肤出现红斑、丘疹或疹子，可能表明猪只正遭受寄生虫感染、皮肤病或过敏反应。瘀点或瘀斑的出现可能与凝血机制障碍或外部创伤有关。皮肤的干燥和脱屑可能是营养不良、代谢障碍或内分泌问题的外在表现。在观察过程中，特别需要注意皮肤上的伤口、疤痕或异物穿刺点，这些往往是细菌或病毒感染的入口。

4. 粪便观察

粪便的形态、颜色、气味、质地及其中是否含有血液、黏液或寄生虫等，都是诊断的关键指标。粪便形态的改变可直接指示消化系统的异常。例如，水样粪便常见于猪瘟、猪流行性腹泻等病毒性疾病，而稀薄泡沫状粪便可能是猪丹毒或沙门氏菌感染的迹象。粪便中的血液可能表明猪只患有猪细小病毒感染或是猪出血性大肠杆菌感染，这些病症通常会导致消化道出血。颜色的变化也能提供疾病信息。深色粪便可能与出血性疾病相关，而黄色或黄绿色粪便可能与轮状病毒感染有关。粪便中的白色点块可能是猪球虫病的标志，而粪便的异常气味可能是消化不良或特定感染的结果。质地的改变同样重要。粪便过硬可能是因为猪只脱水或摄入的纤维过多，而粪便过软则可能是消化不良或感染寄生虫的迹象。黏液的存在通常与肠道炎症有关，而粪便中的寄生虫则直接指示了寄生虫病的存在。

5. 食欲观察

食欲观察作为"望"的一部分，是判断猪只健康状况的重要指标，食欲的变化往往预示着潜在的疾病或不适。食欲减退或厌食是多种猪病的共同临床表现。例如，猪瘟、蓝耳病、猪丹毒等疾病均可导致猪只食欲下降。在观察过程中，需详细记录猪只对食物的兴趣程度，食物摄入量的多少，以及进食行为的变化。健康的猪只通常表现出积极的进食行为，而食欲减退可能表现为对食物漠不关心，或是仅摄入少量食物。食欲的观察不仅限于是否进食，还包括进食的方式。猪只在进食时表现出的犹豫、频繁停止和重新开始进食等行为，可能是口腔疾病或其他消化系统疾病的迹象。食欲的突然改变，如突然的暴食，可能与内分泌紊乱或神经系统疾病相关。

6. 呼吸观察

健康猪的呼吸频率通常维持在每分钟 10 至 20 次，展现出胸腹部的和谐起伏与均匀节奏。这种呼吸模式反映了呼吸系统的正常功能。呼吸频率的增加往往与急性发热性疾病相关。例如，当猪只受到感染性疾病的侵袭时，体温升高，代谢率加快，从而导致呼吸频率上升以满足更多的氧气需求和二氧化碳排出的需要。呼吸模式的改变也能反映特定的病理状态。腹式呼吸的显著性通常与下呼吸道疾病相关，如猪喘气病和猪肺疫。这些疾病影响肺部的气体交换能力，导致猪只需通过增强腹部肌肉的运动来促进呼吸。相对地，胸式呼吸的明显性可能与猪瘟等疾病相关，这种疾病影响了猪只的整体健康状况，包括呼吸系统。猪瘟会导致多系统的病变，包括呼吸系统的损害，从而改变呼吸模式。

（二）闻

闻诊通过倾听和嗅觉来收集疾病信息，涉及对猪只叫声和粪便气味的分辨。叫声分析是闻诊中的重要组成部分。健康猪的叫声通常长且响亮，表明其生理状态良好。相反，短而无力的叫声往往预示着潜在的健康问题。例如，呼吸系统感染可能导致猪只出现喘息、咳嗽或喷嚏，而消化系统疾病可能导致呕吐声出现。特别是当猪只的叫声嘶哑或无力，甚至无法发声时，通常表明病情严重，需立即采取治疗措施。粪便气味的分辨也是闻诊的关键部分。正常情况下，猪粪的气味应该是比较中性的。若粪便散发出腥臭味，可能是感染痢疾的迹象，这是一种由细菌或寄生虫引起的肠道疾病。而酸臭味则可能指向消化不良性泄泻，这种情况可能由饲料不当或消化酶缺乏引起。

（三）问

临床检查方法的核心在于详细询问，以获取疾病的全面信息。询问过程关注疾病的起始时间、主要症状、发展趋势、病史、以往治疗效果及免疫接种记录等关键信息。疾病起始时间的了解有助于判断疾病是急性还是慢性。急性病往往起病急剧，症状变化快速；而慢性病则进展缓慢，症状变化不那么明显。通过询问症状，如食欲减退、腹泻、咳嗽、抽搐等，可以对病情进行初步判断，并为后续的鉴别诊断提供线索。疾病的发展趋势，包括病情加重或减轻的情况，以及疾病在猪群中的传播速度，是判断是否为传染病及预测疾病走向的重要依据。病猪的年龄及死亡情况也是诊断中不可忽视的因素，因为某些疾病可能与年龄密切相关。过往的治疗方法及其效果，对于当前诊断具有重要参考价值。有效的治疗结果可能支持初步诊断，而无效治疗则可能提示疾病诊断需要重新评估。病史及疫情的询问，包括猪群历史上的疾病情况、类似疫病的发生及其经过结果，以及本地区及附近猪场的疫情记录，都是判断疾病性质和选择治疗方案的重要信息。免疫接种记录，特别是接种疫苗的种类和来源，对于排除已免疫疾病或判断可能的疫苗引起的疾病至关重要。这些信息不仅有助于当前疾病的诊断，也为猪群的健康管理和未来的疾病预防策略提供了基础。

（四）触

通过对猪体表的细致触摸，能够获取关于动物健康状况的重要信息，为疾病的诊断和治疗提供关键依据。

1. 体表肿胀的触诊

体表肿胀的位置和性质对疾病的诊断至关重要。例如，断奶仔猪出现在眼睑、头部、颈部乃至全身的水肿，通常指向仔猪水肿病的诊断。而四肢关节的肿胀伴随热痛，则可能指示关节炎的存在。在公猪，阴囊或脐部的肿胀如果在倒提或仰卧时消失，可能表明是阴囊疝或脐疝。阉割后出现的阴囊肿胀或母猪腹壁创口处的肿胀，通常与感染性肿胀有关，或者是肠管未完全塞入腹膜下面所致。化脓性肿块的存在，通过触诊亦可得到初步判断。肿块的质地、温度和移动性为诊断提供了线索。穿刺肿块并放出脓汁，能够进一步确认对化脓性肿块的诊断。

2. 脉搏的触诊

脉搏的触诊，即通过手指感知动脉的跳动，可以评估心率、心律、脉搏的强度和充盈度。在猪病诊断中，脉搏的检查能够揭示多种疾病的存在，如发热、疼痛、贫血、休克和心脏疾病。脉搏的速度、节律和质量反映了心脏泵血能力的变化，而这些变化可能是由于心脏本身的病理状态或是全身性疾病的影响。在进行脉搏触诊时，应选择适当的位置，如猪的颈动脉或股动脉，这些位置的动脉跳动较为明显，便于检测。操作者需用指尖轻轻地触摸猪的这些动脉，感受其跳动的频率、节律和强度。正常情况下，猪的脉搏应该是有规律、有力且稳定的。不规律或微弱的脉搏可能提示心脏功能不全或循环系统的其他问题。脉搏的频率会随着动物的年龄、体重、体温以及环境因素而变化。例如，幼猪的脉搏频率通常高于成年猪。疾病状态下，如发热时，猪的脉搏频率也会增加。因此，评估脉搏时，需综合考虑这些因素，以便准确解读结果。

二、临床检查步骤

临床检查通常涵盖饲养管理检查、群体检查以及个体检查这三个基本步骤，每一步骤均为疾病诊断提供了不同角度的重要信息。现代猪病的临床检查是一个层次分明、环环相扣的过程。每个步骤都不可或缺，共同构成了对猪病进行科学诊断的基础。通过这一系列的检查，可以系统地评估猪只的健康状况，为疾病的预防、治疗和控制提供科学依据。

（一）饲养管理检查

1.饲养方法检查

该环节的核心在于评估猪只的生活条件及其对健康状况的影响。饲养方法检查涵盖了多个方面，包括但不限于饲料的质量与营养成分、饮水系统的清洁与可靠性、圈舍的设计与维护，以及环境控制系统的有效性。

饲料作为猪只生长的物质基础，其质量直接关联到猪只的健康与生产性能。检查饲料时，需细致分析其营养成分是否满足猪只的各个生长阶段需求，同时监测潜在的有害物质含量，如霉菌毒素等，确保饲料安全。猪只的饮水系统必须保持清洁，且水质需符合猪只饮用水标准。不应忽视对水源的检查，因为水质问题可能导致疾病的传播，如痢疾和其他由水传播的疾病。圈舍设计对猪只的健康同样至关重要。良好的圈舍设计应考虑到适宜的空间分配，以减少应激反应和攻击行为。圈舍的清洁与维护直接影响猪只的舒适度和健康状况，不当的维护可能导致疾病的滋生和传播；环境控制系统的有效性是确保猪只健康的另一关键因素。温度、湿度、通风和光照等环境参数必须得到妥善管理，以模拟猪只最佳生长的自然环境。环境控制系统的失效可能会引起热应激或其他健康问题，从而影响猪只的生长发育和生产性能。

2.免疫驱虫程序及操作执行情况检查

免疫程序的检查涉及对疫苗使用的规范性、时效性及其免疫效果的评估。规范性检查确保疫苗的种类、剂量和接种时间符合兽医推荐的最佳方案。时效性评估则关注疫苗接种的周期是否得到严格遵守，以保证猪群持续处于免疫保护之下。免疫效果的评估则通过监测猪群中抗体水平的变化，以及疫苗接种后疾病发生率的统计数据来进行；驱虫程序的检查则聚焦于寄生虫控制措施的有效性。这包括评估驱虫药物的选择是否适宜，药物的剂量、使用频率和方法是否能够有效地控制或消除猪群中的寄生虫。还需监测猪群中寄生虫的感染情况，以及驱虫后的效果。操作执行情况的检查则是对免疫和驱虫程序实施过程的监督。这一步骤要求对养殖人员执行疫苗接种和驱虫操作的技能和规范性进行评估。确保所有操作均按照既定程序执行，无任何遗漏或错误，保障猪群健康管理的有效性。

3.饲养环境检查

饲养环境检查则涉及对猪舍的通风、温度、湿度、卫生状况以及床铺材料的评估。良好的饲养环境可以减少病原体的存活和传播，同时提供适宜的生活条件以支持猪只的生长发育。环境因素的不适宜可能会导致猪只应激，增加疾病的易感性。

（二）群体检查

1.采食量

猪群的采食量通常应呈现稳定增长的趋势，这与个体成长、发育以及生产性能的提高直接相关。若观察到采食量出现持续性的下降，便要意识到这可能是慢性消耗性疾病在群体中蔓延的信号。采食量减少可能与多种因素相关，如饲料质量、环境变化、管理不善等，但当这些因素被排除后，疾病的可能性便浮出水面。慢性消耗性疾病，如猪瘟、圆环病毒病等，通常不会立即造成猪只死亡，但会导致免疫力下降、生长迟缓，进而影响采食量。因此，持续监测并分析采食量的变化，对于早期发现疾病具有至关重要的作用。在实际操作中，应定期记录猪群的采食量，并与历史数据进行比较。一旦发现异常，应立即进行详细的临床检查，包括但不限于体温测量、粪便检验、血液分析等，以便确定减少采食量的具体原因。同时，还应评估猪群的行为表现，如活动量、交互行为等，因为这些行为的变化往往伴随着猪群健康状况的变化。

2. 尿液

在群体检查中，尿液的观察应当细致周到。正常情况下，猪的尿液应当类似清水，透明且无色。任何偏离这一标准的尿液都可能预示着潜在的健康问题。例如，尿液中出现白色沉淀物通常是子宫炎的指标。子宫炎不仅影响猪只的生殖健康，还可能导致整个猪群的生产效率下降。尿液中的血液存在也是一个重要的诊断指标。对尿液呈红色或带血的现象需要细致分析。尿液中血液的出现位置可以指示出损伤的具体位置。例如，排尿初期出现血液可能表明猪的尿道受到了损伤；而中期出现则可能与子宫颈口附近的损伤有关；如果整个排尿过程中尿液都带血，则可能表明肾脏或膀胱存在病变，这些病变往往与传染病有关。

3. 粪便

粪便检查的步骤应当系统而细致。观察粪便的一般性状，包括颜色、质地和气味，这些特征可以揭示消化系统功能的异常。例如，黑色或血红色的粪便可能表明消化道出血；而泥状或水样的粪便则可能是消化不良或感染的迹象。

（三）个体检查

1. 体温

传统上，使用水银体温计测量猪只的体温被认为不够准确。捕捉和应激反应可能导致直肠温度的短暂升高，从而干扰了体温的真实数据。因此，通过观察和触摸来评估猪群中个别猪只的耳根和腋下温度，与群体中其他个体进行比较，可以作为一种辅助手段来评估体温异常。体温的异常升高通常指示着细菌性混合感染的存在。细菌感染引起的炎症反应会导致体温升高，这是机体对抗病原体的一种生理机制。相反，体温的下降可能暗示病毒性感染或患有其他严重疾病，这些情况往往预示着较差的情况。病毒性感染会抑制猪只的代谢活动，这是由于病毒对免疫系统的破坏作用，导致体温调节机制受损。

2. 皮肤毛色

健康猪只的皮肤应呈现出类似婴儿皮肤的白皙红润状态，这表明血液循环良好，没有明显的健康问题。皮肤颜色的异常变化通常是疾病发生的早期信号。例如，皮肤出现红色或紫色变化通常与缺氧有关，这可能是由于猪只的心脏功能衰竭导致的血液循环不足。皮肤发黄可能是肝脏或肾脏功能障碍的表现，因为这些器官负责清除体内的代谢废物和毒素。一旦功能受损会导致代谢产物在血液中积累，从而影响皮肤颜色。苍白的体表则可能是贫血或缺硒的表现。贫血意味着血液中红细胞的数量或功能降低，影响了氧气的运输和分配。缺硒则关系到抗氧化防御机制的减弱，可能会导致细胞膜的损伤，进而影响血液循环。体表出现出血点则是更为严重的信号，它可能表明猪只体内存在严重的混合感染。出血点的出现通常与血管壁的损伤或血液凝固机制的障碍有关。此时，还需观察猪只腹下是否有出血点以及淋巴结是否肿大，这些都是评估猪只健康状况的重要指标。

第二节　生猪常见的临床症状

一、发育不良

发育不良的猪通常体型较同龄猪矮小，身体结构显得不协调。这种现象可能是营养不良的直接体现，营养不良的症状包括消瘦、被毛粗乱、骨骼突出，以及精神萎靡和体能下降。慢性消耗性疾病也是导致发育不良的常见原因，这类疾病涵盖了慢性传染病、寄生虫病、长期的消化系统紊乱或代谢障碍。营养不良导致的发育不良反映了猪只在生长过程中所需营养的缺乏。这种缺乏可能源于饲料的质量不佳、不适宜的饲养管理或是摄入量不足。被毛粗乱不仅是营养不良的外在表现，也可能是对猪只健康状况的一种警示。骨骼的明显表露则是营养摄入不足的直接结果，尤其是钙、磷和其他微量元素的缺乏。慢性消耗性疾病在生猪中可能不易被及时识别，因为其症状往往逐渐出现并在长时间内缓慢发展。慢性传染病（如猪瘟、猪链球菌病），以及寄生虫病（如猪肺虫病、猪蛔虫病等），都可能导致猪只体质逐渐衰弱，进而影响其生长发育。长期的消化紊乱或代谢障碍，如猪的胃肠炎症或胰岛素分泌异常，也会导致营养物质的吸收和利用受阻，从而影响猪只的正常发育。

二、精神状态

精神状态反映了中枢神经系统的功能状态，正常生猪表现出的是一种中枢神经系统兴奋与抑制过程的动态平衡。这种平衡状态下的生猪，其行为表现为在静止时相对平静，而在活动时则显得灵活，对环境变化和外界刺激有敏锐的反应。

当生猪的中枢神经系统功能受到干扰，这种平衡便会受到破坏。中枢神经系统的异常通常会导致精神状态的改变，这种改变既可以是过度兴奋也可以是过度抑制。在临床实践中，生猪的精神状态变化往往是疾病诊断的关键线索。例如，精神不佳通常是生猪疾病的一个明显信号。表现为生猪离群独立，行为消极，甚至在草垫中长时间嗜睡，对外界刺激的反应迟钝。精神沉郁的生猪可能是由多种因素引起的，包括但不限于感染性疾病、代谢紊乱、营养不良或环境压力。这种状态下的生猪，其中枢神经系统的抑制过程可能过于强化，而兴奋过程则被相对抑制。这种不平衡可能影响到生猪的食欲、活动能力和生存能力。对精神状态的细致观察对于疾病的早期诊断和治疗至关重要。

三、姿势与体态

健康猪的姿势通常表现为自然且动作灵活，而在疾病影响下，这些特征往往会发生显著的变化。猪只的异常姿势与体态往往是中枢神经系统功能失调的直接反映。例如，感染口蹄疫的猪只常常表现出不愿站立、跛行、弓背和流涎等症状，这些都是疼痛和不适的体现。伪狂犬病则在感染猪只中引起更为剧烈的神经症状，如头颈歪斜、异常运动行为，以及幼猪的特异性症状，包括无目的奔跑、激烈痒感、顶墙等。这些症状揭示了病症对神经系统的深刻影响。在关节炎链球菌病的情况下，后腿关节的疼痛导致运动障碍，反映出关节和支持组织的损伤。神经性链球菌病的发作则导致猪只出现阵发性全身抽搐和四肢划动，这些症状暴露了神经系统受到的急性和严重损害。特别是在人工感染实验中，仔猪在感染后 10 天出现的头颈震颤和前肢强直等神经症状，直观地显示了疾病对幼年个体的影响。慢性仔猪白肌病、风湿病以及软骨病患猪，常表现为后肢无力，甚至瘫痪，采取类似犬坐的姿势。这种姿态的变化，反映了猪只肌肉和骨骼系统的功能障碍。猪瘟则表现为一系列的神经症状，包括怕冷、扎堆及磨牙，这些行为的改变揭示了猪瘟对猪只行为模式的影响。运动障碍和痉挛进一步说明了猪瘟对神经系统的损害程度。在猪瘟繁殖障碍型中，母猪产下的弱仔和新生仔猪的生命力减弱，这在一定程度上反映了母体健康状况对后代的影响。食盐中毒和李氏杆菌病患猪表现出无目的的盲目运动，这种行为的异常揭示了神经系统对外界刺激响应的失调。仔猪水肿病则通过眼睑水肿、充血以及前肢跪趴姿势的表现，显露出代谢紊乱和运动协调性丧失。副嗜血杆菌病导致的关节发炎使得猪只难以站立，这种姿态的改变直接反映了关节以及周围软组织的病理状态。

四、皮肤的颜色

在评估生猪的健康状况时，对皮肤颜色的观察提供了一种直观的诊断依据。白色皮肤的猪种，如长白猪，对于皮肤颜色变化的敏感性更高，因此，对这一特征的细致观察尤为重要。

（一）皮肤苍白

皮肤苍白是一种常见的临床表现，通常与贫血状况相关。贫血是指血液中红细胞的数量或血红蛋白的含量低于正常水平，这会导致皮肤和黏膜的颜色变浅。在仔猪中，贫血可能是由于铁元素的缺乏，这是因为猪乳中铁的含量较低，而仔猪生长迅速，对铁的需求量大。腹泻也可能导致贫血，因为肠道的损伤和功能障碍会影响到营养的吸收，包括铁元素。维生素缺乏，尤其是维生素 E 和硒的不足，也会导致肌肉组织的损伤，这种状况被称为白肌病。白肌病不仅影响肌肉组织，还可能导致心脏和其他重要器官的损伤，从而影响血液循环，继而引起皮肤苍白。

（二）皮肤黄疸

黄疸，医学上称为胆红素血症，是由于胆红素在血液中积累至一定程度，进而在皮肤、黏膜及眼巩膜等处沉着所致。在猪只中，皮肤黄疸通常与肝脏功能障碍有关，而肝脏是多种代谢活动的主要场所，其健康状态直接影响到猪只的整体健康。特定病原体感染，如附红细胞体病和圆环病毒病，常在其病程后期引起肝脏损伤，从而导致黄疸的出现。附红细胞体病是由附红细胞体引起的一种传染病，影响猪只的红细胞，进而损害肝脏功能。圆环病毒病则是由猪圆环病毒引起，感染该病毒后会引发猪只的免疫缺陷，进而影响肝脏等多个器官。钩端螺旋体病中的黄疸型则是由钩端螺旋体引起的一种感染，该病原体直接侵害肝脏，导致肝细胞损伤，胆汁流通受阻，胆红素无法正常排出体外，累积在体内引起黄疸。

（三）皮肤蓝紫色

皮肤蓝紫色的出现，往往指示着猪只可能遭受了严重的健康问题。皮肤蓝紫色的症状，医学上称之为发绀，是由于皮下血液中的氧合血红蛋白减少，导致皮肤和黏膜呈现出蓝紫色的现象。在猪只中，这种症状的出现通常与呼吸系统的疾病紧密相关。

猪链球菌病是导致猪只出现皮肤蓝紫色的常见疾病之一。该病初期可能仅在耳尖、鼻盘及四肢末端表现出蓝紫色，但随着病情的加重，发绀可能扩散至全身。圆环病毒病的特征性表现为病猪会阴部、四肢、胸腹部及耳朵皮肤出现红紫色斑点或斑块，严重时，全身皮肤可能出现紫红色斑状病变。蓝耳病是另一种引起猪皮肤发紫的疾病，尤其是在母猪中，耳部皮肤的严重发紫，形成了所谓的"蓝耳"现象。猪丹毒病在死亡猪只中，皮肤呈现紫红色是其典型的症状。除此之外，气喘病、流行性感冒以及多种中毒病（如慢性麦角中毒），也会使猪只的腹下和四肢皮肤出现紫红色坏疽区域。这些症状的出现，不仅仅是皮肤表面的问题，而是反映了猪只体内严重的生理和病理变化。发绀的出现通常意味着猪只的血液循环和氧气供应受到了影响，多是由于呼吸困难、血液循环障碍或者血液中毒素积累等原因造成的。因此，临床上一旦观察到猪只出现皮肤蓝紫色的症状，应立即进行详细的诊断和治疗，以确定病因并采取相应的治疗措施，避免疾病的进一步恶化。

（四）皮肤红色的出血斑点

皮肤红色的出血斑点是一种常见的临床症状，在多种疾病中都会出现该症状，其中就包括猪瘟的急性型。猪瘟急性型病猪通常在猪的胸部、颈部以及耳部的皮肤上出现出血斑点，这些斑点是由于小血管破裂导致血液渗出至皮肤表层所形成。繁殖障碍型母猪所产的新生仔猪也可能在腕部皮肤上出现出血，这是由于母猪体内的病毒传给了胎儿，导致仔猪出现相应的临床症状。猪肺疫和急性副伤寒也会在猪只的皮肤上形成红色的出血斑点，这些症状反映了疾病对猪只血管系统的影响。诊断时，观察这些出血斑点的分布、大小和颜色变化对于确定病因至关重要。出血斑点的存在表明猪只可能遭受了严重的血管损伤或血液凝固功能障碍。这些症状不仅提示了疾病的存在，也指示了疾病的严重程度和进展速度。

（五）皮肤溃烂

皮肤溃烂通常表现为皮肤表面的破损，这些破损区域可能会有液体渗出，且在某些情况下，这些液体可能带有棕色等颜色，这是感染的一个标志。

坏死杆菌感染是导致猪皮肤溃烂的常见原因之一。这种细菌能够在猪的皮肤和组织中产生毒素，导致组织坏死和炎症。皮肤病和荨麻疹也可能导致皮肤表面出现溃烂现象，这些病症通常与免疫反应有关，表现为皮肤上的红斑、肿胀和疹子。口蹄疫是一种高度传染性病毒疾病，它的特征之一就是在猪的鼻镜、舌面和蹄部出现水疱性溃烂。这些水疱最终会破裂，形成疼痛的溃疡，并可能导致蹄部结构的损伤，如蹄叉和蹄踵的红肿、出血，甚至是"脱靴"现象，即蹄壳与蹄床分离。猪丹毒是另一种可能导致皮肤溃烂的疾病，尤其是其慢性形态。猪丹毒由埃里希体引起，慢性感染通常表现为皮肤坏死，这可能导致严重的健康问题和福祉问题。

五、眼结膜

1.眼睑及分泌物

眼结膜的变化往往能够反映出猪只可能患有的疾病类型。眼睑及分泌物的异常，是疾病诊断中的重要指标。

大量流泪通常与流行性感冒相关联。流行性感冒是一种呼吸道疾病，其典型症状包括流泪、咳嗽和打喷嚏。流泪痕迹的出现，尤其是眼下方的痕迹，常常指向传染性萎缩性鼻炎。该病不仅影响呼吸道，还会引起眼部症状，如流泪和眼周红肿。脓性眼眵则是化脓性结膜炎的显著特征。化脓性结膜炎可能伴随多种热性传染病出现，猪瘟繁殖障碍型便是其中一种。猪瘟繁殖障碍型不仅影响成年母猪，还会导致新生仔猪出现结膜炎等眼部症状。对仔猪眼睑水肿的观察，是诊断仔猪水肿病和伪狂犬病的重要依据。仔猪水肿病是由于感染特定的大肠杆菌株引起的，而伪狂犬病则是一种致命的病毒性疾病，两者都会导致仔猪眼睑水肿。

2.眼结膜的颜色

当出现眼结膜潮红现象时，若为单眼，则可能指向局部结膜炎症。这种炎症可能由细菌、病毒或其他外界因素（如灰尘、异物刺激）引起。双眼结膜潮红则可能是热性病症的表现，或者是某些器官和系统性疾病的广泛性炎症反应，如猪瘟等。苍白的眼结膜通常与贫血状况有关。贫血可能由多种原因引起，包括营养不良、内寄生虫感染（如蛔虫病）或遗传性疾病。在仔猪中，贫血可能导致生长发育迟缓，影响其生存率。蓝紫色的眼结膜则可能是呼吸困难或中毒的征兆。呼吸困难可能由呼吸道疾病（如猪蓝耳病）引起，而中毒可能是由于摄入或吸入了有害物质。黄疸通常是肝脏功能障碍的指标，可能与多种疾病相关，如附红细胞体病、圆环病毒病等。这些疾病会导致红细胞破坏，血液中的胆红素水平升高，从而使眼结膜呈黄色。

六、体温与呼吸

（一）体温

成年猪的体温通常维持在 38 至 39.5 摄氏度。体温的升高，可视为猪只对多种生理和病理因素的响应。这些因素包括病原微生物的侵袭、内毒素的释放、代谢副产品的积累以及外源性有毒物质的吸收。体温的上升，即发热，是通过中枢神经系统中的温度调节中心调控的一种复杂生理过程。发热时，交感神经系统活性增强，导致肾上腺素的释放量增加。肾上腺素是一种重要的儿茶酚胺类激素，它能够加速脂肪和蛋白质的分解，这一过程释放能量，以维持体温的升高。这种代谢加速也伴随着营养物质的快速消耗，可能导致猪只出现营养不足的状况。发热还会影响猪只的心血管系统，表现为呼吸急促和心跳频率的增加。这种生理变化是为了促进热量散发和加速血液循环，以支持增强的代谢活动和体温调节。这种加速的心血管活动对猪只的整体健康状态是一种负担。长期的发热可能导致心脏负荷过重，进而影响猪只的生长发育和生产性能。

1. 稽留热

稽留热作为一种特殊的发热类型，其特点是体温持续升高，昼夜温差小于或等于 1 摄氏度，且这种高温状态至少维持三天。此类发热现象通常与渗出性炎症相关，伴随着白细胞数量的增加。猪瘟、副伤寒、弓形体病等疾病在发病过程中，常见稽留热型的发热表现。

2. 间歇热

间歇热现象是指体温的升高和正常交替出现的情况，通常与某些特定病理状态相关。在猪只中，间歇热常见于由单核细胞增多所引起的增生性炎症，如猪锥虫病。猪锥虫病是由锥体虫属的寄生虫引起的一种疾病，它能够导致猪只体温的显著波动。在病程中，猪只的体温可能会升至 41 摄氏度左右。这种体温的异常升高，即所谓的发热期，是机体对病原体入侵的一种防御反应。发热期结束后，体温可能会回落至正常范围，这一阶段称为无热期。间歇热的这种周期性变化，反映了宿主与病原体之间的持续斗争。

3. 弛张热

弛张热是一种特殊的体温变化模式，其特点是生猪体温的昼夜差异超过 1 摄氏度，但并未回落至正常范围。这种现象通常与微生物的血液侵入有关，此过程中血液中的中性粒细胞被激活，从而引发发热。在细菌或其他病原体侵入血液循环后，生物体的免疫系统会迅速反应。中性粒细胞作为免疫系统的一部分，对阻止微生物入侵起着至关重要的作用。这些细胞能够迅速响应，通过吞噬入侵者来阻止感染的扩散。在这一过程中，中性粒细胞释放出炎症介质，这些介质能够影响下丘脑，导致体温调节中心的设定点上升，从而引起发热。败血症和卡他性肺炎是引起弛张热的常见病因。败血症是指微生物及其毒素通过血液传播到全身各处，而卡他性肺炎则是指肺部发生的急性或慢性炎症。

4. 回归热

回归热是一种特殊的发热模式，通常与慢性感染性疾病相关。在生猪的临床症状表现中，回归热表现为发热期与无热期的交替出现，其中无热期可能持续数日或数周，与急性发热症状的短暂间隔形成鲜明对比。在病理生理学上，回归热的出现往往预示着病原体与宿主之间的持续斗争。病原体可能在宿主体内形成潜伏感染，当宿主的免疫系统暂时抑制了病原体的活性时，体温恢复正常。一旦病原体逃避免疫监视或在免疫力下降时复苏，发热期便会再次出现。

（二）呼吸

成年猪的呼吸频率维持在每分钟 18 至 30 次。这一生理指标反映了猪只的基础健康状况，是临床诊断中的关键参考因素。

1. 呼吸次数增多

呼吸频率增快可能是由多种原因引起的。上呼吸道炎症是常见的原因之一，这种炎症通常涉及鼻腔、咽部和喉部，导致呼吸道阻塞，使得猪只为了满足氧气的需求而加快呼吸。肺炎是另一种常见的病因，肺部的炎症反应和渗出物会影响气体交换的效率，迫使猪只增加呼吸次数以尽可能地吸收更多氧气。感冒，作为一种上呼吸道感染，同样可以引起呼吸频率的增加。感冒通常伴随有鼻塞、分泌物增多等症状，这些症状可导致呼吸道部分阻塞，从而增加呼吸工作负担。贫血，即血液中红细胞或血红蛋白含量低于正常值，也会导致呼吸次数增多。由于红细胞负责携带氧气，贫血时氧气运输能力下降，猪只需通过加快呼吸来补偿氧气的不足。中毒情况下，呼吸频率的增加可能是由于体内毒素影响了中枢神经系统，干扰了对呼吸的调控，或是因为毒素直接损害了呼吸肌肉，导致呼吸功能的衰竭。中毒还可能引起细胞内部的代谢紊乱，细胞为了维持正常功能，需增加氧气的摄入量，从而加快呼吸。

2. 咳嗽

咳嗽作为一种显著的临床表现，常常指示着呼吸系统的疾病。咳嗽在猪群中的出现，往往与多种病原体的感染有关，其中支原体肺炎和蛔虫病是两个主要的病因。

支原体肺炎，由猪肺炎支原体引起，是一种慢性呼吸道疾病，影响猪的生长性能，增加其他呼吸道病原体的感染机会。病变通常以肺泡和细支气管的炎症为特征，导致猪只出现持续性干咳。诊断时，除了临床症状的观察，还需依赖血清学检测和对病原体的分离培养。蛔虫病由猪蛔虫感染引起，是一种全球性的寄生虫病。猪蛔虫的幼虫在感染后需经过肺部迁移，此过程可引起猪只出现咳嗽、呼吸急促等呼吸系统症状。蛔虫病的诊断可通过检查粪便中的蛔虫卵来进行。

3. 气味

正常情况下，猪只呼出的气体并无明显气味。当呼吸道出现坏死性病变时，猪只呼出的气体会带有一种明显的腐败性臭味。这种臭味源自坏死组织的分解，是由于细菌作用产生的硫化物和其他挥发性化合物所致。这种症状的出现提示兽医师猪只可能存在严重的呼吸道感染，如肺炎或支气管炎，这些病变可能涉及肺泡和支气管的坏死。化脓性病变在呼吸道和肺组织中的存在，会导致呼出气体中含有脓臭味。这种气味通常与化脓性细菌感染相关，如链球菌或葡萄球菌引起的感染。化脓性病变通常伴随有白细胞的积聚，尤其是中性粒细胞，它们在对抗感染的过程中死亡并释放出脓液，这是脓臭味的来源。患有尿毒症的猪只，由于体内尿素水平的显著升高，呼出的气体会有尿臭味。尿毒症是一种代谢紊乱，通常与肾功能衰竭有关。肾脏无法有效清除血液中的废物，导致尿素等代谢产物在血液中积累，通过肺部排出时，会使呼出的气体带有特殊的气味。

七、粪便与尿液

（一）粪便

粪便的形状、颜色、硬度以及排便频率等，均可作为判断猪健康状况的重要指标。正常情况下，猪的粪便呈条状，颜色介于棕黄色和深黄色之间，表明消化系统功能正常，饲料得到了充分的消化和吸收。

当粪便呈现异常状态时，通常指示着特定的健康问题。例如，粪便硬度增加，排便次数减少，可能表明猪只患有便秘或某种急性热性疾病；便秘多由水分摄入不足或饲料问题引起；而急性热性疾病如猪瘟、流行性感冒、弓形体病和李氏杆菌病等，则可能由各种病原体感染引起。仔猪在出生后几天内排出红色稀便，常常被诊断为仔猪红痢，而黄白色稀便则可能是仔猪黄白痢的表现，这两种病状都与细菌性病原体的感染有关。病毒性腹泻则表现为水样粪便，颜色可能为绿色或淡棕色。与此相对，细菌性腹泻通常导致粪便呈糊状并伴有腥臭味，仔猪副伤寒就是此类疾病的一个例子。消化不良或饲料霉变则可能导致粪便稀薄并含有未消化的饲料残渣。这种情况下，粪便的异常排泄不仅反映了消化系统的功能障碍，也可能暗示饲料管理存在问题。

（二）尿液

正常情况下，公猪的排尿呈股状，表现为短促而连续的射出，而母猪在排尿时后肢会展开并下蹲，同时背腰拱起，这些都是其生理结构和行为特点的反映。健康成年猪每 24 小时排尿频率约为 2 至 3 次，每次排尿量在 2 至 5 升之间。这一排尿模式反映了猪只正常的生理机能，包括肾脏的过滤能力和尿液的储存能力。

1. 频尿

频尿，即频繁排尿，是一种常见现象，其中尿量增多，尿液比重下降。这种情况通常与肾脏功能的改变有关，尤其是肾小球的滤过率增加或肾小管对尿液的重吸收能力降低。肾小球滤过率的增加导致更多的水分和溶质进入尿液，而肾小管重吸收减少则意味着这些物质在尿液中的保留量增多。频繁排尿并不总是与炎症相关。例如，非炎症性肾病，如某些遗传性肾病或代谢异常，可能导致肾小球滤过率的改变。此外，膀胱炎和结石也可能引起频繁排尿，这是由于这些病状刺激膀胱，增加了排尿的频率。尿液性质的改变，如颜色、透明度、气味或存在异常成分，可能指示尿路存在炎症。尿路炎症可能涉及从肾脏到尿道的多个部分，包括肾盂、输尿管、膀胱和尿道。尿液检查可以揭示白细胞、红细胞、细菌、蛋白质和其他细胞成分的异常增多，这些都是患有炎症的标志。

2. 少尿或无尿

少尿或无尿通常指示肾脏功能受损。这种状况可能源于肾小球的滤过能力下降和肾小管的重吸收能力增强。肾炎是导致这一现象的常见病因，它可能伴随功能性肾衰竭，即肾脏功能下降但未发生组织学损伤。器质性肾衰竭涉及肾脏结构的实质性损害。梗阻性肾衰竭，多由尿路阻塞引起，也可能导致少尿或无尿。

3. 排尿困难和疼痛

在现代兽医实践中，生猪排尿困难及疼痛的临床表现通常指向泌尿系统的病理状态。尿道炎、阴道炎、前列腺炎以及尿道阻塞是这些症状的常见病因。尿道炎涉及尿道黏膜的炎症，可能由细菌感染引起，导致排尿时疼痛。阴道炎影响母猪，表现为外生殖器的红肿和分泌物增多，可能伴随排尿不适。前列腺炎涉及前列腺腺体，可因感染或其他病理过程导致腺体肿大，影响排尿。尿道阻塞则可能由结石、肿瘤或其他异物引起，阻碍尿液排出。

4. 尿失禁

猪只一旦出现尿失禁的情况通常指示了猪患有潜在的神经系统疾病。该症状表明猪可能遭受了脑部疾病、中枢神经系统或脊髓的损伤。这些损伤导致膀胱控制机制的功能障碍，特别是影响了括约肌的正常收缩功能。

在详细解析尿失禁的成因时，需考虑到脑部疾病可能导致认知功能障碍或意识水平下降，如昏迷状态。在这种情况下，膀胱的自主控制能力受损，因而无法适时地控制尿液的排放。中毒情况下，可能因为猪只的神经传导物质的平衡被破坏，导致神经控制系统无法正常响应，同样会引起尿失禁。腰部脊髓损伤是另一种可能导致尿失禁的原因。脊髓在大脑与身体其他部位之间的信息传递中扮演着关键角色。当腰部脊髓受到损伤时，可能会切断大脑与膀胱之间的通信，导致排尿控制机制失效。膀胱内括约肌的麻痹也会直接导致尿失禁，因为受到麻痹的括约肌无法有效闭合以控制尿液何时排出。

5. 尿色

尿液呈黄色通常与黄疸状况相关，这可能是由于附红细胞体病或圆环病毒病等疾病引起的。这些病状导致肝脏功能受损，无法有效处理体内的胆红素，从而使得胆红素积累在血液中，最终通过尿液排出，导致尿液呈黄色。血尿是另一种常见的尿液异常，它表明尿液中含有大量的红细胞。根据血尿出现的时间和尿液中红细胞的分布，可以将血尿分为几种不同的类型。肾性血尿表现为从排尿开始到结束，尿液始终呈红色，且颜色分布均匀。这可能是由于肾脏本身的病变，如肾炎，导致红细胞从肾脏渗出进入尿液。膀胱血尿则表现为排尿结束时尿液呈红色，这通常是由于膀胱炎症或膀胱内部损伤造成的。尿道血尿通常在排尿开始时出现，尿液中含有红细胞，这可能是尿道炎、败血症或血孢子虫病等病状引起的。尿血红蛋白的出现则是一个不同的情况，它通常与缺乏硒元素有关。硒是一种重要的微量元素，对于维持机体的抗氧化防御系统正常运作至关重要。缺乏硒可能导致肌肉组织损伤，血红蛋白因此释放进入血液并通过肾脏过滤进入尿液，造成尿液中出现血红蛋白。

第三节　临床症状的鉴别要点

一、神经症状明显的疫病

（一）猪传染性脑脊髓炎

猪传染性脑脊髓炎是一种以神经症状为主要表现的疫病，该病状主要影响仔猪。临床表现中，眼球震颤是其显著特征。该疾病在地方性流行或散发情况下出现，尤其在冬季，发病率有明显上升。猪传染性脑脊髓炎的病死率极高，可达80%。

（二）猪血凝病毒性脑脊髓炎

该病症多发于仔猪，临床表现以神经症状为主，包括呕吐和便秘。该疾病多在冬季出现，以散发形式在某些地区造成地方性流行。此病的死亡率较高，且病程中常展现出败血症的特征。

（三）猪伪狂犬病

该疾病的临床表现多样，但以神经症状最为显著。仔猪感染后常表现出败血症状，而四月龄以上的猪感染后则展现出类似流感的症状。母猪可能会带毒并因此流产，但猪伪狂犬病并不具有明显的季节性。猪伪狂犬病的发生多见于仔猪，以地方性流行或散发性的特点出现。该病的死亡率极高，可达80%，且在临床检查中不易通过眼部观察发现病变。

（四）猪狂犬病

猪狂犬病的临床表现包括行为改变，如异常攻击性行为，这可能表现为攻击人类或其他动物。疾病的发作没有明显的季节性分布，可以在一年中的任何时间发生。感染猪狂犬病的动物通常有被其他已感染动物咬伤的历史。

（五）猪乙型脑炎

该疾病的临床表现以神经症状为主，包括但不限于行为异常、运动障碍、抽搐或瘫痪，病死率相对较低。在公猪中，该病毒还可能引起睾丸炎，而在母猪中可能导致流产。猪乙型脑炎的发病具有季节性特点，多在5月至9月之间出现，这可能与病媒，即昆虫的活跃周期有关。

（六）猪李氏杆菌病

该病症的临床表现多样，但以神经症状最为显著，如运动失调、痉挛或麻痹。猪只可能出现败血症状，表现为发热、呼吸困难和黏膜出血，或者体重逐渐减轻。猪李氏杆菌病的发生具有一定的地域性和季节性，多在冬春季节和某些地区流行或散发。该疾病的病死率较高，可达70%。

（七）猪水肿病

猪水肿病是一种以神经症状和水肿为主要表现的疫病，病死率较高。该病症在仔猪中较为常见，尤其在4月至9月期间，地方性流行的情况更为明显。猪水肿病的临床表现包括显著的头面部水肿和呼吸困难，这些症状往往发展迅速，类似于过敏反应。病变部位主要包括胃的大弯部位以及结肠系膜，这些区域出现的水肿是该病的特征之一。

（八）神经型猪瘟

以神经症状为主要临床表现。该病状多见于仔猪，且其流行性不受季节变化影响。病程中，神经症状伴随败血症和肠炎，表现为急性或超急性。病理变化符合猪瘟的典型病变，包括出血和免疫器官的损伤。此病型的死亡率极高，可达100%。

（九）脑膜炎型链球菌病

神经症状尤为突出。该疾病不仅影响成年猪，亦在仔猪中普遍发生，且死亡率较高。病变特征主要包括败血症和跛行，而且病理检查常见出血和腹膜炎。每年的 5 月至 11 月是该病的高发期。

（十）猪破伤风

猪破伤风是一种由破伤风梭状芽孢杆菌引起的急性传染性疾病。该病主要通过伤口感染，使得梭状芽孢杆菌在厌氧条件下繁殖并产生神经毒素。病理表现为神经系统症状，尤其是全身肌肉强直，但不影响意识。破伤风的感染不分年龄，大猪小猪均有感染的可能，且发病率不受季节变化影响。猪破伤风的病死率通常较高，但通过眼部检查不易发现明显的病变。

二、仔猪腹泻症状的疫病

（一）猪副伤寒

常见于 1 至 4 月龄的猪只，发病不受季节影响，可能在某一地区流行或零星出现。猪副伤寒可引起急性败血症状，表现为剧烈腹泻。在慢性病例中，仔猪可能会出现反复腹泻的情况，其排泄物中可能含有坏死组织和纤维素状物质。皮肤紫疹也是猪副伤寒的典型症状之一。

（二）猪痢疾

主要影响 2 至 4 月龄的仔猪，此病的发生不受季节影响，其传播速度较慢，但一旦流行则持续时间较长，并且有较高的复发倾向。该疾病的特点是发病率高而死亡率低。感染猪痢疾的仔猪体温通常保持正常，但其粪便中会出现大量黏液和血丝，有时还会混有血凝块，呈胶冻状。

（三）猪轮状病毒病

主要影响 2 月龄内的仔猪，尤其在寒冷季节发病率较高。尽管此病的病死率相对较低，但其临床症状与传染性胃肠炎相似，表现为轻微且缓慢的病程。感染猪轮状病毒的仔猪通常会排出黄白色或灰暗色的粪便，其质地可能是水样或糊状。

（四）仔猪白痢

主要影响 10 至 20 日龄的仔猪，整体发病率和死亡率相对较低。急性仔猪白痢表现为猪只突然开始排出白色糊状便，而慢性病例则可能表现为持续性的相同症状。这种白色糊状便是由于大肠中的病变，通常是由特定病原体引起的感染。诊断仔猪白痢时，观察排泄物的颜色和质地是关键的鉴别点。

（五）仔猪黄痢

常见于 1 周龄内仔猪，通常在特定地区流行，具有较高的发病率和死亡率。该疾病的临床表现包括腹泻和偶尔呕吐，腹泻呈现为黄色糊状便。根据病情的严重程度，仔猪黄痢可分为急性和最急性两种形式。

（六）仔猪红痢

主要影响 3 日龄内的仔猪，此病在某些地区可能呈地方性流行，发病时间和频率不具规律性。该病的致死率较高，临床上可能观察到个别病例出现呕吐现象。典型的症状包括排出红色黏性稀便，这是诊断仔猪红痢的重要依据。

（七）猪传染性胃肠炎

该病通常在寒冷季节爆发，具有传播快速的特性。临床表现包括初期呕吐，随后排出灰色或黄色的稀便。病猪往往迅速出现脱水症状。尽管病情严重，但多数猪只在得到适当治疗后可望康复。

（八）猪流行性腹泻

其流行性和症状与传染性胃肠炎相似。该病毒性疾病的传播速度相对较慢，与许多其他急性传染病相比，其死亡率较低。

三、呼吸症状明显的疫病

（一）体温正常

当体温保持在正常范围内，而猪只出现吸气困难，并伴有鼻腔病变时，常考虑患有猪萎缩性鼻炎的可能。猪萎缩性鼻炎是一种慢性呼吸道疾病，其特征是鼻腔结构的萎缩和变形。当猪只体温正常但出现呼气困难，且没有鼻腔病变时，可能是猪气喘病。猪气喘病通常与下呼吸道的病变有关，如支气管或肺部的病理改变。

（二）体温升高

体温升高呈现流行性特征时，可能指向猪瘟或猪流感。当体温升高表现为散发性或地方性流行时，需考虑的疾病包括类流感型伪狂犬病、猪肺疫以及猪弓形体病。类流感型伪狂犬病通常具有良性的病程。猪肺疫的病程可能变化不定，而猪弓形体病则倾向于不良的病程。

（三）鉴别要点

1. 猪萎缩性鼻炎

吸气时困难，鼻部炎症，以及频繁喷嚏。该疾病还可能导致面部结构的变形，特别是鼻部的改变。观察到的半月状泪斑是诊断此病的辅助特征。

2. 猪霉形体肺炎

该病症的主要临床表现为呼吸困难，呼吸频率增加，以及腹式呼吸的出现。患病猪只常伴有咳嗽症状。在进行疾病诊断时，需注意将猪霉形体肺炎引起的咳嗽与猪肺丝虫病或猪蛔虫寄生于肺脏所导致的咳嗽进行区分。

3. 猪流感

典型症状包括发热、急性支气管炎以及肌肉和关节痛。该疾病在冬季较为流行，且具有快速传播的特点。猪流感的发病通常突然，病程短暂，多数猪只感染后表现病态，但死亡率相对较低。

4.猪伪狂犬病

该病的流感型表现为高热、呼吸困难、流涕、咳嗽以及上呼吸道和肺部发炎，有时伴随吐泻。大多数情况下，猪只会在病程的几天内自行康复，但个别猪只可能出现神经症状并导致死亡。神经败血型伪狂犬病在仔猪中表现为高热、吐泻、惊厥、抽搐和麻痹，往往导致病死率较高。成年猪可能表现为隐性感染，仅少数出现呼吸症状，而孕猪可能发生流产。

四、口蹄有水疱的疫病

（一）口蹄疫

该病的特点是传播速度快且范围广，具有极高的发病率。成年动物的致死率相对较低，约为3%，而仔畜的致死率则显著高达60%。临床上，口蹄疫主要表现为口腔内水疱的形成，这些水疱数量可能不多，但其影响严重；而蹄部则形成更多且更严重的水疱。

（二）猪水疱性口炎

猪水疱性口炎主要表现为口腔内出现大量水疱，而蹄部水疱较少，甚至在某些情况下可能完全没有蹄部水疱。发病率根据情况不同维持在30%至95%之间。此病虽然发病率高，但通常不会导致动物死亡。

（三）猪水疱疹

通常呈地方性或散发性流行。该病的发病率可变，范围从10%至100%，但不会导致病死。临床上，猪水疱疹的主要特征是在猪只的口腔和蹄部形成水疱。

（四）猪水疱病

猪是此病的主要易感宿主，但该病也有可能通过接触传播给人类，但牛和羊则不易感染。该病在临床症状上与猪口蹄疫相似，但两者有明显区别。猪水疱病的致死率较低，口部形成的水疱数量较少，且症状较轻。相反，蹄部的水疱则较为常见且症状较为严重。

五、以流产为主的疫病

（一）猪布鲁氏菌病

表现有皮下黏膜和浆膜出血，胎衣出现水肿并附着纤维素物质，但不会形成木乃伊胎。在新感染的群体中，流产率可高达 50% 至 80%。公猪感染该病后可能会出现睾丸炎，表现为肉芽肿，以及附睾肿大。

（二）猪乙型脑炎

该疾病能够导致妊娠各期的母猪发生流产。流产的胎儿大小不均，可能出现死胎或木乃伊胎现象。对流产胎儿的解剖学检查通常显示脑水肿、皮下胶样浸润以及腹水。胎儿的肝脏、脾脏和肾脏可能出现坏死灶。公猪感染猪乙型脑炎后可能会引起睾丸炎，且多为一侧性发病。

（三）蓝耳病

该病在妊娠后期表现为高达 35% 的死胎率，早产率较高，同时约有 50% 的新生仔猪体弱多发。蓝耳病的感染也会导致猪只出现呼吸道症状。病毒感染还会将受胎率降到 40% 到 50% 之间。育肥猪在感染蓝耳病后容易受到链球菌、巴氏杆菌和沙门杆菌等其他病原菌的二次感染。

（四）猪细小病毒感染

该病主要影响初产母猪，并导致一系列临床症状。这些症状包括产仔问题，如产死胎、畸胎、木乃伊胎以及弱仔和健康仔的出生。通常情况下，母猪的分娩会延迟 2 ～ 3 周，而每窝的仔猪数量通常较少，只有

4只仔猪或更少。感染母猪的发情周期也会受到影响，表现为不规律的发情，通常在配种后 36 ~ 40 天内再次发情。

（五）猪弓形体病

其临床症状表现为早产、死胎或胎儿发育不全。患猪常出现体温升高至 40~42℃，伴有咳嗽和呼吸困难的症状。大猪型和慢性型病例中可观察到皮肤和结膜发绀，以及颌下淋巴结炎的征象。

第五章 现代猪病诊断：实验室诊断

第一节 病原学诊断

一、细菌的分离与鉴定

（一）细菌培养基

细菌培养基是实验室诊断中不可或缺的工具，其设计旨在满足微生物特定的生长需求。这些培养基提供了包括碳源、氮源、维生素以及微量元素等在内的一系列营养物质，以支持细菌的生长和繁殖。细菌对营养的需求根据种类而异，因此，培养基的组成也随之变化以适应不同细菌的生长条件。

在实验室中，培养基的应用范围广泛，包括但不限于细菌的繁殖、分离、鉴定和保存。培养基也用于生物制品的生产，如抗生素和疫苗。通过选择合适的培养基，可以优化特定细菌的生长环境，从而促进其繁殖，便于后续的实验操作和分析。细菌的分离与鉴定过程中，培养基的选择和使用是确保实验成功的关键因素。

（二）培养基的制备

实验室通常采用预制的干粉培养基，这些干粉培养基是经过精确配比和干燥处理的混合物，包含了细菌生长所需的营养成分。使用时，只需按照说明书的比例，将干粉培养基溶解在蒸馏水中，即可配制成适合培养细菌的培养基。这种预制培养基的优势在于其标准化和便捷性，确保了培养基的一致性和可靠性，同时简化了实验室工作流程。

1.普通培养基

（1）营养琼脂。制备营养琼脂时，首先将45克营养琼脂粉加入1000毫升蒸馏水中。此混合液需加热至沸腾以确保琼脂粉完全溶解。其次，在121℃的条件下进行高温灭菌15分钟，以消除潜在的污染微生物。灭菌后，将溶液冷却至大约50℃，这是分装到试管或平皿的理想温度，以避免热量损伤容器或形成水凝珠。试管中的培养基可以倾斜放置形成斜面培养基，或直接倒入平皿中制成平板培养基。制备完成后，培养基需在37℃的培养箱中过夜，以检测是否有污染。如发现污染，相应的培养基需废弃。未受污染的培养基则应保存于冰箱中备用。营养琼脂培养基适用于大多数细菌的生长，它不仅可以用于分离和纯培养细菌，还可以用于观察菌落的性状和保存菌种。它也是制备特殊培养基的基本组成部分。

（2）鲜血琼脂。其制备过程要求严格的无菌条件。制备时，需采用健康动物的血液，该血液应在无菌条件下采集，并与5%柠檬酸钠溶液按9∶1的比例混合以防止凝血。也可将血液加入含有灭菌玻璃珠的容器中，通过反复摇动来制成脱纤血。随后，将所得无菌鲜血存放于冰箱中以备后用。在制备鲜血琼脂时，首先将营养琼脂灭菌后冷却至45至50摄氏度。其次按5%至10%的比例加入无菌鲜血，并彻底混合。[①] 最后，将混合好的培养基分装到容器中，并进行无菌检验，以确保其适用于后续的细菌分离与培养工作。通过这一过程，可以得到适合细菌生长的鲜血琼脂培养基，为实验室内的病原学诊断提供必要的工具。

2.特殊培养基

特殊培养基的制备对于特定细菌的分离尤为重要。麦康凯琼脂作为一种特殊培养基，广泛应用于肠道菌的培养。其制备过程首先是将55克麦康凯琼脂粉加入1000毫升蒸馏水中，通过加热煮沸来溶解琼脂粉并进行灭菌处理。其次，将溶解后的混合物进行分装，并在无菌条件下检验，以确保培养基不受污染。除麦康凯琼脂外，三糖铁琼脂和SS琼脂也是常用于细菌培养的特殊培养基。

---

① 红杰，赵博.现代实用养猪全书[M].郑州：河南科学技术出版社，2014：286.

（三）细菌的培养

1.病料的处理

病料的处理开始于采集后的性状观察和记录。在细菌分离培养前，对病料进行涂片并执行革兰氏染色和显微镜检查是必要的标准程序。此过程旨在识别细菌的形态、染色特性，并估计含菌量。显微镜检查结果可为病原体的存在提供初步线索。若病料为病变组织且以无菌方式采集，通常无须特殊处理即可直接接种培养。若病料受到杂菌的严重污染，必须采取特定措施以选择性地抑制杂菌，使其不影响目标病原体。这可能包括使用抗生素或特定的培养基。对于菌量较少的病料，如乳汁或尿液，实施集菌处理以增加检出率是必要的。集菌方法包括离心法和过滤法。离心法通过沉淀物来集中细菌，而过滤法则利用滤板上沉积的病料对细菌进行培养。这些技术确保了即使在细菌含量较低的样本中，也能有效地分离和培养出病原体。

2.细菌的分离与接种

细菌的分离与接种是实验室诊断中的基本步骤。在培养细菌时，必须将标本或细菌培养物准确接种到适宜的培养基上。

（1）平板画线接种法。该方法通过在平板上进行画线，能够将细菌均匀分散，从而促进单个菌落的形成。这对于从混合细菌样本中分离特定种类的细菌尤为有效。为了优化分离培养的条件，使用的平板培养基应在接种前保持表面干燥。将培养基放置于 37℃孵育箱中预热 30 分钟，可达到干燥和预温的双重效果。干燥的表面有助于防止细菌过度扩散，而预温则有利于那些对环境条件较为敏感的细菌的生长。通过这种方法，可以有效地从复杂样本中分离出目标细菌，为进一步的鉴定和分析提供纯净的菌落。

（2）斜面接种法。该方法涉及使用接种环从平板培养物上挑选单一菌落或纯种细菌，并将其转移到斜面培养基上。操作时，首先要在斜面底部画一条自下而上的直线。其次，从底部开始绘制曲线，确保接种均匀且密集。此方法的目的是促进细菌的生长和繁殖，同时避免不同种类细菌的混合，确保获得纯净的细菌文化，以便于后续的实验室检测和分析。

（3）倾注培养法。该方法主要适用于液体样本，如乳汁和尿液。操作时，首先需要取 1 毫升未稀释或适当稀释的样本，将其置入直径为 9 厘米的无菌平皿中。其次，将大约 15 毫升已溶化且冷却至大约 50℃ 的培养基倾入含有样本的平皿中。再次，迅速混合样本与培养基，待其凝固。凝固后，将平皿倒置并在 37℃ 的条件下培养 18 至 24 小时。最后，进行菌落计数，以评估样本中的细菌数量。此方法的准确性依赖于样本的适当处理、培养基的质量以及对培养条件的严格控制。

3. 细菌的培养方法

细菌培养是实验室诊断中的基本技术，多用于分离和鉴定病原体。常规的细菌培养方法可以分为三种：一般培养法、二氧化碳培养法和厌氧培养法。这些方法的选择取决于目标细菌的生长需求及培养物的特性。例如，一般培养法适用于大多数需氧菌和兼性厌氧菌，这些细菌能在常规的氧气环境中生长。培养过程中，接种后的培养基通常放置在 37℃ 的恒温培养箱中，维持 18 至 24 小时，以促进细菌生长。对于一些生长缓慢的细菌，可能需要延长培养时间至 3 天至 7 天，甚至一个月。为了在培养箱内维持适宜的湿度，常常在箱内放置一杯水。这是因为适当的湿度有助于防止培养基过早干燥。对于需要长时间培养的样本，接种后的培养基通常会用棉塞封口，并可能进一步用石蜡或凡士林封固。这样做是为了防止培养基干裂，减少污染，保持培养环境的稳定。通过这些方法，可以有效地分离和鉴定细菌，为疾病的确诊提供科学依据。

（四）细菌的鉴定

确保通过分离培养得到的病原菌为纯培养，即无其他微生物杂交，是进行准确鉴定的前提。纯培养的病原菌将接受一系列的检测，包括对其形态结构、生长特性、生理生化特性进行分析，同时评估其抗原性和病原性。这些数据提供了识别细菌属、种和型的必要信息。细菌的系统鉴定流程通常开始于微生物形态的观察，还要评估其在不同营养和环境条件下的生长反应。生理生化测试进一步揭示了细菌的代谢特性。最终，通过使用标准免疫血清进行血清学检测，可以确定细菌的具体类型。这一系列步骤确保了细菌鉴定的准确性，为后续的治疗和防控措施提供了科学依据。

（五）常用的染色方法

革兰氏染色法是区分细菌细胞壁特性的经典方法，通过染色过程中的结晶紫和碘复合物的形成，以及酒精脱色，可以将细菌分为革兰阳性和革兰阴性两大类。碱性美蓝染色法，又称亚甲基蓝染色法，常用于观察细菌的形态和某些内含体，如沃尔登斯特朗氏小体。该方法操作简便，通过将亚甲基蓝溶液直接滴加至细菌涂片上，染色数分钟后洗净，即可在显微镜下观察。姬姆萨氏染色法则是一种复染色技术，广泛应用于血液原虫和某些细菌的检测。此法使用的染料是姬姆萨溶液，能够使细胞的核和细胞质呈现出不同颜色，便于区分。鞭毛染色法专用于显示细菌的鞭毛，这是一种较为复杂的染色技术。它通常包括使用亚甲基蓝或银染色，使得细菌的鞭毛增粗，从而在显微镜下可见。芽孢染色法则用于检测能形成芽孢的细菌。此法通过使用热的马耳他溶液对细菌涂片进行染色，使芽孢显现出与细胞体不同的颜色，从而在显微镜下观察到芽孢的存在。

（六）细菌的生化实验

细菌的生化实验是实验室诊断中的一项关键技术，用于分离和鉴定病原细菌。在人工培养条件下，细菌通过其新陈代谢活动产生特有的代谢产物，这些产物反映了细菌的生长特性。生化实验通过检测这些代谢产物的性质，如酶的活性、发酵途径的产物，以及对特定化学物质的代谢能力等，从而实现对不同细菌菌种的鉴别。这些生化反应的结果，如气体的产生、酸或碱的形成，以及特定底物的利用等，为细菌的分类提供了依据。生化鉴定通常在形态学鉴定之后进行，可以进一步细化到种或型的水平，为准确诊断提供了重要信息。可以说，生化实验在细菌鉴别和诊断中占据了不可替代的地位。

（七）细菌血清型鉴定及血清学实验

细菌血清型鉴定及血清学试验是实验室诊断中的关键步骤，用于确定细菌的种和型。细菌抗原结构的复杂性体现在不同的抗原组成上。菌体抗原（O抗原）存在于细胞壁中，而运动性细菌除了菌体抗原，还具有鞭毛抗原（H抗原），这些抗原具备中和性的特异性。表面抗原位于细胞壁之外，包括荚膜抗原、Vi抗原和K抗原，这些抗原具有较强的种和型特异性。某些革兰氏阴性杆菌表面的菌毛抗原也参与了抗原特性的形成。

抗原的特异性程度可以分为两类：共同抗原和特异性抗原。共同抗原在属间细菌中普遍存在，能够指示细菌的一般属性。相对地，特异性抗原仅存在于特定的种或型中，是鉴定细菌种和型的决定性因素。血清型鉴定利用这些抗原的特异性，通过血清学试验，可以精确地识别微生物的具体分类，是微生物学鉴定中的一种特异性方法。

（八）细菌毒力测定

细菌毒力的测定涉及评估细菌致病能力的强弱。毒力定义为细菌引起疾病的能力，是衡量细菌致病性强弱的指标。不同菌株的毒力存在差异，可以根据其致病能力的不同将其分类为强毒株、弱毒株和无毒株。在毒力测定中，最小致死量（MLD）和最小感染量（MID）是描述微生物致病力的两个基本单位。MLD是指能够杀死宿主的最小细菌数量，而MID则是引起宿主感染的最小细菌数量。半数致死量（LD50）和半数感染量（ID50）也是常用的测量指标。LD50表示致死一半实验宿主所需的细菌量，ID50则是指引起一半实验宿主感染的细菌量。通过这些量化指标，研究人员能够对细菌株的毒力进行精确的评估。这些数据对于理解病原菌的致病机制、开发疫苗和治疗策略具有重要意义。毒力测定结果的准确性对于疾病预防和控制策略的制定至关重要，因此，实验室内的毒力测定工作必须严格按照相关的操作规程执行。

二、病毒的分离与鉴定

（一）动物接种

动物接种作为一种传统的病毒分离技术，依赖选用对特定病毒敏感的动物和恰当的接种部位。通过监测动物接种后的病理反应，可以对病毒进行分离和鉴定。此方法因其操作简便性和直观的实验结果而得到广泛应用，尤其是在无法利用细胞培养技术分离病毒的情况下格外好用。在中药抗病毒领域的研究中，动物模型的建立对于评估药物的疗效至关重要。以 A 型流感病毒小鼠模型为例，通过鼻内接种特定的病毒株（如A/PR/8/34）于小鼠，可建立肺部感染模型。通过对小鼠肺组织进行病理学检查，可以评估中药对流感病毒的抗病毒效果。同样的方法可应用于猪病病原学诊断，通过将病毒接种于敏感的猪只，并观察其临床及病理变化，从而对病毒进行分离和鉴定。这种方法不仅对于基础研究具有重要价值，也对实际的疾病控制和治疗策略的制定提供了支持。

（二）细胞培养

细胞培养是病毒分离与鉴定中极为关键的技术。该方法按照细胞生长的特点，分为单层细胞培养和悬浮细胞培养两种形式。细胞的选择基于其来源、染色体特征及传代能力，并可分为三种主要类型：第一，原代细胞，这类细胞直接来源于动物、鸡胚或人胚组织，如人胚肾细胞。这些细胞对多种病毒显示出较高的敏感性，但受限于来源的可获得性，其应用存在一定的局限性。第二，二倍体细胞，这些细胞在体外可以分裂 50 至 100 代，同时保持正常的 2 倍染色体数目。尽管二倍体细胞在多次传代后可能会出现老化并最终停止分裂，但它们在人类病毒分离和病毒疫苗生产中仍然具有重要作用。WI-26 和 WI-38 人胚肺细胞株是此类应用的典型例子。第三，传代细胞，包括肿瘤细胞或经突变的二倍体细胞，能够在体外进行持续的传代。这些细胞对病毒具有稳定的敏感性，因此在病毒学研究和工业应用中得到了广泛的使用。

病毒在敏感细胞中增殖时，可引起一系列可观察的变化，这些变化为病毒的检测提供了依据。细胞病变效应（cytopathic effect，CPE）是病毒增殖的直观指征之一。特定病毒感染细胞后，可引起细胞形态结构的改变，这些改变在显微镜下即使在细胞未经固定或染色的情况下也能被观察到。CPE的类型多样，包括细胞圆化、脱落、聚集成团等，这些变化反映了病毒对细胞的破坏作用；红细胞吸附现象是另一种病毒增殖的指标。某些病毒表面具有能够与红细胞结合的血凝素（hemagglutinin），当这些病毒感染细胞后，细胞表面会出现血凝素。在实验中，在感染细胞中加入脊椎动物（如豚鼠、鸡、猴）的红细胞后，这些红细胞会被感染细胞表面的血凝素吸附，形成可观察的凝集现象。红细胞吸附不仅指示病毒的存在，而且常用于区分正黏病毒与副黏病毒等不同类型的病毒；病毒在细胞中增殖时，可能不会引起细胞病变效应（CPE），但它们的存在可通过干扰作用来识别。具体而言，某些病毒在感染宿主细胞后，虽然不引起明显的CPE，却能够干扰随后感染同一细胞的其他病毒的增殖，进而抑制这些病毒特有的CPE表现。这一现象可利用不产生CPE的病毒来检测和确认随后接种的、能产生CPE的病毒的存在。病毒感染还可导致细胞代谢的改变。这种改变通常表现为培养液pH值的变化，反映了培养环境中生化特性的改变。这种pH值的变化可以作为病毒增殖的另一种指征。通过监测这些生化变化，可以间接判断病毒是否在细胞内增殖，即使在不产生CPE的情况下也是如此。

（三）病毒的鉴定

对于新分离的病毒，稳定传代后，应采取冷冻干燥的方法进行保存。进一步的鉴定工作旨在明确病毒的种属和型别。常用的鉴定方法包括血清学鉴定，如血凝抑制试验、中和试验、补体结合试验和酶联免疫吸附试验。这些试验通常使用已知的病毒抗体进行，其中单克隆抗体（McAb）是首选。病毒核酸和基因核苷酸序列的测定也是鉴定过程中的重要组成部分，它们可以提供病毒的遗传信息。病毒的大小、形态和结构检测也是鉴定中经常采用的方法，这些可以通过电子显微镜等技术实现。这些综合方法的应用，确保了病毒鉴定的准确性和科学性。

第二节　血清学诊断

一、凝集类实验

（一）普通凝集试验

普通凝集试验是一种常用的血清学诊断方法，用于检测血清中的抗体，特别是针对细菌和病毒的感染。该试验基于抗原和抗体之间的特异性结合原理。在实验过程中，将已知抗原与待测血清混合，如果血清中存在特定抗体，抗原和抗体会形成可见的凝集反应。

操作步骤通常包括准备抗原悬液，首先将其滴到含有待测血清的试管或微量凝集板中。其次，将混合物轻轻摇匀，以促进抗原和抗体的充分接触和结合。最后，将试管或凝集板静置一定时间，以观察是否出现凝集现象。凝集反应的结果通常通过肉眼观察或使用显微镜进行判断。凝集试验的结果解读包括阳性和阴性两种。阳性反应表现为抗原和抗体结合后形成的粗大颗粒，而阴性反应则没有颗粒形成，抗原悬液保持均匀分散状态。阳性结果表明血清中存在针对特定抗原的抗体，从而提示检测者该动物可能已经接触过该抗原，如感染过相应的病原体。普通凝集试验的优点包括操作简便、成本低廉，适用于快速筛查和初步诊断。但该试验的特异性和敏感性相对较低，可能会受到非特异性凝集因素的干扰，因此阳性结果需要通过更为准确的血清学测试或分子生物学方法进行确认。凝集试验无法提供抗体的滴度信息，即无法反映出抗体的浓度，这在某些情况下对于疾病的诊断和监测是不利的。

（二）血凝和血凝抑制试验

血凝和血凝抑制试验是血清学诊断的常用方法。这些试验基于抗原和抗体之间的相互作用，用以检测血清中特定抗体的存在。

血凝试验涉及将含有已知抗原的悬浮液与待测血清混合。如果血清中含有针对该抗原的抗体，会发生凝集反应，形成可见的凝集物。这种反应的发生指示了抗体的存在，从而可以推断出动物是否曾经接触过该抗原或疾病。进行血凝试验时，需将待测血清稀释成一系列浓度梯度，与固定量的抗原混合。通过观察不同稀释度下的凝集反应，可以定量分析抗体的滴度。滴度越高，表明抗体浓度越大，动物对该病原的暴露程度可能越高。血凝抑制试验则是血凝试验的延伸，主要用于确定血清中抗体的特异性。在此试验中，首先将血清与已知的抗原进行预先反应，以形成抗原－抗体复合物。其次，加入另一种抗原，如果血清中的抗体与第二种抗原不具有交叉反应性，那么原有的抗原－抗体复合物不会被破坏，凝集反应不会被抑制。反之，如果抗体与第二种抗原也能发生反应，那么原有的凝集会被抑制，因为抗体会与新加入的抗原形成新的复合物。这两种试验要求实验室技术人员精确的操作技术和对结果的准确解读能力。实验操作中，温度控制、反应时间、抗原和抗体的浓度都是影响试验结果的关键因素。实验室技术人员必须严格遵守操作协议，确保试验结果的可靠性和重复性。通过这些试验，可以有效地对猪病进行诊断，为疾病的防控提供科学依据。

（三）间接血凝试验

间接血凝试验（Indirect Hemagglutination Assay，IHA），用于检测血清中的特定抗体。该试验基于抗原与相应抗体结合时的凝集反应原理。在实验操作中，首先将已知抗原吸附到携带者颗粒上，通常使用红细胞或聚苯乙烯微粒。其次，将这些抗原包被的颗粒与待测血清混合。如果血清中存在针对该抗原的特定抗体，会发生凝集反应，导致颗粒形成可见的凝集物。

操作步骤包括：第一，准备抗原包被的携带者颗粒，将其均匀悬浮在适当的缓冲液中。第二，将待测血清稀释后加入含有抗原颗粒的微孔板中。第三，轻轻摇动微孔板，使血清与抗原颗粒充分接触。在适当的温度下孵育一段时间，以促进抗体与抗原的结合。孵育后，观察微孔板，检查是否有凝集反应的发生。凝集反应的结果通常通过显微镜观察或肉眼判断。如果出现凝集物则表示血清中存在对应的抗体，从而可以推断出动物是否曾经接触过该抗原或存在相关的感染。间接血凝试验的敏感性和特异性较高，常用于多种疾病的血清学诊断，如病毒性、细菌性和寄生虫病等。

该试验的优点包括操作简便、成本相对低廉以及能够同时处理大量样本，但其结果可能受到血清稀释度、抗原质量和实验操作技术等多种因素的影响。因此，进行间接血凝试验时，必须严格控制实验条件，以确保结果的准确性和可重复性。在解读结果时，还需考虑到交叉反应或自然凝集现象的可能性，这要求实验者具备相应的专业知识和判断能力。

（四）反向间接血凝试验

反向间接血凝试验（Reverse Passive Hemagglutination，RPHA），用于检测特定抗原或抗体的存在。该试验利用抗体与抗原的特异性结合原理，通过观察红细胞的凝集反应来判断样本中是否含有目标抗原或抗体。在进行反向间接血凝试验时，首先将已知抗体固定在红细胞表面，形成敏感红细胞。其次，将待测样本与这些敏感红细胞混合。如果样本中含有与固定抗体相对应的抗原，就会发生凝集反应，导致红细胞发生聚集，形成可见的凝集物。

实验操作包括几个关键步骤：第一，需准备敏感红细胞，通常是通过将红细胞与特定的抗体进行孵育，使抗体能够牢固地吸附在红细胞表面。第二，将这些敏感红细胞与待测血清混合，孵育一段时间，允许潜在的抗原与抗体发生反应。第三，观察是否有红细胞凝集的现象发生。

反向间接血凝试验的结果解读需要专业知识。凝集反应的出现表明样本中存在特定抗原，而无凝集反应则可能表示样本中不含该抗原，或其浓度低于检测限值。该试验的灵敏度和特异性取决于所用抗体的质量和试验条件的优化。此外，反向间接血凝试验的优势在于其操作相对简单和成本较低，但也可能受到非特异性凝集反应的干扰，因此结果需与其他诊断方法相结合，以提高诊断的准确性。在现代兽医实验室诊断中，该试验为疾病监测和诊断提供了一种有效的工具。

（五）乳胶凝集试验

该试验基于抗原与抗体反应的原理，其中乳胶微粒被用作抗原的载体。在实验过程中，将乳胶微粒与特定的抗原结合，再与待测的血清混合。如果血清中存在与乳胶微粒上的抗原相对应的抗体，会发生凝集反应，形成可见的凝集物。

具体操作步骤如下：第一，准备带有已知抗原的乳胶微粒悬浮液。第二，将待测血清稀释后滴加到含有乳胶微粒的试验板上。第三，轻轻摇动试验板，使血清与乳胶微粒充分混合。在规定的时间内观察是否出现凝集反应。凝集反应的出现表明血清中存在特定的抗体，反之则没有检测到特定抗体。乳胶凝集试验的灵敏度和特异性取决于所用抗原的纯度和试验条件的优劣。该试验具有操作简便、结果判读快速的优点，常用于各种疾病的快速筛查和诊断。例如，在猪病诊断中，乳胶凝集试验可用于检测猪瘟、伪狂犬病等多种疾病的抗体。需要注意的是，乳胶凝集试验可能受到血清中非特异性因素的干扰，如血清中的脂质、蛋白质过多等，这可能导致假阳性或假阴性结果。因此，实验结果需结合临床症状和其他实验室检测结果综合判断。为确保试验结果的准确性，应严格按照试剂说明书进行操作，并对实验室人员进行适当的培训。

二、沉淀类实验

（一）琼脂凝胶免疫扩散试验

该试验基于抗原与抗体在琼脂凝胶介质中相互扩散并形成可见沉淀线的原理。AGID 试验的特点包括操作简便、特异性强、灵敏度适中，适用于多种疾病的诊断。进行 AGID 试验时，首先需准备一定浓度的琼脂凝胶，将其倒入平板中冷却固化。待固化后，在凝胶中用冲孔器制作若干孔洞，中心孔通常用于加入已知的抗原，而周围孔则加入待测的血清样本。如果血清中含有与中心孔抗原相对应的抗体，抗原和抗体在琼脂中扩散相遇后，会在两者浓度相等处形成沉淀带。沉淀带的形成是由于抗原和抗体形成了大小适中的复合物，这些复合物在琼脂凝胶中不易溶解，因此沉积下来。

AGID 试验的结果解读相对直观。沉淀线的存在表明血清样本中含有特定的抗体，从而证实了动物体内存在相应的抗原或曾经有过感染。沉淀线的强度和数量可能与抗体的浓度有关，但 AGID 试验通常不用于定量分析。由于 AGID 试验对操作条件要求不高，因此在资源有限的实验室环境中也能够进行。该试验的灵敏度不如酶联免疫吸附试验（ELISA）等其他血清学检测方法，可能无法检测到低浓度的抗体或抗原。在选择诊断方法时，需根据具体疾病、所需灵敏度和实验条件综合考虑。

（二）环状沉淀试验

该试验基于抗原和抗体在适当比例下形成可见沉淀的原理。在实验过程中，通常将已知浓度的抗原溶液置于透明的试管或微孔板中心，随后缓慢地向周围加入抗体溶液。在抗原与抗体相互作用的过程中，形成环状沉淀带。

操作时，需保持实验室内环境静止，以避免任何可能导致液体混合的振动或移动，因为这可能会影响沉淀带的形成。实验室技术人员需精确剂量抗原和抗体的量，并控制它们混合的速度，以确保反应的特异性和敏感性。环状沉淀的形成通常可以在抗原和抗体混合几分钟后观察到。环状沉淀试验的敏感性较高，能够检测到低浓度的抗体。因此，该试验在疾病诊断、疫苗效果评估以及免疫学研究中有广泛应用。试验结果的解读需要经验丰富的技术人员，他们能够根据沉淀带的大小、形状和清晰度来评估抗原和抗体的相互作用。

环状沉淀试验的优点在于其简便性和可重复性，但也需注意其局限性。例如，非特异性反应可能导致误诊，而且不同的抗体浓度可能需要不同的优化条件。因此，实验结果需与临床表现和其他实验室检测结果相结合，以确保诊断的准确性。在现代猪病诊断中，环状沉淀试验作为血清学检测的一部分，对于疾病监测和健康管理提供了重要的辅助手段。

（三）絮状沉淀试验

该试验基于抗原与抗体在适宜条件下形成可见的絮状沉淀。此类沉淀反应的发生，依赖抗原与抗体的浓度比例、pH 值、离子强度以及温度等因素。在进行絮状沉淀试验时，首先需准备待测血清样本，将其与已知抗原在试管中混合。其次，调整反应混合物至适宜的 pH 值和离子强度，以优化抗原和抗体间的相互作用。最后，将混合物在恒定温度下孵育一定时间，以允许抗原－抗体复合物形成。孵育过程中，抗体分子与抗原结合，形成大小不一的复合物。在适当的条件下，这些复合物会聚集成较大的絮状沉淀，可以通过肉眼观察或显微镜下检查来确认。絮状沉淀的形成速度和量可以提供关于抗体滴度的定性或半定量信息。

　　絮状沉淀试验的敏感性和特异性取决于所用抗原的纯度和抗体的特异性。因此，实验前的抗原纯化和抗体的选择至关重要。试验中可能需要对多种不同的稀释度进行测试，以确定最佳的反应条件。该试验在猪病诊断中应用广泛，特别是在诊断某些细菌和病毒性疾病时。通过检测特定病原体的抗原或抗体，可以帮助确诊疾病，评估猪只的免疫状态，或监测疫苗接种的效果。

三、补体结合类实验

（一）抗体稀释法补体结合试验

　　补体结合试验（Complement Fixation Test，CFT）是一种传统的血清学诊断方法。该试验基于补体系统的活性，补体是血液中的一组蛋白质，能够在抗原抗体复合物形成时被激活。在抗体稀释法补体结合试验中，血清样本首先进行逐级稀释，以确定抗体的滴度。

　　操作步骤如下：第一，将已知抗原与待测血清混合，允许特异性抗体与抗原结合。第二，向混合物中加入一定量的补体。如果血清中存在与抗原相应的抗体，补体将被这些抗原抗体复合物固定。第三，加入溶血系统（通常是红细胞和相应的溶血素），如果补体已被抗原抗体复合物固定，溶血系统中的红细胞不会被破坏，溶血现象不发生，表示试验为阳性，即血清中存在特定抗体。相反，如果血清中没有相应的抗体，补体将会使溶血系统中的红细胞发生溶解，表现为试验阴性。

　　补体结合试验的敏感性和特异性较高，适用于多种传染病的诊断。

该试验对操作条件要求严格，包括补体的活性、抗原的纯度和抗体的亲和力，这些因素都可能影响试验结果的准确性。由于该试验需要使用活的补体和红细胞，因此在实验室条件下需要相应的保存和操作条件。随着技术的发展，补体结合试验已被酶联免疫吸附试验（ELISA）等更先进的方法所替代，但在某些情况下，CFT 仍然是一种重要的诊断工具。

（二）补体稀释法补体结合试验

补体结合试验（Complement Fixation Test，CFT），用于检测特定抗原与相应抗体之间的反应。补体稀释法是进行 CFT 的一种技术，它涉及补体、抗原、抗体以及红细胞和相应的溶血素的使用。

在进行补体稀释法补体结合试验时，首先需准备一系列补体的稀释液。实验开始前，补体通常被稀释到不同的浓度，以确定其在后续步骤中的最佳使用量。其次，将待测血清与已知抗原混合，允许特定的抗体与抗原结合形成复合物。再次，向混合物中加入预先稀释的补体。如果血清中存在针对该抗原的特定抗体，补体将被固定在抗原 – 抗体复合物上，无法参与后续的溶血反应。最后，向体系中加入羊红细胞和相对应的溶血素。如果补体已被抗原 – 抗体复合物固定，则羊红细胞不会被溶解，因为补体参与的溶血反应已被抑制。相反，如果血清中没有特定抗体，补体将未被固定，仍可与溶血素一起作用于羊红细胞，导致红细胞的溶解。通过观察是否发生溶血反应，可以判断血清中是否存在对特定抗原的抗体。

补体稀释法和补体结合试验的关键在于补体的量必须精确，过量或不足均可能导致错误的结果。试验中使用的所有试剂，包括抗原、补体、溶血素和红细胞，都需要严格控制质量，以确保试验的准确性和重复性。补体结合试验在多种疾病的诊断中仍然具有重要价值，尽管一些现代技术如酶联免疫吸附试验（ELISA）已经在某些领域取代了它。CFT 的优势在于其对特定抗体的高度特异性，但操作复杂且对技术人员的要求较高。因此，虽然现代技术在灵敏度和便捷性上可能更有优势，但是 CFT 在某些情况下仍是必不可少的。

四、标记类实验

（一）免疫荧光技术

免疫荧光技术是一种基于抗体与抗原特异性结合的实验室诊断方法，广泛应用于病原体的检测和免疫学研究。该技术涉及将荧光染料标记的抗体引入样本中，通过抗体与其特异性抗原的结合，使得目标抗原在荧光显微镜下可见。

操作过程中，首先要准备好处理过的样本，如血清、组织切片或细胞涂片。其次，将含有荧光标记的抗体加入样本中，允许其与特定抗原结合。通常，这一步骤需要在适宜的温度和时间条件下进行，以确保充分的结合。结合完成后，需要洗涤样本以去除未结合的抗体，这一步骤对于减少背景信号至关重要。洗涤后，样本通常会被涂上抗褪色剂以防止荧光信号随时间衰减。在荧光显微镜下观察时，标记的抗体会在特定波长的激发光照射下发出荧光，从而使得抗原位置可视化。通过分析荧光的位置、强度和分布，可以对样本中的抗原进行定性和定量分析。

免疫荧光技术的优势在于其高度的特异性和灵敏度，能够在复杂的样本中准确地检测目标抗原。该技术还可以同时检测多个抗原，通过使用不同荧光染料标记的抗体，可以在同一样本中进行多重标记，进一步提高诊断的信息量。

（二）酶联免疫吸附试验（ELISA）

酶联免疫吸附试验（ELISA）是血清学诊断中常用的标记类实验之一，广泛应用于猪病的检测。该技术基于抗原与抗体之间的特异性结合，通过酶标记的方式进行信号放大，以定量或半定量检测特定抗体或抗原的存在。

ELISA 的操作流程包括多个步骤。第一，将待测抗原或抗体固定在微孔板的每个孔中。第二，加入特异性结合的抗体或抗原，这些抗体或抗原一端与固定的物质结合，另一端则与酶标记物结合。第三，通过洗涤步骤去除未结合的成分，确保系统的特异性。第四，加入底物，与酶标记物发生反应，产生可见的颜色变化。颜色的深浅与待测物质的浓度成正比，通过分光光度计读取吸光值，即可得到定量信息。第五，通过比对标准曲线，计算样本中特定抗体或抗原的浓度。

ELISA 的优势在于其灵敏度高、特异性强，且可同时处理大量样本，适合于流行病学调查和疾病监测。该技术的变体，如间接 ELISA、夹心 ELISA 和竞争性 ELISA，可应用于不同的诊断需求。在实际操作中，严格的操作规程和质量控制是确保 ELISA 结果准确性的关键。包括但不限于对试剂的准备、微孔板的处理、底物的选择以及结果解读的标准化。实验室技术人员的专业训练和经验也是实验成功的重要因素。通过精确的操作和严谨的数据分析，ELISA 成为现代猪病诊断中不可或缺的工具。

（三）免疫酶技术

该技术基于抗原－抗体反应的特异性，通过酶标记的方式来检测和定量血清中的特定抗体或抗原。

实验操作通常遵循以下步骤：第一，将待测抗原或抗体固定在固相载体上，如微孔板。第二，添加待测血清样本，如果样本中含有对应的抗体或抗原，它们将会特异性地结合到固定在载体上的抗原或抗体。第三，洗涤微孔板以去除未结合的成分。第四，加入与待测物质特异性结合的酶标记抗体。这些酶标记抗体将会与已经固定的抗原－抗体复合物结合。再次洗涤以去除未结合的酶标记抗体。第五，加入底物，酶将催化底物发生颜色变化，通过光度计测定反应产物的颜色强度。颜色的深浅与样本中待测物质的浓度成正比。

免疫酶技术的变种众多，包括酶联免疫吸附试验（ELISA）、酶联免疫斑点试验（ELISPOT）等。这些技术因其高度的灵敏度和特异性，在猪病诊断中扮演着关键角色。例如，ELISA 可用于检测猪瘟病毒、伪狂犬病毒等多种病原的抗体或抗原。免疫酶技术的自动化和半自动化操作使得其在大规模筛查和流行病学调查中具有显著优势。准确的定量分析能力也使得该技术在疫苗效力评估和病程监测中得到应用。

（四）放射免疫分析

放射免疫分析（RIA）是一种高度敏感的实验室技术，用于测量血清中的抗体或抗原。该技术依赖于放射性同位素标记的分子与特定抗体或抗原的结合能力，以定量分析生物样本中的微量物质。

在进行放射免疫分析时，首先需将放射性同位素（通常是碘 –125 或碳 –14）标记到抗原或抗体上。其次，将这些标记分子与待测样本中的目标分子混合。如果样本中含有目标抗体或抗原，它们将与放射性标记的分子结合。通过特定的免疫沉淀步骤，可以分离出未结合的标记分子和抗体 – 抗原复合物。最后，使用辐射探测器测量复合物中的放射性信号。由于放射性标记物的辐射水平与抗体或抗原的量成正比，因此可以通过测量辐射强度来推算出样本中目标分子的浓度。

放射免疫分析的优势在于其极高的灵敏度和特异性，能够检测到极低浓度的生物标志物。由于涉及放射性物质，该技术要求执行严格的实验室安全措施，以保护实验人员和环境不受放射性污染。放射性同位素的半衰期和废弃物处理也是实施 RIA 时必须考虑的重要因素。尽管现代诊断技术中出现了许多替代 RIA 的方法，如酶联免疫吸附测定（ELISA）等，但放射免疫分析仍在某些特定场合因其独特优势而被采用。例如，在需要极高灵敏度和特异性的情况下，RIA 能够提供非常精确的测量结果。在实际操作中，RIA 的步骤需要精确执行。实验开始前，必须确保所有试剂和设备均符合放射性工作的安全标准。实验操作包括标记抗体或抗原、样本准备、孵育、分离结合与非结合放射性物质、测量放射性计数以及数据分析。在整个过程中，对时间、温度和放射性物质的处理都需要精确控制，以确保结果的可靠性。

对放射免疫分析的数据解读需要专业知识，通常涉及标准曲线的制备，该曲线通过已知浓度的标准样本来构建。通过比较未知样本的放射性计数与标准曲线，可以计算出样本中目标分子的浓度。尽管 RIA 是一种强大的工具，但其使用受到了严格的法规限制，主要是因为放射性废物的处理和对操作人员健康的潜在风险。因此，实验室人员必须接受专门的培训，以确保所有操作符合放射性物质使用的法律法规。

五、其他血清学实验

（一）免疫电镜技术

免疫电镜技术是一种结合了免疫学和电子显微镜学的方法，用于检测和鉴定病原体，尤其是病毒。该技术通过使用特异性抗体与病原体结合，利用电子显微镜的高分辨率来观察抗体－病原体复合物，从而实现对病原体的直接可视化和鉴定。

操作过程中，首先要准备样品，通常涉及将病毒悬浮液与特异性抗体混合。该混合物需在适宜的条件下孵育，以允许抗体与其特定的抗原结合。其次，通过离心等方法去除未结合的抗体和其他杂质。接下来，将抗体－病原体复合物固定在电镜样品托上。固定通常使用负染色或冷冻切片技术，以增强电子显微镜下的对比度和可视化效果。负染色涉及使用重金属盐溶液，如磷钨酸或铀酸盐，这些重金属会排斥电子，从而在电子显微镜下产生病原体的影像。在电子显微镜下，经过适当的放大和对比度调整，可以观察到标记的病原体。由于抗体的高度特异性，免疫电镜技术可以区分非常相似的病原体，甚至是同一病毒家族中的不同成员。免疫电镜技术不仅可以用于病原体的检测，还可以用于研究病原体的形态学和结构特征。通过分析病原体与抗体的结合模式，可以推断出病原体表面抗原的分布和特性。

（二）病毒蚀斑技术

病毒蚀斑技术（Virus Plaque Assay）是一种用于检测和定量病毒颗粒的实验室方法。该技术基于病毒感染细胞并形成蚀斑的原理，蚀斑是由于病毒复制而导致的细胞死亡和裂解形成的清晰区域。通过计数这些蚀斑，可以估计病毒的滴度。

操作过程通常遵循以下步骤：第一，将特定的宿主细胞种植在细胞培养板中，形成单层细胞。待细胞达到适宜的生长状态后，将含有病毒的样本稀释后加入细胞层上。第二，细胞被轻轻摇动以促进病毒与细胞的接触和吸附。第三，吸附一段适宜的时间后，去除病毒悬液，细胞层上加覆一层含有琼脂的营养介质，以防止病毒在培养板中的扩散。在适宜的温度下将细胞培养板孵化一定时间，使病毒有足够的时间复制并引起细胞病变。第四，孵化期结束后，细胞层会被染色，通常使用晶体紫或其他染料，以便更容易地观察和计数蚀斑。每个蚀斑代表一个病毒颗粒，通过计算蚀斑的数量，可以估算出原始样本中病毒的数量。

　　病毒蚀斑技术的优势在于其直观性和定量性，能够提供关于病毒感染力的精确信息。该技术要求病毒能在宿主细胞上形成可视化的蚀斑，且操作过程需要严格的无菌条件和精确的技术操作。不同病毒的蚀斑形成时间和条件可能有所不同，需根据具体病毒种类调整实验条件。病毒蚀斑技术在病毒学研究、疫苗开发和临床诊断中有着广泛的应用。

（三）变态反应

　　变态反应，即过敏反应，是机体免疫系统对某些通常不具致病性的外来物质过度反应的一种免疫应答。血清学检测在变态反应的诊断中扮演着关键角色，通过检测特定抗体的存在与水平，可以确定猪只是否对某种特定的抗原产生了免疫反应。

　　进行变态反应的血清学诊断时，通常包括几个步骤。首先，需采集猪只的血液样本，并从中分离出血清。血清中含有机体对抗原物质产生的抗体，这些抗体是诊断变态反应的关键指标。其次，利用特定的实验方法如酶联免疫吸附试验（ELISA）或放射免疫测定（RIA）等，来定量检测血清中的抗体。这些方法的基本原理是利用抗原与抗体之间的特异性结合反应，通过标记的抗体或抗原来检测和量化血清中的目标抗体。在变态反应的血清学检测中，常见的抗体包括 IgE 和 IgG。IgE 是过敏反应中的关键抗体，其水平的升高通常与立即型过敏反应相关。而 IgG 抗体的检测有助于识别长期或慢性的过敏反应。还可以进行皮肤过敏试验，以补充血清学检测的结果。在这种试验中，将疑似引起过敏的抗原直接注射到猪只的皮肤下，观察是否出现红肿或其他过敏反应的迹象。

第三节 分子生物学诊断

一、核酸探针技术

核酸探针技术在现代猪病诊断中扮演着重要角色，特别是在分子生物学诊断领域。该技术依赖互补核酸序列之间的特异性结合原理，用于检测和定位特定的 DNA 或 RNA 序列。在实际操作中，核酸探针是一段标记有放射性或荧光标签的 DNA 或 RNA 片段，它能够与目标序列通过碱基配对的方式特异性结合。

诊断过程开始于样本的采集，通常是猪只的血液、组织或排泄物。提取样本中的总核酸后，将其与核酸探针混合。在适当的条件下，探针与其互补序列结合，形成稳定的双链复合物。通过洗涤步骤去除非特异性结合或未结合的探针，确保只有特异性结合的探针留在样本上。接下来，利用探针上的标签进行信号检测。如果样本中存在目标序列，标记的探针将发出信号，通过放射性计数或荧光显微镜检测。信号的强度通常与目标序列的数量成正比，但不是所有情况都成正比。核酸探针技术的优势在于其高度的特异性和灵敏度，能够检测微量的病原体 DNA 或 RNA。该技术还可用于病原体的定型和分型，为猪病的监控和流行病学研究提供了有力工具。在实验室诊断中，核酸探针技术的应用包括但不限于病原体的直接检测、感染性疾病的诊断、抗生素抗性基因的监测以及遗传性疾病的识别。随着分子生物学技术的不断进步，核酸探针技术的应用范围不断扩大，为猪病的诊断和研究提供了更为精确和快速的手段。

二、单克隆抗体技术

分子生物学诊断是现代猪病诊断技术中的重要组成部分，其中单克隆抗体技术因其高度的特异性和灵敏度，在疾病监测和诊断中占据了核心地位。单克隆抗体是由一种免疫细胞产生的，能够与特定抗原精确结合的抗体。

在操作层面，单克隆抗体的生产首先需要通过免疫接种将纯化的抗原引入宿主动物，通常是小鼠。这一过程激发宿主动物的免疫系统产生针对该抗原的 B 细胞。其次，从宿主中提取脾细胞，这些细胞中包含了产生特定抗体的 B 细胞。为了获得单克隆抗体，这些 B 细胞需要与能够无限增殖的骨髓瘤细胞融合，形成杂交瘤细胞。这些杂交瘤细胞结合了 B 细胞产生特定抗体的能力与骨髓瘤细胞的不朽性，因此可以无限期地产生单一种类的抗体，即单克隆抗体。接下来，通过筛选和克隆杂交瘤细胞，可以选择出一个产生高亲和力、高特异性抗体的单一克隆。筛选过程通常涉及 ELISA（酶联免疫吸附试验）等技术，以确保所选克隆的抗体与目标抗原有高度的结合能力。最终，所选的杂交瘤细胞克隆被培养在适宜的培养基中，以大量生产单克隆抗体。这些抗体可以被纯化并用于各种诊断试验，如免疫组化、流式细胞术和免疫荧光技术，以检测和诊断猪病。

单克隆抗体技术的应用极大地提高了猪病诊断的准确性和效率，使得早期疾病的检测和防控变得更加可行。通过这种技术，可以精确地识别病原体，为猪病的治疗和管理提供了强有力的工具。

三、核酸扩增

核酸扩增技术尤其在病原体的快速检测和精确诊断中发挥着关键作用。核酸扩增包括多种方法，如聚合酶链反应（PCR）、实时定量 PCR（qPCR）、逆转录 PCR（RT-PCR）和数字 PCR 等，这些技术能够放大病原体的特定 DNA 或 RNA 序列，以便于检测和鉴定。

在实施核酸扩增之前，需从临床样本中提取核酸。这一步骤要求严格按照操作规程进行，以确保提取的核酸质量和纯度满足后续分析要求。提取后的核酸经过定量和质控步骤，以评估是否适合用于扩增。PCR 技术的核心是利用特定的引物和 DNA 聚合酶，通过温度循环实现目标 DNA 序列的指数级扩增。每个循环包括变性、退火和延伸三个步骤。变性步骤将双链 DNA 熔解为单链，退火步骤允许引物与目标序列特异性结合，延伸步骤则是 DNA 聚合酶沿模板链合成新的 DNA 链。qPCR 技术在 PCR 的基础上增加了荧光标记探针或染料，使得在扩增过程中即时监测 DNA 的合成量，从而实现定量分析。RT-PCR 则是将 RNA 首先逆转录成 cDNA，再进行 PCR 扩增，这对于病毒 RNA 的检测尤为重要。数字 PCR 技术则是将样本分割成数千到数万个微小反应单元，每个单元内可能包含或不包含目标 DNA 分子，通过后续的扩增和计数，可以实现对 DNA 分子的绝对定量。

核酸扩增技术的高灵敏度和特异性使其成为猪病诊断中不可或缺的工具。通过这些技术，可以在短时间内从复杂的临床样本中检测到极少量的病原体，为疾病的早期诊断和防控提供了有力的支持。实验操作的精确性和对交叉污染的严格控制是确保结果准确性的前提。核酸扩增结果的解读需要结合临床症状和其他实验室检测结果，以获得全面的诊断信息。

第四节　常见猪病的实验室检测

一、猪瘟抗体检测（间接血凝试验）

（一）试验原理

该试验基于抗原和抗体之间的特异性结合原理。在特定条件下，抗原与相应的抗体相互作用，形成抗原抗体复合物。由于这种复合物的分子团体积较小，无法直接通过肉眼观察。为了提高检测的灵敏度，实验中通常采用致敏红细胞。具体操作是将抗原吸附在经过特殊处理的红细胞表面，这样即使是微量的抗原也足以引发与抗体的反应。当这些致敏红细胞与猪瘟抗体相遇时，会发生凝集现象，使得红细胞聚集成团，形成肉眼可见的凝集反应。通过观察这一凝集现象，可以判断样本中是否存在猪瘟抗体，从而对猪瘟感染进行诊断。

（二）试验器材与试剂

该检测需要特定的器材与试剂。实验室需准备 96 孔 1100 至 1200 V

型医用血凝板，用于容纳和处理样本。0 至 100μL 范围的可调微量移液器及其塑料嘴用于精确转移微小体积的液体。

猪瘟间接血凝抗原（诊断液）是进行抗体检测的关键试剂，每瓶 5 毫升的诊断液足以检测 25 至 30 份血清样本。为了确保检测结果的准确性，还需使用阴性和阳性对照血清，每瓶提供 2mL。样品稀释液每瓶 10mL，用于调整待检血清的浓度，以适应检测的需要。待检血清每份 0.2 至 0.5mL，需在 56 摄氏度水浴中灭活 30 分钟，以消除生物安全风险，同时保留血清中的抗体，以便进行后续的检测。

（三）操作步骤

1. 加稀释液

在血凝板上，第 1 至 6 排的 1 至 9 号孔，以及第 7 排的 1 至 3 号孔和第 5 号孔，还有第 8 排的 1 至 12 号孔中，各加入 50μL 稀释液。此步骤为后续加入血清和病毒抗原，进行血凝反应的准备工作，确保了反应的准确性和可靠性。

2. 稀释待检血清

取 50μL 的待检血清样本加入微量滴定板的第 1 排第 1 孔中。使用塑料嘴插入孔底，通过轻压弹簧 2 至 3 次以实现混匀，同时注意避免产生过量气泡。接着，从第 1 孔中取出 50μL 的混合液，转移到第 2 孔中，并重复混匀步骤。此操作连续进行，直至第 9 孔，每次混匀后均取出 50μL 移至下一孔，最后在第 9 孔混匀后取出的 50μL 被丢弃。通过这种方法，第 1 排 1 至 9 孔中的待检血清依次达到 1 : 2 至 1 : 512 的稀释倍数，每个孔的稀释度可以表示为 $1:2^n$。对于后续的血清样本，每个样本都放置在新的排中，并重复上述稀释过程。在处理每个新的血清样本之前，更换新的塑料嘴是必要的，以防止交叉污染，确保实验结果的准确性。这一系列操作是为了准备血清样本进行后续的猪瘟抗体检测，是确保实验室诊断精确度的关键步骤。

3. 稀释阴性对照血清

在血凝板的第 7 排第 1 孔中加入 50μL 阴性血清。接着，进行对倍稀释，即将第 1 孔中的血清稀释至第 2 孔，并混匀。混匀后，从第 2 孔中取出 50μL，丢弃，再以同样的操作稀释至第 3 孔。在这一系列操作后，阴性血清在血凝板中的稀释倍数依次为 1∶2、1∶4、1∶8。第 5 孔作为稀释液对照，不含血清，以确保实验的准确性。

4. 稀释阳性对照血清

在血凝板的第 8 排第 1 孔中加入 50μL 阳性血清后进行对倍稀释操作，直至第 12 孔。每次稀释后需充分混匀，以确保血清在各孔中均匀分布。完成混匀后，从第 12 孔取出 50μL 的混合液并丢弃，以保持稀释系列的准确性。通过这种方法，可获得从 1∶2 到 1∶4096 不同稀释倍数的阳性对照血清，为后续的抗体检测提供标准。

5. 加血凝抗原

检测过程中，各被检血清孔、阴性对照血清孔、阳性对照血清孔以及稀释液对照孔，均需加入 25μL 的血凝抗原。在添加血凝抗原前，必须确保其充分混合，以避免血球在瓶底沉淀。

6. 振荡混匀

将血凝板放置于微量振荡器上，进行 1 至 2 分钟的振荡，以确保血液样本充分混合。若无振荡器，可手工轻轻摇晃以达到相似效果。混匀后，需在白纸上检查以确认红细胞是否均匀分布，且无血球沉淀现象，这是判断混合是否合格的标准。接下来，需将血凝板盖上玻璃片，并在室温或 37℃ 条件下静置 1.5 至 2 小时以判定结果。结果判定也可以推迟至第二天进行。这一步骤是确保抗体与抗原充分反应，以便观察是否有凝集反应发生，从而判断样本中是否存在猪瘟抗体。

（四）判定标准

判定标准根据红细胞凝集的比例分为几个等级。"+"的结果表示大约有 25% 的红细胞发生凝集，意味着大部分红细胞沉降于孔底，但边缘有少量血球悬浮。这表明虽然存在一定水平的抗体，但不高。"++"的结果显示约有 50% 的红细胞凝集，此时少量血球沉入孔底，而大部分血球在孔内悬浮。这通常指示了中等水平的抗体存在。"+++"的判定约有 75% 的红细胞凝集，这一结果表明抗体水平较高。"++++"的结果表示有 90% 至 100% 的红细胞凝集，这是抗体水平高的明确指标。

（五）结果判定

检测过程中，首先需要移除玻片，再将血凝板置于纸上进行观察。对照组的设置对于结果的判定至关重要。阴性对照血清在 1:8 稀释度下观察，应无凝集或仅显示微弱的"+"凝集，以确保试验系统的特异性。稀释液对照孔也应无凝集，以排除非特异性凝集的可能。阳性血清对照从 1:2 至 1:256 稀释度各孔应显示从"++"到"++++"不等的凝集，这表明试验系统的敏感性和反应性。在确认对照孔结果合格的基础上，检测待检血清各孔的反应。待检血清的抗体效价由显示"++"凝集的最大稀释倍数确定。例如，若某份待检血清在 1:128 稀释度（第 7 孔）显示"++"凝集，在更高稀释度（第 8 孔）显示"+"凝集，并在 1:512 稀释度（第 9 孔）无凝集，则该份血清的猪瘟抗体效价确定为 1:128。这一结果指示了在第 7 孔稀释度下，血清中存在足够的抗体与猪瘟病毒抗原发生反应，形成可观察到的凝集。在实际应用中，猪群接种猪瘟疫苗后，对免疫效果的评估是至关重要的。若疫苗接种后猪群的血清在 1:16 稀释度（第 4 孔）显示"++"凝集，这表明猪群已达到免疫合格的标准，即猪只体内的抗体水平能够有效地中和猪瘟病毒，从而提供保护。

二、猪伪狂犬病鉴别诊断（酶联免疫吸附试验（ELISA））

（一）原理

该试验的原理基于特定的免疫反应，即利用 gE 基因缺失疫苗免疫后猪只体内产生的抗体进行诊断。gE 基因缺失疫苗是一种高效的伪狂犬疫苗，通过删除病毒基因组中的 gE 基因，减弱了病毒的病原性同时保留了免疫原性。接种该疫苗的猪只会产生针对伪狂犬病病毒的特异性抗体，而不会对 gE 基因产生反应，因为疫苗中缺少这一成分。在使用 ELISA 进行诊断时，猪伪狂犬病 gE 基因抗体诊断试剂盒能够检测猪血清中是否存在针对 gE 基因的抗体。如果猪只未感染野生病毒株，即未接触过带有完整 gE 基因的病毒，其血清中不会有针对 gE 基因的抗体，因此 ELISA 检测结果为阴性。相反，如果猪只感染了野生病毒株，其体内会产生针对 gE 基因的抗体，使得 ELISA 检测结果为阳性。因此，ELISA 试剂盒能够区分猪只是由于接种 gE 基因缺失疫苗产生的抗体，还是由于野生病毒感染产生的抗体。

（二）试剂盒的组成

该试验所用试剂盒主要包含以下组件：具有固定伪狂犬病病毒抗原的 96 孔微量板，用于参照的阳性样品和阴性样品，分别呈黄色和蓝色以便于识别。酶标抗体通常标记为红色，用于检测特定抗原。试剂盒还包括 10 倍浓缩洗液，用于清洗孔板以去除非特异性结合；样品稀释液，用于调整样品浓度；TMB 底物，作为显色剂；终止液，用于停止反应。

（三）试剂的准备

试剂在使用前需达到室温条件，以确保试验的准确性。特别是清洗液和稀释液，由于其高盐分的特性，可能会出现结晶现象。因此，在使用之前，必须充分摇匀确保结晶完全溶解。若结晶未完全溶解，则不宜使用。为加快溶解过程，可将试剂置于 37℃ 的水中。为防止结晶的形成，应在重悬前先让溶液回温至室温。清洗液的配制是将 1 份清洗液与 9 份灭菌水或去离子水混合。配制好的清洗液可在 4℃ 条件下保存 3 天，或在 –20℃ 条件下保存 30 天。正确的试剂准备是确保 ELISA 试验结果可靠性的基础。

（四）操作步骤

第一，试剂需先置于室温下，并通过轻摇使其混匀；第二，将阴性对照血清、阳性对照血清以及待检样品进行 1 倍稀释，每个样品取 100μL 加入相应的孔中，并进行记录。将盖上的膜在 37℃ 的环境下孵育

60 分钟；第三，孵育完成后，移除膜并使用 300μL 的洗液对孔进行三次洗涤，每次洗涤后需在吸水纸上轻敲以去除多余液体；第四，向每个孔中加入 100μL 的酶标记抗体，再次盖上膜并在 37℃下孵育 30 分钟；第五，第二次孵育后，再次移除膜并用 300μL 的洗液洗涤三次后彻底干燥。向每个孔中加入 100μL 的底物，并轻微摇动板 2 秒，将板置于黑暗处，在 18 至 25℃下反应 15 分钟；第六，向每个孔中加入 100μL 的终止液，并通过轻敲混匀。在 450nm 的波长下读取并记录结果前，使用柔软物质清除平板上的污迹。通过这一系列步骤，可以有效地检测猪伪狂犬病的抗体，从而对疾病进行诊断。

（五）结果的计算

该试验通过血清抗体平均阻断率（INH%）来表征结果。计算 INH% 时，采用的公式为：

INH% = [（阴性对照值 – 样品的 OD 值）/ 阳性对照值] x 100

此计算方式能够量化样品中特定抗体的存在程度，通过与阴性对照和阳性对照的比较，可以判断样品是否含有病毒抗体。阴性对照提供了没有抗体存在时的基线 OD 值，而阳性对照则代表了抗体存在时的预期 OD 值。通过这种比较，可以准确地评估样品中抗体的相对水平。

（六）结果判定

该试验通过测定样本中特定抗体的存在与否来判定猪只是否感染了病毒。结果的判定标准明确：阴性对照值与阳性对照值之差应大于 0.6，且平均阻断率（INH%）对照值应超过 60%。若试验结果不符合这些条件，应重新进行试验。

在具体的数值判定中，样本的阻断率是判断标准。阻断率高于 45% 的样本被认定为阳性，意味着样本中存在猪伪狂犬病病毒抗体。阻断率低于 40% 的样本被认定为阴性，表明没有检测到病毒抗体。而阻断率介于 40% 至 45% 之间的样本则被视为可疑，需要进一步的检测或监测。

对于样本的处理，无论是新鲜的还是存储于冷藏或冷冻条件下的血样，在进行 ELISA 测试前都需要进行适当稀释，通常是将 50μL 的稀释液加入 50μL 的血样或对照样本中。这一步骤确保了试验的准确性和可靠性。

三、猪蓝耳病检测（酶联免疫吸附试验（ELISA））

（一）原理

该试验基于抗原－抗体特异性结合的原理。在 ELISA 检测中，PRRSV 抗原先被固定在 96 孔板上。待测样品加入孔中时，如果含有 PRRSV 抗体，则会与固定的病毒特异性结合。非特异性结合的物质通过洗涤步骤被去除。加入带有酶标记的二抗后，它仅与已结合的 PRRSV 抗体相结合。再次洗涤去除未结合的二抗后，加入底物进行显色反应。如果样品中包含 PRRSV 抗体，则会在底物的作用下显色，通过光度计检测颜色变化的程度，可以间接定量分析样品中的 PRRSV 抗体水平。

（二）试剂盒的组成

该试验通过特定的试剂盒进行，试剂盒的组成包括预包被 PRRSV 抗原的 96 孔板 5 块，用于洗涤孔板的 20 倍浓缩洗液 120mL，用于稀释样品的 3 倍浓缩样品稀释液 100mL。试剂盒还包含用于检测特定抗体的酶标记抗体 30mL，颜色编码的阳性和阴性对照样品各 2.2mL，用于显色的 TMB 底物 30mL，以及用于停止反应的终止液 30mL。为保持反应过程中的稳定性，试剂盒还附带封盖膜 5 块。通过这些组成部分的协同作用，ELISA 试验能够定量地检测猪只血液中的 PRRSV 抗体，为猪蓝耳病的诊断提供科学依据。

（三）检测前准备

在进行 ELISA 检测前，样品和试剂的准备是实验成功的关键步骤。样品需用稀释液进行 200 倍稀释，而已提供的阳性和阴性对照样品则无须稀释。将试剂的温度调节至室温是实验前的必要条件。清洗液和样品稀释液的配制也需严格按照指定的比例进行。清洗液需用灭菌水或去离子水稀释至 20 倍，并应在 7 天内使用完毕；样品稀释液则需用同样的水稀释至3倍，且应当即配制使用，不得保存，剩余部分需丢弃。这些准备工作确保了实验的准确性和可靠性。

（四）操作程序

实验开始前，需将所有试剂置于室温并充分混匀。记录样品及对照品在微孔板上的位置，同时准备阴性和阳性对照样品各两份。实验过程中，首先去除微孔板的封膜，加入阴性、阳性对照样品和已稀释的待测样品，覆盖新的封膜并在37℃下孵育60分钟。孵育后，再次去膜并使用洗液清洗孔板，并用300μL洗液洗三次，之后在吸水纸上轻敲以去除多余液体。随后，向每个孔中加入酶标记的抗体，覆盖封膜并再次在37℃下孵育60分钟。孵育完成后，用洗液清洗孔板，晾干后加入底物，并在避光条件下于室温孵育10分钟。反应通过加入终止液终止，并通过轻敲微孔板以混匀。最后，清洁微孔板表面的污迹，使用酶标仪在450nm波长下读取并记录结果。通过比较样品的吸光度与对照样品的吸光度，可以判断样品是否含有猪蓝耳病病毒抗原。

（五）结果的分析

在进行ELISA检测时，需在450nm波长下读取吸光度（OD值）。阳性对照的OD值应大于0.8，这是确保试验有效性的基本条件。阳性样品的OD值应至少为阴性对照的四倍，且两者之间的差值应不小于0.5，以确保结果的可靠性。

结果分析时采用的是感染率百分比计算（IRPC），该计算公式为：

[（样品的OD值－阴性对照值）/（阳性对照值－阴性对照值）]×100

通过这一计算，可以将样品的OD值转换为相对于对照样品的百分比，以便于判断样品是否阳性。若IRPC值的结果小于或等于20，则判定为阴性；若IRPC值大于20，则判定为阳性。这种分析方法为猪蓝耳病的诊断提供了定量的评估手段。

四、猪细小病毒抗体检测（乳胶凝集试验）

（一）试验材料

进行此试验需要特定的试验材料，包括猪细小病毒病乳胶凝集试验抗体检测试剂盒。该试剂盒内含有猪细小病毒致敏乳胶抗原，用于检测血清中的特定抗体。试验还需要阳性血清和阴性血清作为对照，以及稀释液来调整样品浓度。实验操作过程中使用的工具包括玻片和塑料嘴。每个试剂盒通常都配有详细的使用说明书，指导使用人员如何正确进行试验步骤和结果的解读。

（二）操作方法

1. 定性试验

首先，将待检测的血清样品、阳性血清、阴性血清以及稀释液各取一滴，分别置于干净的玻片上。其次，向每一滴血清或稀释液中加入一滴乳胶抗原。使用牙签将血清或稀释液与乳胶抗原混合均匀，通过搅拌并轻轻摇动玻片 1 至 2 分钟以促进反应。最后，在 3 至 5 分钟内观察并记录结果。

2. 定量试验

对血清进行连续稀释。每次稀释后，取 1 滴稀释后的血清滴加到乳胶凝集反应板上。同时，设置对照样品，操作方法与测试样品相同。接着，向每个样品中加入 1 滴乳胶抗原。加入后，需要对反应板进行搅拌和摇动，以促进反应的进行。最后，根据反应板上的凝集情况判定结果。

（三）结果判定标准

结果判定标准分为几个等级。

"++++"表示强烈阳性反应，此时所有乳胶颗粒凝集在液滴边缘，使得液体部分完全透明。"+++"表示明显的阳性反应，大部分乳胶颗粒凝集，液体稍显混浊。"++"表示中度阳性反应，约有 50% 的乳胶颗粒凝集，颗粒较细，液体较混浊。"+"表示轻度阳性反应，只有少量乳胶颗粒凝集，液体混浊。"—"表示阴性反应，液滴保持原有的均匀乳状，无凝集现象。

为确保试验的有效性，对照试验必须满足特定条件：阳性血清加抗原应呈现"++++"反应；阴性血清加抗原应呈现"—"反应；抗原加稀释液也应呈现"—"反应。只有当样品显示"++"或以上的凝集反应时，才能判定为阳性凝集。这种分级方法为猪细小病毒抗体的检测提供了清晰且可靠的判断依据。

五、猪衣原体病的检测（间接血凝试验）

（一）试剂盒内容

该试验所需的试剂盒内容包括专门为检测准备的衣原体属抗原致敏红细胞，以及用于比对的阳性和阴性对照血清。衣原体属抗原致敏红细胞是实验的核心反应介质，用于检测血清中是否存在针对衣原体的抗体。阳性对照血清含有已知反应的抗体，而阴性对照血清则不含这些抗体，两者共同用于确保试验的准确性和可靠性。通过比较待测血清与这些对照血清的反应，可以判断猪只是否感染了衣原体病。

（二）试验方法

首先，准备3个孔，将75μL生理盐水滴入V型反应板的每个孔中。其次，取25μL的被检样品（血清或分泌物）加入第1孔，并与生理盐水混合均匀。再次，从第1孔吸取25μL混合液，加入第2孔中，进行对倍稀释，同样操作直至第3孔。每个孔中再加入25μL的抗原。在进行定性检查时，只需在前两孔中加入抗原。对于哺乳动物血清，通常只在1:32和1:64两个稀释度的孔中加入抗原。若进行定量试验，可根据实际需要调整加入抗原的孔数。试验还需设置阳性血清加抗原、阴性血清加抗原以及生理盐水加抗原各一孔，以作为对照。

（三）结果判定

1.判定标准

猪衣原体病的检测中，间接血凝试验是一种常用的实验室检测方法。该试验的结果判定依据红细胞的凝集程度。红细胞凝集的程度用"++++"至"—"的标记来表示。其中，"++++"代表红细胞完全凝集，覆盖整个孔底；"+++"则表示凝集较为密集，但面积略小；"++"为红细胞在孔底形成较薄的凝集层，边缘可能松散或呈锯齿状；"+"显示的是稀薄、松散的凝集，孔底可见小圆点；"+/−"则是红细胞沉于孔底，周围不光滑或中心有空斑；"—"表示红细胞完全沉于孔底，形成光滑的圆点。

在判定结果时，出现"++"及以上级别的凝集通常被认为是阳性反应。为确保试验的有效性，对照试验必须满足特定条件：阳性血清与抗原反应应呈现"++++"级别的凝集；阴性血清与抗原反应应呈现"—"级别的凝集；抗原与生理盐水反应也应呈现"—"级别的凝集。若对照试验未达到这些标准，则需重新进行试验。

2.被检样品判定标准

样品的判定标准基于血清效价的测定。具体来说，当哺乳动物血清的效价达到或超过 1:64 时，该样品就会被判定为阳性。表明在该稀释度下，血清中仍有足够的抗体与衣原体发生反应。相反，如果血清效价低于或等于 1:16，则样品被判定为阴性，意味着血清中的抗体水平不足以与衣原体产生显著反应。对于那些血清效价介于 1:16 和 1:64 之间的样品，则被判定为可疑，意味着抗体水平处于一个不确定的范围，需要进一步的检测或监测。

第六章 现代猪病预防（一）：猪场消毒

第一节 猪场消毒要点解读

一、人员与环境消毒

（一）人员消毒

在实施猪场消毒时，必须严格遵循一套综合措施以防止疾病传播。工作人员在进入生产区之前，需进行彻底洗浴、更换衣物，并通过紫外线消毒。猪场应限制外部访客，并为必须进入的人员提供专用的工作服和鞋子。入场前，人员应在专设的消毒池中更换鞋子并进行消毒，该消毒池通常使用 2% ～ 4% 的氢氧化钠溶液，并每三天更换一次。条件较好的猪场会在生产区入口设置消毒室，供工作人员洗浴、更衣，并穿戴消毒后的工作服装进入。保持消毒室的清洁至关重要。工作服、鞋和更衣设施也需定期进行洗涤和消毒处理，通常采用福尔马林熏蒸法。在接触猪群和饲料前，工作人员应使用 1 ：1000 的新洁尔灭溶液进行至少 3 到 5 分钟的消毒处理，确保环境与个人卫生符合预防标准。

（二）环境消毒

环境消毒需遵循具体的时间间隔和方法。例如，猪舍周围环境推荐每 2 至 3 周撒布生石灰或采用 2% 氢氧化钠溶液进行消毒。排粪坑、污水池以及下水道出口则建议每月使用漂白粉进行消毒处理。入口处的消毒池对于阻断病原体传入猪舍环境同样重要，建议使用 5% 来苏儿或 2%

氢氧化钠溶液，并注重消毒液的定期更换。道路消毒则应每 1 至 2 周进行，使用 2% 至 4% 氢氧化钠溶液喷洒，而场地消毒则可选用 3% 至 5% 甲醛、2% 至 4% 氢氧化钠或 0.5% 过氧乙酸进行喷洒。

对被病猪排泄物和分泌物污染的地面土壤消毒，需要采用特定浓度的化学溶液。例如，5% 至 10% 的漂白粉溶液和 10% 的氢氧化钠溶液是常用的消毒剂。百毒杀消毒剂也是一种不错的选择。在处理因传染病（如炭疽、气肿疽等）而死亡的病猪尸体时，消毒工作需更加严格。应用 5% 至 10% 的优氯净或 10% 至 20% 的漂白粉乳剂进行地面喷洒，以此减少疾病传播的风险。另外，需要将表层土壤挖掘至约 30 厘米深，将干漂白粉撒布并与土壤混合。处理后的表土应运出并进行掩埋，以防止疾病传播。在运输过程中，应使用密闭车辆以防漏土，从而减少沿途的污染风险。在无法将表土运走的情况下，应增加漂白粉的用量，以每平方米 5 千克的标准用量将漂白粉与土壤充分混合，达到消杀的目的。

二、猪舍与带猪消毒

（一）猪舍消毒

1. 猪舍预防消毒

在现代养猪业中，猪场消毒作为防病措施至关重要。规定性消毒通常每年春秋各执行一次，以减少病原体在猪群中的传播。特别是采用"全进全出"管理模式的机械化养猪场，在猪只全部出栏后应彻底消毒，以此断绝潜在的病原循环。具体到产房，产仔结束后立即进行消毒，是保障仔猪健康成长的关键一环。猪舍预防消毒推荐使用福尔马林和高锰酸钾熏蒸的方法。福尔马林和高锰酸钾的化合反应产生的气体具有强大的杀菌效果，能有效杀灭猪舍内的病原体。对于空间的消毒浓度，标准用量是每立方米空间使用福尔马林 40 毫升与高锰酸钾 20 克，或者用等效量的生石灰来代替。这一处理过程需在室温条件下进行，以确保化学反应的充分进行和杀菌效果的最大化。在进行熏蒸消毒时，必须保持猪舍的门窗紧闭，确保杀菌气体在猪舍内充分分布。熏蒸后需保持 12 至

24 小时，以达到最佳消毒效果。完成上述工作后，应打开门窗进行通风，确保残留的化学物质被清除，以保护猪只和工作人员的健康。猪舍消毒不仅限于固定周期的预防性消毒，还需根据实际情况做出相应调整。例如，疫病发生时，消毒频率和强度可能需要增加。而且，猪舍消毒不应局限于内部空间，任何猪只停留过的地方，如运输工具、饲养设备等，都应纳入消毒范畴。

2. 猪舍临时消毒与终末消毒

猪舍消毒可分为临时消毒与终末消毒，两者均应根据传染病种类的不同而采取不同的消毒剂。对于细菌性疾病，尤其是肠道菌和病毒性疾病，2% 的氢氧化钠或 5% 的漂白粉溶液便可发挥作用。当猪舍内爆发由细菌芽孢所引起的传染病时，则需使用更强效的消毒剂，如 4% 的氢氧化钠溶液或 10% 至 20% 的漂白粉乳剂，以确保彻底根除病原体。猪舍的消毒程序不仅要限制在猪只生活的区域内，还应涵盖猪只活动的全域，包括病猪舍及隔离舍。出入口处应设置消毒液浸泡的麻袋片或草垫，以防病原体通过人员或物品的流动传入或传出。此种方法，确保了消毒措施的全面性，从而降低了疾病在猪只之间传播的风险。

（二）带猪消毒

1. 一般性带猪消毒

定期的带猪消毒，即在猪只不离开猪舍的条件下进行消毒，对维护猪群健康至关重要。带猪消毒通常采用喷雾消毒法，该方法涉及将消毒剂溶液通过压缩空气雾化后喷洒于猪体表面及猪舍内部，以此来减少或杀灭猪只体表和空气中的病原体。在实际应用中，过氧乙酸溶液的浓度通常控制在 0.2% 至 0.3% 之间，对每立方米空间使用 20 至 40 毫升的消毒剂量。也可以使用 0.1% 的新洁尔灭溶液或 0.2% 的次氯酸钠溶液进行消毒。在操作过程中，应从猪舍一端开始，边喷雾边匀速移动，确保各处的喷雾量均匀。特别是在疫病流行期间，带猪消毒成为综合防控疫病的关键措施之一。适时的消毒可以在控制疫情方面发挥作用。需注意的是，过氧乙酸的浓度应控制在 0.5% 以下，以确保人畜安全。为减少对操作人员的刺激，建议在消毒时佩戴口罩。此消毒方法适用于全年，通常情况下建议每周进行 1 至 2 次消毒。在春季和秋季疫病高发季节，建议增加至每周 3 次。若疫情发生，应每天进行 1 至 2 次消毒。为防止病原体对特定消毒剂产生抗性，建议交替使用 3 至 5 种不同的消毒药物进行消毒。通过这样的定期消毒程序，可以显著降低疾病在猪群中的发生率，保障猪舍环境的卫生安全，为猪只提供一个更加健康的生长环境，是疾病预防管理中不可或缺的部分。

2. 猪体保健消毒

分娩前的妊娠母猪应接受全身皮肤的清洁，首轮清洁通常在分娩前五天进行，使用热毛巾配合 0.1% 高锰酸钾水进行全身擦洗。第二次擦洗应在分娩前三天进行，着重清洗乳头和会阴部，以降低新生仔猪接触病原微生物的风险。

哺乳期母猪需定期进行乳房的清洗与消毒，以预防乳腺炎等疾病。若母猪或仔猪出现腹泻等症状，应采用带猪消毒药进行处理。一般情况下，消毒频率为每七天一次，但在疾病暴发或猪场污染严重时，消毒的频率和强度应根据实际情况加以调整。

对于新生仔猪，分娩后应立即用热毛巾清洗其全身，并确保猪舍内温度保持在 25℃ 以上，以提供适宜的环境温度。随后，使用 0.1% 高锰酸钾水对仔猪进行二次全身擦洗，并使用毛巾将仔猪擦干，减少因潮湿引发的健康问题。

三、用具与垫料消毒

（一）用具消毒

实施消毒措施的关键是确保保温箱、补料槽、饲料车及针管等工具得到适当的处理。操作流程通常包括两个阶段：首先是用清水彻底清洗工具，以去除可见污垢和残留物；其次是使用消毒剂进行彻底消毒。推荐的消毒剂包括 0.1% 的新洁尔灭或 0.2% 至 0.5% 的过氧乙酸。这些消毒剂的选择基于其有效性和对设备材料的适宜性。完成这些步骤后，还需要在封闭空间内对工具进行熏蒸处理，以进一步提升消毒效果。

（二）垫料消毒

垫料中的病原微生物，如细菌、病毒等，可通过接触或空气传播，危害猪只健康。因此，有效的垫料消毒对于控制和预防疾病至关重要。

猪场垫料消毒的常用方法之一是阳光照射。阳光中的紫外线具有杀菌作用，能有效杀灭垫料中的多种病原微生物。实践表明，将垫料暴晒于烈日下 2 至 3 小时，可以达到较好的消毒效果。紫外线的杀菌机制主要是破坏微生物的 DNA 结构，从而阻止其生长繁殖。这种方法简便经济，适用于大规模猪场垫料的消毒。对于量较少的垫料，紫外线灯具备了更大的灵活性和可控性。通过紫外线灯照射 1 至 2 小时，同样可以杀灭大部分微生物。紫外线灯的使用，尤其适合于猪场内部空间，如分娩舍、育肥舍等区域的垫料消毒。与自然阳光照射相比，紫外线灯提供了更为稳定和可控的消毒条件，尤其在阴雨天或冬季阳光不足的情况下更显优势。

第二节　猪场消毒基本方法

一、物理消毒法

（一）清扫消毒

在养猪场的卫生管理中，场地、猪舍及其设备的清洁工作至关重要。一旦污染物和尘埃积聚，其中含有的病原微生物就可能威胁动物健康。通过机械方法如扫除、刮铲和冲洗，可以有效移除墙壁、地面及设备上的粪便、饲料残渣、废弃物和垃圾等，此举能够去除约 70% 的病原体，并为后续的药物消毒提供必要条件。尽管机械清理对于减少病原体负担极为重要，但它本身并不具备杀灭病原体的能力。因此，化学消毒是清洗后的必需步骤。但需要注意的是，若清洗步骤未能彻底完成，即使使用超标剂量的消毒剂，其效果仍可能大打折扣。这是因为消毒剂一旦与有机物接触，其杀菌能力会迅速降低。因此，化学消毒必须在彻底的物理清洁后进行，以确保其效果。

环境中尘埃、水汽、氨气等物质会携带微生物，清扫不仅涉及固体废物的去除，也包含空气中悬浮微粒的净化。特别在呼吸道传染病频发时期，舍内空气质量对疾病控制至关重要。合理的通风换气有助于排出有害气体和湿气，降低舍内病原微生物浓度。在冬春季节，由于气候原因，病原体的活性可能会增强，此时，通过短时间内增加通风次数和时间，可以迅速下降舍内的微生物数量。除芽孢和虫卵外，多数病原体在干燥的环境中存活能力较弱，因此，保持猪舍干燥是降低病原活性的有效方法。综上，适当的通风除湿不仅可以促进猪舍内水分蒸发，而且对于维持舍内环境的卫生状况，确保猪只健康成长，也具有重要的消毒作用。

（二）辐射消毒

1. 紫外线照射消毒

紫外线消毒是通过紫外线辐射的方式来破坏微生物的 DNA 结构，从而达到杀灭细菌、病毒、真菌和其他病原体的效果。该技术的应用不仅局限于猪场的室内空间，对于猪只的饲养设备、运输工具等也同样适用。

紫外线消毒的效率受到多种因素的影响，包括辐射源的强度、照射时间以及被照射面的距离。环境中的温度和湿度也可能影响紫外线的消毒效果。在实际操作中，需确保紫外线照射能够覆盖到猪场的每一个角落，无遗漏，以保证消毒的彻底性。同时，定期检查和维护紫外线灯具，能够确保其发挥最大效能。在采用紫外线消毒的过程中，还需注意人员和动物的安全防护，避免因直接照射造成伤害。紫外线虽有强大的消毒能力，但对于人畜皮肤和眼睛都可能造成损害。因此，操作时应采取适当措施，如使用防护服和眼罩，并在无人或无动物的情况下进行。

2.电离辐射消毒

电离辐射消毒法是一种猪场消毒的有效手段，其核心机制在于利用电离辐射的高能量破坏微生物的 DNA 或 RNA，从而达到杀灭病原体的目的。这种方法的消毒效果不受温度和湿度的影响，因此在各种环境条件下都能维持其消毒效能。

电离辐射包括 γ 射线、X 射线和加速电子等形式。γ 射线源自放射性同位素，如钴 -60 或铯 -137，而 X 射线则通过高速电子与物质相互作用产生。加速电子消毒则使用电子加速器产生高速电子束。这些射线或电子具有穿透力，能深入物体内部，杀灭深层微生物，有效避免了化学消毒剂可能留下的残留问题。在猪场消毒中，电离辐射消毒法具有多种优势。例如，它能够穿透包装材料，直接作用于猪只周围环境中的微生物，减少了对动物的直接接触和潜在的化学伤害。辐射消毒不会产生耐药性，这对于防止抗生素抗性的传播尤为重要。

（三）高温消毒和灭菌

1.干热消毒与灭菌法

干热消毒与灭菌法分为灼烧或焚烧消毒法和热空气灭菌法两种方式。

灼烧方法适用于耐高温的金属器材，如栏具、针具及手术器械等，通过火焰直接接触进行消毒灭菌，以酒精灯或酒精棉球火焰为热源，对小型物品进行处理。而对于栏具、地面、墙壁等大型目标，则需借助专业的火焰消毒器进行灼烧处理。焚烧方法主要应用于处理病死猪尸体、垃圾和其他污染物，通过直接点燃或在专用的焚烧炉中燃烧，消除病原体。对于体积小且易燃的杂物，可直接点火处理；对于体积大或难以直接燃烧的物品，如病死猪尸体和污染严重的垃圾，可在添加助燃物质（如汽油）后进行焚烧。此法是一种极为彻底的消毒方式，能够有效防止病原体的扩散和传播。

热空气灭菌，即在干燥环境中利用热空气进行消毒。该方法特别适用于不能接触水分的物品，如干燥的玻璃器皿（烧杯、烧瓶等）、针头、滑石粉、凡士林及液状石蜡。在干燥的条件下，由于热能穿透力较差，相较于湿热消毒法，干热灭菌需要更长时间。例如，常见细菌的繁殖体要在 100 摄氏度下持续 1.5 小时才能完全杀灭，而芽孢的灭杀则需要在 140 摄氏度下持续 3 小时。对真菌孢子的灭杀通常需要在 100 至 115 摄氏度下进行 1.5 小时。干热灭菌通常在专用的电热干烤箱中进行，灭菌过程中将物品放入烘烤箱内，温度逐渐升高并在 160 摄氏度下维持 2 小时，此过程足以杀死所有细菌及其芽孢。该方法的优势在于给那些不能被液体消毒剂处理的物品，提供了一种有效的灭菌手段。

2. 湿热消毒与灭菌法

（1）煮沸消毒。煮沸消毒法作为一种高效的消毒手段，通过沸水的高温效应，能够有效地杀死各类细菌繁殖体。该方法的操作简便，成本低廉，实用性强，且安全性高，适用于多种物品的消毒，如金属器械、针头、工作服和工作帽等。在煮沸消毒过程中，通常将物品放置在接近 100℃ 的沸水中 10 至 20 分钟。这一过程足以消灭所有细菌的繁殖体。若在水中加入 5% 至 10% 的肥皂或碱，或是 1% 的碳酸钠，可以使溶液的 pH 值发生偏碱性变化，从而有助于物品上污物的溶解，并通过提高沸点来增强杀菌力。水中加入 2% 至 5% 的石炭酸，将增强消毒效果，煮沸 15 分钟后即可杀灭炭疽杆菌芽孢。对于那些不耐高温的物品，可以在水中添加 0.2% 的甲醛或 0.01% 的氯化汞，并在 80℃ 以上保持 60 分钟，以达到灭菌效果。在实施煮沸消毒的过程中，必须准确控制消毒时间，以沸腾的开始计时，维持大约 20 分钟。针对寄生虫性病原体，需要延长消毒时间以确保彻底消毒。

（2）流通蒸汽消毒。流通蒸汽消毒方法的有效性主要取决于高温蒸汽的温度和持续时间。在 100℃ 的高温下，微生物的蛋白质和细胞膜受到严重损伤，导致其死亡。需要确保持续的 30 分钟处理时间，以充分杀死大多数细菌。芽孢和霉菌孢子相对耐热，因此需要经过多次处理来消杀它们。这种方法的优势在于其相对简单和可行性高，不需要特殊的化学物质或设备，只需蒸汽生成设备即可，但需要谨慎操作以确保消毒的充分性和可靠性。此外，流通蒸汽消毒不适用于所有物品，特别是对高温敏感的材料和设备不适用。

（3）巴氏消毒法。巴氏消毒法的核心原理是通过高温处理来达到有效的杀菌和灭菌效果。这一过程要求将猪场设备和工具置于高温环境中，通常在100摄氏度以上，持续一定时间。这种高温能够迅速杀死绝大多数微生物，包括细菌、病毒和真菌，从而有效减少疾病传播的风险。巴氏消毒法的另一个重要特点是其适用范围广泛，可以用于各种类型的设备和工具的消毒，包括喂食器、水槽、栏杆等。这种通用性使其在猪场管理中非常实用，能够全面提高卫生水平。

（4）高压蒸汽灭菌。高压蒸汽灭菌的基本原理可归结为温度、压力和时间的协同作用。在这一过程中，高温的蒸汽以高压状态涌入猪场设施，通过传热作用迅速升温，将微生物细胞膜损坏，蛋白质凝固，核酸变性，从而使其失去生命活性。这种高温高压的条件下，微生物无法存活，有效地实现了对其的消灭。高压蒸汽灭菌在猪场中有广泛的应用，主要体现在以下几个方面。首先，它可用于灭菌饲料和水源，确保食物和饮水的卫生安全。其次，高压蒸汽灭菌可以应用于养殖设备、饲养场地、猪圈等环境的消毒，有效清除各种病原微生物，降低疾病传播的风险。最后，该技术还可用于猪场工作人员的个人卫生消毒，确保工作环境的健康与安全。

二、化学消毒法

（一）浸泡法

浸泡法主要用于对猪场中的器械用具和衣物等物体进行有效的消毒处理。这一方法的核心在于确保药液充分浸泡物体表面，以达到彻底消除有害微生物的目的。

浸泡法要求在使用前对需要消毒的器械用具或衣物进行充分的清洗。只有确保表面干净，才能确保消毒药液能够有效地渗透和作用于物体表面。清洗的程度直接关系到后续消毒效果的好坏，因此应该给予足够的重视。浸泡过程中需要使用足够的药液，并确保药液能够充分覆盖物体表面。这通常要求浸泡时间相对较长，并且水温要维持在较高的水平。高温水可以增加药液的活性，从而提高消毒效果。同时，浸泡时间的延长可以确保药液充分与微生物接触，增加其杀菌效力。另外，对于猪场中的人员和猪舍入口，也可以使用浸泡法进行消毒。在这种情况下，可以使用草垫或草袋来浸泡鞋靴，以防止病原体的传播。这种额外的预防措施有助于减少疾病的传播风险，保护养猪场的健康环境。

（二）喷洒法

喷洒法广泛应用于地面、墙壁以及舍内的固定设备等不同区域的消毒，以实现全面的消毒效果。为此，可采用细眼喷壶或者喷雾器，具体选择取决于需要消毒的区域。在进行喷洒消毒时，关键是确保药液充分覆盖各个物体的不同部位，以确保消毒效果的全面性和有效性。一般来说，对于地面的消毒，通常需要使用每平方米 2 升的药液量，而对于墙壁和顶棚的消毒，则需要使用每平方米 1 升的药液量。

（三）熏蒸法

熏蒸法适用于密闭猪舍，如保育舍和饲料厂库等。这一方法的优点在于其简便、省事，同时对房屋结构没有损害，并能够实现全面的消毒效果。在实际操作中，有两个关键要点需要严格遵守，以确保熏蒸法的有效性。首先，猪舍及其设备必须保持清洁。这一点至关重要，因为气体无法渗透到粪便和其他污物中，如果环境不干净，消毒效果将受到影响。其次，猪舍必须密闭，不能发生气体泄漏。为实现这一点，必须仔细密封进出气口、门窗和排风扇等的缝隙，以确保消毒气体无法溢出。熏蒸法的有效性还取决于使用的消毒药物。福尔马林是一种常用的消毒药物，它能够有效杀灭病原体和微生物，确保猪舍的卫生状况。另外，过氧化氢水溶液也可以用于熏蒸消毒，具有杀菌和消毒的作用。高锰酸钾的氧化作用可加速药物蒸发，提高消毒效果。

（四）气雾法

气雾粒子是微小的悬浮微粒，其直径不超过 200 纳米，具有极小的相对分子质量，使其能够在空气中长时间悬浮。这种微粒的特性使其能够穿透到猪舍的各个角落和空隙，对空气中的携带病原微生物进行有效消杀，因此在猪场的卫生措施中得到广泛应用。气雾法的原理是将消毒液注入气雾发生器，将其喷射成雾状微粒，这些微粒能够迅速传播到猪舍内部的各个区域。这种方法在进行猪舍的空气消毒和带猪消毒时非常实用。例如，在进行猪舍的全面消毒时，每立方米的空间可使用5%的过氧乙酸溶液25毫升进行喷雾。气雾法的优势在于其能够将消毒液均匀地分布在猪舍内部，包括空气中的微小角落和缝隙。这种均匀分布确保了消毒液能够覆盖所有可能携带病原微生物的区域，从而提高了消毒效果。气雾法的使用不会引起猪只和工作人员的不适，因为消毒液以微粒的形式释放，不会对室内环境造成污染。

（五）撒布法

撒布法是一种将粉剂型消毒药均匀分布在消毒对象表面的方法。这种方法的实质在于通过粉剂型消毒药的均匀分布，以确保对猪场环境中的病原体和有害微生物进行有效的杀灭。这种方法的操作步骤包括将粉剂型消毒药，如生石灰，与适量的水混合，使其变得松散，并将其撒布在需要消毒的区域，如潮湿地面、粪池周围以及污水沟中。

三、生物消毒法

（一）地面泥封堆肥发酵法

地面泥封堆肥发酵法，是一种基于微生物活动的生物消毒方法，通过利用堆肥过程中产生的高温和有机物分解，达到消灭或抑制病原微生物的目的。该方法的核心在于优化堆肥环境，促进有益微生物的生长，从而实现对猪场地面的有效消毒。

选择合适的有机废弃物作为原料，如猪粪、秸秆等，确保其含水率和C/N比例在适宜范围内。将这些原料进行混合，形成堆肥。在堆肥的制备过程中，应注意保持适宜的通风和湿度条件，以提供充足的氧气和水分供微生物生长和代谢。堆肥的制作应具备足够的体积和密度，以保持温度的升高和维持高温状态。在堆肥过程中，有机物经过微生物的分解和转化，产生的高温和发酵反应可以有效地杀灭或抑制病原微生物的生长。这一生物消毒法不仅可以消除细菌、病毒和寄生虫等病原体，还能分解有害化学物质，减少废弃物对环境的污染。堆肥的有机质含量提高，可以作为优质的有机肥料用于农田，实现资源的循环利用。

（二）坑式堆肥发酵法

坑式堆肥发酵法的关键在于有机废弃物的堆积和合理管理。首先，将猪场产生的有机废弃物，如粪便、废料等，堆放在合适的坑中。这些有机废弃物提供了微生物生长的营养物质，为后续的发酵过程奠定了基础。通过控制堆肥的湿度和通气情况，创造了适宜微生物生长和活动的环境。

在坑式堆肥发酵法中，微生物起到了至关重要的作用。这些微生物包括细菌、真菌和其他微生物群体，它们能够分解有机废弃物中的有机物质，并产生热量和化合物，这些化合物对病原体有害。同时，发酵过程中产生的高温环境也有助于杀死潜在的病原体，从而达到了消毒的效果。坑式堆肥发酵法的优点之一是它可以将猪场的有机废弃物进行有效的利用，减少了废弃物的排放和对环境的污染。这种方法相对简单，不需要复杂的设备和化学药品，降低了消毒成本。

第七章　现代猪病预防（二）：免疫接种

第一节　免疫接种与猪用疫苗

一、免疫接种

（一）预防免疫接种

为了预防传染病的发生，人们通常会采取一种有计划的措施来进行免疫接种，这就是所谓的预防免疫接种。例如，根据预先制订的免疫接种计划，对猪进行常规的免疫注射就是一种预防免疫接种。预防接种是一种有针对性的方法，其目标明确，针对性强。在制订预防接种计划时，必须根据当地的实际情况，如哪些疫病在本地区有可能发生，邻近地区是否有疫情等，进行综合考虑和分析。根据这些掌握的情况，再制订出每年的预防接种计划。在进行免疫接种前，需要做好充分的准备工作。根据将要接种的猪的数量和用途，准备好足够的疫苗和必要的注射器械。疫苗是关键的要素，它能够激发猪只体内产生针对特定病原体的免疫力，从而在面临感染时能够迅速并有效地进行防御。每种疫苗都有其特定的使用方法和储存要求，必须严格遵守以确保疫苗的有效性和安全性。注射器械如针头、注射器等也需要根据疫苗的类型和接种方式进行选择和清洗。

（二）紧急免疫接种

在疫情发生时，为了迅速控制并彻底扑灭疫情的流行，对疫区和受威胁区域内的动物进行免疫接种是必要的。这种免疫接种被称为紧急免疫接种。在紧急情况下，使用高免血清进行接种是一种快速有效的方法，因为它能够安全地产生免疫反应，并且产生免疫快，但它的免疫期相对较短，这就造成需要较大的剂量，价格也较高，因此不能满足实际使用的需求。有些疫病，如猪瘟和口蹄疫，也可以使用疫苗进行紧急接种，并可以取得良好的效果。然而，无论是使用血清还是疫苗进行紧急接种，都必须与疫区的隔离、封锁和消毒等综合措施相结合。这些措施的目的是建立"免疫带"，以防止疫情扩散，并将传染病控制在疫区内就地扑灭。

在紧急免疫接种过程中，必须注意以下几点：首先，接种的动物必须是健康的，否则可能会加重病情或导致死亡。其次，接种的时机和剂量必须适当，以确保产生足够的免疫力，同时避免浪费资源和增加成本。最后，必须对接种后的猪只进行密切观察和监测，以确保及时发现并处理任何不良反应或并发症。

（三）临时免疫接种

临时免疫接种是指为了应对某些可能出现的疫病风险，在临时情况下进行的免疫接种。例如，当引进、外调或运输动物时，为了避免途中或到达目的地后爆发某些疫病，通常需要进行临时免疫接种。在进行家畜手术等操作时，为了避免某些疫病的发生，也常常需要进行临时免疫接种。临时免疫接种通常需要在短时间内完成，并且需要根据疫病的流行情况和动物的健康状况进行合理的选择和安排。

二、猪用疫苗

（一）猪用疫苗的种类

1. 根据抗原的种属分类：细菌性疫苗、病毒性疫苗和寄生虫性疫苗

（1）细菌性疫苗。这类疫苗主要针对某些细菌或细菌群体，如链球菌、大肠杆菌等。通过接种细菌性疫苗，猪可以获得对这些特定细菌的免疫力，从而在面对这些细菌感染时能够抵抗并防止疾病的发生。

（2）病毒性疫苗。病毒性疫苗主要针对某些病毒，如猪瘟病毒、猪流感病毒等。这些疫苗能够刺激猪的免疫系统产生针对这些病毒的抗体，从而在面对这些病毒感染时能够有效地抵抗并防止疾病的发生。

（3）寄生虫性疫苗。这类疫苗主要针对某些寄生虫，如猪囊虫、蛔虫等。通过接种寄生虫性疫苗，猪可以获得对这些特定寄生虫的免疫力，从而在面对这些寄生虫感染时能够抵抗并防止疾病的发生。

2. 根据抗原的活性分类：弱毒疫苗和灭活疫苗

（1）弱毒疫苗。也称作减毒疫苗，通过降低病原体的致病性，但保留其免疫原性，使猪只能够在不感染疾病的情况下产生免疫应答。这类疫苗通常是冻干制剂，以保持病原体的稳定性和延长其保存时间。

（2）灭活疫苗。则采用不同方法（如热处理或化学物质）彻底杀死病原体，使其失去繁殖能力，同时尽可能保留抗原性，促使机体产生免疫反应。灭活疫苗的安全性较高，因为它不含活性病原体，因而不会引起疾病。但相对于弱毒疫苗，其刺激免疫系统的能力可能较弱，可能需要加强剂量或多次接种以达到理想的免疫效果。

3. 根据佐剂不同分类：蜂胶灭活疫苗、油乳剂灭活疫苗、铝胶灭活疫苗

（1）蜂胶灭活疫苗。这是一种特殊的灭活疫苗，它采用了提纯的蜂胶作为辅助剂，这种辅助剂具有增强免疫的作用，可以显著增强疫苗的免疫效果，同时减轻注射疫苗后的不良反应。这种灭活疫苗的制备工艺要求较高，因为需要使用高浓度的抗原来配制疫苗。它的作用时间相对较快，能够在短时间内提供免疫力。这种疫苗的保存条件为 2 ~ 8℃，并且不能冻结。在使用前，需要充分摇匀以确保疫苗的均匀性和效果。

（2）油乳剂灭活疫苗。指那些以白油作为乳化剂的产品，此种类型的疫苗在兽医实践中应用广泛，尤其在病毒性灭活疫苗的生产上。这种疫苗的特点在于其抗原物质能够在注入肌肉后缓慢释放，从而实现了疫苗作用时间的延长，提高了免疫效果的持久性。油乳剂灭活疫苗对存储条件有较高要求，必须在 2 至 8 摄氏度的低温环境中保存，并且绝对禁止冻结，以保证疫苗的稳定性和有效性。

（3）铝胶灭活疫苗。该疫苗采用铝胶作为佐剂，按照特定比例混合制备。这类疫苗普遍用于细菌性病原体的灭活，因其佐剂的特性，使得疫苗发挥作用的时间相对较快。与油佐剂疫苗相比，铝胶灭活疫苗的使用更为广泛。存储条件对疫苗的稳定性和效力至关重要。铝胶灭活疫苗需要在 2 至 8 摄氏度的温度下保存，以保持其活性和安全性。该疫苗不宜冻结，因为低温可能会破坏疫苗中的活性成分，降低其免疫效果。

4. 根据制备方法分类：普通疫苗和基因工程疫苗

普通疫苗的制备多采用传统方法，涉及病原体的灭活或减毒。这类疫苗的历史悠久，技术成熟，多用于常见疾病的预防。相较之下，基因工程疫苗代表了现代疫苗技术的发展方向，其通过分子克隆和重组 DNA 技术，精确地操纵病原体的特定基因，以此来激发动物的免疫反应。这类疫苗具备针对性强、安全性高的特点，能够应对多变的病原体变种。基因工程疫苗在研发及生产上的要求更为严格，涉及的生物安全性评估亦更为复杂。两种疫苗在猪群健康管理中发挥着不可替代的作用，根据不同的养殖条件和防疫需求，合理选择疫苗种类至关重要。

（二）疫苗的接种方法

1. 皮下注射

在多种疫苗接种方式中，皮下注射是一种常见且广泛应用的方法。皮下注射指的是将疫苗注射到猪只的皮肤下方，而非肌肉组织内。此方法通过使用细长的注射针，使疫苗直接进入皮下组织，借此促进免疫细胞的吸收与活化。

在进行皮下注射时，需精确掌握疫苗的剂量与注射部位。注射部位通常选在猪只的颈部后方或耳后区域，因为这些区域的皮下组织较为松弛，有助于疫苗的扩散和免疫反应的发生。同时，选用适当长度和直径的针头，对于降低猪只组织损伤和减少疼痛感亦具有重要意义。皮下注射不仅能减少对猪只造成的应激反应，还能提高疫苗的免疫效力。疫苗在皮下组织中被缓慢吸收，能够维持较长时间的抗原刺激，从而帮助免疫系统形成更为强大的记忆细胞。值得注意的是，皮下注射需在无菌条件下进行，以防止感染的发生。

2. 肌内注射

肌内注射是通过注射器将疫苗直接输送至动物的肌肉组织内。这种方法可以确保疫苗中含有的抗原被快速吸收，进而刺激免疫系统产生应答。肌内注射的有效性不仅取决于注射技术，还与疫苗本身的特性、动物的生理状态以及接种后的管理有关。进行肌内注射时，需选择适当的部位以避免损伤血管或神经。猪肌内注射通常选择其颈部后方的位置，因为这里远离主要的血管和神经，且肌肉量足以吸收注射的疫苗。注射部位的选择也关系到疫苗成分的扩散和吸收速率，进而影响免疫反应的建立速度。

3. 超前免疫

超前免疫又称零时免疫，是一种特殊的免疫方法。这种方法指的是仔猪未吃母乳时，就为其注射疫苗。这样做的好处是可以避免母源抗体的干扰，同时使疫苗病毒尽早占领病毒复制的靶位。通过这种方式，可以刺激仔猪的基础免疫系统尽早产生免疫反应。超前免疫常用于猪瘟的免疫，这是因为猪瘟病毒的复制速度非常快，如果等到仔猪吃初乳后再注射疫苗，可能会来不及产生足够的免疫力，从而影响免疫效果。因此，超前免疫对于猪瘟的防控具有重要意义。

4. 口服接种

口服接种是一种在猪养殖中常用的疫苗接种方式，但由于消化道温度和酸碱度等因素对疫苗的效果产生很大影响，因此这种方法的使用频率相对较低。在猪的肠道中，疫苗可能会受到胃酸和消化酶的破坏，从而降低疫苗的有效性。肠道中的有益菌群和有害菌群也可能会影响疫苗的效果。口服接种疫苗的效果往往不如注射接种疫苗稳定和可靠。在一些特定情况下，口服接种疫苗仍然是一种可行的选择。对于一些能够通过口服途径感染的疾病，如猪流行性腹泻病毒（PEDV），口服接种疫苗是一种有效的预防方法。对于一些不易通过注射接种方式接种的猪群，如怀孕母猪或新生仔猪，口服接种疫苗也是一种可行的选择。在选择口服接种疫苗时，需要考虑疫苗的稳定性和在肠道中的吸收情况。一些新型的口服疫苗已经被开发出来，如活载体疫苗和纳米颗粒疫苗等，这些疫苗具有更高的稳定性和更好的免疫效果。一些添加剂和保护剂也可以用于增强口服疫苗的效果，如益生菌和益生元等。

5. 滴鼻接种

滴鼻接种是一种通过在猪的鼻腔内滴入疫苗，以诱导猪的黏膜免疫反应的免疫方法。这种方法属于黏膜免疫的一种，因为它是通过刺激猪的黏膜组织来产生免疫反应的。目前，猪用疫苗的滴鼻接种被广泛使用，特别是针对猪伪狂犬病基因缺失疫苗的滴鼻接种。这种疫苗是一种基因工程疫苗，通过去除病毒基因中的一段 DNA 来降低病毒的毒力，但仍保留其免疫原性。通过滴鼻接种，可以刺激猪的鼻腔黏膜产生免疫反应，从而有效地预防猪伪狂犬病的发生。

6. 穴位注射

在预防猪腹泻的疫苗注射时，常常采用后海穴注射的方法，这种方法能够有效地诱导猪只产生较好的免疫反应。后海穴是猪身上一个非常重要的穴位，位于猪的腰部，对于猪的消化系统和免疫系统有着重要的调节作用。通过在后海穴注射疫苗，疫苗能够直接作用于猪的肠道系统，刺激免疫反应的产生，从而达到预防腹泻的效果。

7. 气管内注射和肺内注射

这两种方法主要用于猪喘气病的预防接种。气管内注射是一种将疫苗直接注入猪的气管内的方法，能够刺激猪的免疫系统，产生针对喘气病的免疫力。肺内注射则是将疫苗直接注入猪的肺部，能够更有效地刺激免疫反应，产生更强的免疫力。这两种接种方法都需要由专业的兽医进行操作，以确保安全有效。

第二节　猪参考免疫程序

一、商品猪参考免疫程序

在制定商品猪的免疫策略中，疫苗接种计划的设计应贴合猪只的生理发育阶段和疾病暴露的风险。出生后第 1 日，将猪瘟弱毒疫苗进行肌内注射，以建立针对该病的初步免疫屏障。随着仔猪年龄的增长，第 7 日龄时，需注射猪喘气病灭活疫苗，以预防喘气病的发生。接种计划在 20 日龄和 21 日龄时分别重复猪瘟弱毒和猪喘气病灭活疫苗的接种，以强化免疫效果。在仔猪 23 至 25 日龄期间，接种高致病性猪蓝耳病灭活疫苗，同时进行传染性胸膜肺炎和猪链球菌灭活疫苗的接种，增强针对这些疾病的保护。在 28 至 35 日龄阶段，口蹄疫灭活疫苗的接种尤为关键，它能预防口蹄疫的感染。猪丹毒、猪肺疫疫苗和仔猪副伤寒弱毒疫苗的接种，以及传染性萎缩性鼻炎灭活疫苗的施用，均旨在构筑广谱的防护网。在生长后期，55 日龄时，进行猪伪狂犬病疫苗的接种，而在 60 日龄，口蹄疫灭活疫苗和猪瘟弱毒疫苗再次接种，以延续和加强对这些病原的免疫力。在 70 日龄时，再次接种猪丹毒和猪肺疫疫苗，确保猪只在进入成熟阶段前，其免疫系统对这些常见疾病有充分的防御能力。

在以上免疫程序中需要注意，应优先考虑脾淋疫苗在猪瘟弱毒疫苗中的应用。对于日龄仔猪，猪瘟弱毒疫苗的接种仅适用于那些母猪携带病毒比例高，且存在通过垂直传播至哺乳仔猪导致猪瘟疫情的养殖场。

二、种母猪参考免疫程序

考虑到口蹄疫的严重性和传播速度，建议每 4 至 6 个月进行一次口蹄疫灭活疫苗的肌内注射，以维持免疫层面的持续保护。在初产母猪的配种阶段，猪瘟弱毒疫苗的肌内注射成为必要措施，以预防该病毒对母猪和后代的潜在影响。针对高致病性猪蓝耳病，也需要采取灭活疫苗肌内注射的形式，增强猪只个体的免疫防御。猪细小病毒的防控也不可忽视，灭活疫苗的肌内注射有助于减少细小病毒引发的繁殖障碍。另外，猪伪狂犬病则通过基因缺失弱毒疫苗的皮下注射进行预防，这种方法相较于肌内注射，能够减轻疫苗接种部位的不适。对于经产母猪，在配种前使用猪瘟弱毒疫苗进行肌内注射是必需的，这有助于保护成熟母猪免受猪瘟的侵害。同样，高致病性猪蓝耳病灭活疫苗的再次使用，强化了对疾病的免疫应答。在产前 4 至 6 周，猪伪狂犬病基因缺失弱毒疫苗的皮下注射是很好的预防方法，旨在为临产母猪提供全面的免疫保护。为了应对大肠杆菌引起的感染，双价基因工程苗的肌内注射是有效的预防策略。同时，对于猪传染性胃肠炎和流行性腹泻，二联苗的肌内注射能提供对这两种疾病的免疫保护。

在制定种母猪免疫程序时，需遵循特定准则以保障动物健康与疾病预防。程序要点如下：种母猪在达到 70 日龄之前，应接受与商品猪相同的免疫程序，以确保其在成长过程中能建立起充分的抵抗力。针对猪瘟的预防，建议采用脾淋巴弱毒活疫苗，该疫苗因其优良的安全性与有效性被推荐使用。对于乙型脑炎的防控，尤其是在疾病流行或高风险地区，应在每年的 3 月至 5 月期间，即蚊虫活跃前 1 至 2 个月，进行两次乙型脑炎疫苗的免疫接种，接种间隔数月，可采用皮下或肌内注射的方式。以上措施旨在通过及时的疫苗接种，降低疾病传播风险，增强种母猪的免疫力，为养殖业的可持续发展提供保障。免疫程序的制定与执行，必须基于疫情监测结果和专业兽医的建议，确保其科学性和适宜性。

三、猪公猪参考免疫程序

每隔 4 至 6 个月，猪公猪需要进行口蹄疫灭活疫苗的肌内注射免疫，以增强其对口蹄疫病毒的抵抗力。这是为了确保猪公猪在运输或展出时，能够抵抗口蹄疫病毒的感染，从而保障其他猪只的健康和安全。除此之外，每隔 6 个月，猪公猪还需要接受猪瘟弱毒疫苗的肌内注射免疫。这种疫苗能够预防猪瘟病毒的感染，避免猪只出现高热、食欲缺乏、皮肤出血等症状，从而降低养殖场的经济损失。同时，高致病性猪蓝耳病灭活疫苗也需要每隔 6 个月进行一次肌内注射。这种疫苗能够预防猪蓝耳病病毒的感染，该病毒会导致猪只出现高热、咳嗽、呼吸困难等症状。

通过注射该疫苗，可以保护猪只免受病毒侵害，提高其免疫力。猪伪狂犬基因缺失弱毒疫苗需要每隔 6 个月进行一次皮下注射。这种疫苗能够预防伪狂犬病病毒的感染，该病毒会导致猪只出现高热、神经症状和死亡。通过注射该疫苗，可以提高猪只对伪狂犬病病毒的抵抗力，从而降低养殖场的损失。

在实施免疫措施时，需遵循特定指导原则，特别是考虑到种公猪的特殊需求。70 日龄前，种公猪的免疫程序应与商品猪相同，这是因为在早期阶段，所有猪只对疾病的敏感性相似，免疫系统的成熟程度也大致相当。在此时期内，接种疫苗能够建立基础的免疫保护，减少疾病的暴发风险。在乙型脑炎流行或潜在威胁地区，种公猪的免疫策略需额外关注。由于乙型脑炎的传播与蚊虫活动密切相关，有效的预防措施包括在蚊虫季节出现前 1 至 2 个月，即每年的 3 至 5 月，进行两次乙型脑炎疫苗接种。疫苗的注射应以一个月为间隔，可以选择皮下注射或肌内注射的方式进行。这样的免疫计划旨在提前建立免疫屏障，以防止疾病在蚊虫活跃期间的传播。

第三节　猪免疫失败的原因与策略

一、猪免疫失败的原因

（一）疫苗及稀释剂存在问题

疫苗，作为生物制品，对温度极其敏感。正确的保存和运输条件应为低温环境。若暴露于高温或阳光直射，错误使用方法，或未在规定时间内使用，均可能导致疫苗失效。在一些生产场景中，防疫注射过程中发现稀释药液过量是常见问题。在 15 至 27 摄氏度的环境下，若使用时间超过三小时，疫苗的抗原性会逐渐降低。稀释疫苗的稀释液的 pH 值亦有特定要求。例如，稀释猪瘟疫苗的稀释液 pH 值应控制在 6.8 至 7.4

之间。在实际操作中，由于对稀释液 pH 值的测试不严格，使用了 pH 值过酸或过碱的稀释液，会导致病毒蛋白变性，从而破坏疫苗的抗原性。

（二）不同疫苗间相互干扰

当两种或多种疫苗同时接种时，可能会因为相互干扰而降低免疫效果。例如，猪繁殖与呼吸障碍综合征疫苗与猪瘟疫苗的联合使用，已被观察到会互相干扰。这种干扰的机制可能涉及免疫系统对疫苗成分的识别和应答，当多种疫苗成分共同作用时，可能会改变宿主免疫系统的应答路径，导致免疫应答不充分或不具针对性，进而影响疫苗的保护效果。

（三）免疫程序不合理

养殖户未能针对自身养殖环境特点制定特定的免疫策略，而是模仿其他养殖场的做法。由于猪场之间在疫病种类、流行病学特点、饲养条件及管理水平等方面存在差异，这种照搬他人免疫程序的行为可能导致免疫效果不达标。一个科学且合理的免疫计划应涵盖所有必要的免疫项目，确保覆盖面广且针对性强。如果免疫项目设置不全面，即使执行了免疫计划，仍可能由于没有针对特定疾病进行免疫而导致整个免疫计划的失败。

（四）应激因素

免疫系统的功能受多种生物调节因素的影响，包括神经系统、体液和内分泌系统的相互作用。在饲养环境或外部条件发生突变时，猪体内会产生一系列反应。特别是肾上腺皮质激素的分泌增加，这种激素升高会导致血液中淋巴细胞数量的减少，从而影响免疫响应。淋巴细胞在免疫系统中扮演重要角色，它们的减少会直接影响抗体的形成。同时，应激还会引起蛋白质分解代谢的加速。蛋白质不仅是维持生物体生命活动的基本物质，也是免疫球蛋白形成的基础。应激状态下蛋白质分解代谢的加速会导致用于合成免疫球蛋白的原料的减少，进一步降低了抗体的形成能力和血液中的抗体水平。应激还会影响脾脏和淋巴结的解毒功能，从而减少抗体的产生能力。脾脏和淋巴结是免疫系统中重要的器官，它们在清除体内毒素和死亡细胞中起到关键作用，同时参与抗体的生成。其功能的降低会直接影响抗体的产生。因此，在猪处于应激状态时进行疫苗接种，免疫效果往往不佳。这是由于应激状态下，猪的免疫系统已经受到了上述多方面的影响，其抗体生成的能力已被削弱。

（五）母源抗体干扰

母源抗体指的是幼龄仔猪通过胎盘传递和摄取初乳两种途径从母猪身上获得的抗体。这种抗体在提供早期免疫保护的同时，可能对疫苗诱导的后天免疫应答产生抑制作用。在仔猪接受首次免疫接种时，若其体内的母源抗体水平较高，则可能直接影响疫苗所引发的免疫反应。由于疫苗的作用是激活机体产生长期的免疫记忆细胞，而母源抗体的存在会阻碍此过程，从而削弱疫苗的整体效能。因此，在制订免疫接种策略时，需要考虑母源抗体水平，以确保疫苗能够有效触发仔猪的免疫系统，促进免疫记忆细胞的形成。

二、猪免疫策略

（一）使用优质疫苗免疫

疫苗选择应基于本地区猪病发病和流行数据的综合分析，目的是选取最合适的毒株和血清型。疫苗购置需遵循国家法律规范，确保来源正规，运输和存储条件符合生产厂家规定。疫苗状态检查是免疫前的必要步骤，包括确认生产日期和有效期以保证其在有效期内，以及观察疫苗性状是否符合说明书描述，如有异常表明疫苗不合格，不宜用于接种。确保疫苗安全性和有效性，是防控疾病，保障养殖业健康发展的基础。

（二）制定科学合理的免疫程序

确立的免疫程序应充分反映猪只品种、生长阶段及病理特征的差异，针对性地设计疫苗接种计划。有效的免疫程序应依据免疫监测数据和疫情动态进行灵活调整，确保免疫程序的实时性与准确性。对于先天性免疫缺陷的种猪，应予以淘汰，以保障养殖群体的整体免疫健康。免疫程序计划的科学制定，有赖于对疫病流行趋势和免疫学特性的深入分析，旨在最大限度地降低疾病的发生率和传播风险。免疫计划的核心在于其科学性和适应性。选择合适的疫苗种类、确定适宜的接种时间点、计算精确的剂量以及考虑特定群体的疫苗反应，均为制订免疫计划时必须细致考虑的要素。疫苗接种后，应进行定期的免疫效果评估，以监测免疫反应的持续性及有效性，及时发现免疫程序中存在的不足，并据此调整免疫策略。

（三）规范免疫操作

不同种类的疫苗都有特定的接种剂量和接种方法，如一些疫苗需要按照特定的稀释比例进行稀释，而另一些则需要使用特定的接种方式，如肌肉注射或皮下注射等。在为猪注射疫苗时，必须严格按照疫苗使用说明书所规定的接种方式进行接种，以确保疫苗的有效性和安全性。如果使用连续注射器接种疫苗，需要注意反复校正注射剂量，以避免因注射剂量不准确而影响疫苗效果。在接种疫苗前，还需要对注射器进行消毒，并确保疫苗的储存和使用符合规定要求，以避免污染和失效。

（四）注意免疫时机

在实施免疫接种时，必须充分考虑母源抗体对疫苗效果的影响，尤其是对于仔猪的初次免疫。由于母源抗体具有保护新生仔猪的作用，因此选择适当的时机进行接种至关重要。如果接种过早，母源抗体可能会干扰疫苗的免疫效果，导致免疫失败。相反，如果接种过晚，可能会造成免疫空白期，使猪群面临更大的感染传染病的风险。

为了确保最佳的免疫效果，最好通过免疫监测的方法，根据抗体水平来确定最佳的免疫时机。这样可以有效地避免母源抗体的干扰，确保疫苗能够充分发挥作用，为猪群提供充分的免疫保护。因此，在制订免疫计划时，必须充分考虑母源抗体的情况，选择适宜的时机进行接种，以确保猪群的健康和生产效益。

（五）做好消毒灭源工作

做好消毒灭源工作是增强猪体抵抗力、提高免疫接种效果的基本保证。为了确保猪群的健康，必须采取一系列严格的措施来预防和控制疾病的传播。平时要定期对圈舍、用具、活动场所进行清洗和消毒，这有助于消除病菌和病毒滋生的环境。同时，控制好圈舍的温度、湿度及饲养密度，保持圈舍通风良好，为猪群创造一个舒适、卫生的环境，以减少疾病的发生和传播。

在接种时，保证每只猪都有一个独立的针头，并对接种器械进行严格的消毒，这可以减少交叉感染的风险。做好猪体注射部位的消毒也是非常重要的，以防止病菌从注射部位侵入猪体内。为了确保猪群的安全，禁止非工作人员随意进出猪舍。这样可以避免外部病菌的传入，保护猪群的健康。这些措施的实施，可以为猪群创造一个安全、健康的生活环境，从而增强它们的抵抗力，提高免疫接种效果。

第八章　现代猪病的治疗手段

第一节　给药方法：经口给药与注射

一、灌药法

灌药法是指通过口腔或肛门将液体药物导入猪的消化道内，以此方法实现药物的吸收和治疗效果。该技术广泛应用于各类药物形式，包括水剂、混悬剂、粉剂及中药煎剂等。

（一）药匙灌药法

对于较小的猪，需要灌服少量的药液，可以选择使用药匙（或汤匙）进行灌服。药匙灌药法的实施需两人配合。操作者一位负责控制猪只，通常通过抓住猪的双耳并提起猪的前躯，以使其前肢离地，从而限制其活动能力。对于较大的猪只，需要采取额外的保护措施以避免在灌药过程中发生意外。较小的猪只由于体积和力量较小，操作相对容易。另一位操作者负责实施灌药。使用木棒轻柔地撬开猪的嘴巴，避免造成口腔或牙齿损伤。将药匙置于口角处，缓缓倒入药液。这一过程中，药液的流入速度需控制得当，过快可能导致药液溢出或造成猪只呛咳，过慢则会增加操作时间，引发猪只不安。在灌药过程中，需要注意以下几点。

第一，灌药前需要确保猪的嘴巴撬开足够大，以便药匙能够顺利进入。

第二，灌药过程中需要保持稳定和耐心，避免药液洒出或灌入猪的气管。

第三，如果猪出现咳嗽或呼吸困难等症状，应该立即停止灌药，并寻求兽医的帮助。

（二）胃导管投药法

在畜牧业实践中，特别是对于猪类，当需要给予大量药物液时，传统的用药匙灌服方法常常显示出其局限性。在这种情况下，胃导管投药法成为一种更为有效的手段。该方法通过直接将药物导入猪的胃部，不仅提高了药物的利用率，而且减少了药物对猪食管的刺激，降低了给药过程中的不适感。

1. 操作方法

操作开始前，先将猪只的头部固定，通常是由一名操作者抓住猪耳，另一名操作者撬开口腔，并放入专用的开口器，以便进行下一步操作。使用胃导管时，关键在于要精确地将导管插入食道而非气管，这需要细心观察猪的吞咽反应，以此作为导管位置正确与否的指示。导管顺利进入食道后，操作者需沿食道缓缓推进，直至到达胃部。此步骤的关键是确保导管不会对猪的食道壁造成损伤。药物通过漏斗、投药泵或橡皮球等工具注入胃管，要求操作者掌握药液流速的控制，以免因流速过快导致药物在胃内分布不均。整个投药过程结束后，操作者需要慎重地将胃管抽出，避免造成逆流或刺激猪的呕吐反应。整个过程中的动物福利问题不容忽视，操作者应尽量减少给猪只带来的不适感。

2. 胃管食管的判断

在用胃管投药时，确保胃管正确插入食管是非常关键的。一旦胃管误插入气管，而没有及时发现并继续投药，可能会导致药物被灌入猪肺内，从而引发肺炎或肺坏疽。这种情况有时甚至可能导致猪只当场窒息死亡，造成严重的医疗事故。因此，正确判断胃管是否插入食管是非常重要的。为了准确判断，饲养人员需要细致、谨慎地操作，并且对猪只的反应要保持高度警觉。如果发现胃管插入错误，应立即将其取出并重新插入。对于已经插入胃管的猪只，也要密切观察是否有任何异常反应，如咳嗽、呼吸困难等，以便及时发现并处理问题。通过仔细检查猪只的反应和胃管的位置，可以有效地避免类似的医疗事故发生，确保猪只的安全。胃管插入食管或气管的鉴别如表 8-1 所示。

表8-1　胃管插入食管或气管的鉴别

鉴别方法	插入食管内	插入气管内
胃管插入感觉	在插入时，会感觉到阻力感	没有阻力感
咽、食管及猪的反应	猪只较为安静；吞咽动作明显，或者伴有咀嚼动作	没有吞咽动作；咳嗽剧烈；烦躁不安
触诊劲沟部	能够触摸到食管内胃管的前进	没有
听诊胃管外端	能够听到不规律的呼噜声，但是不会气体冲耳	伴随呼吸出现较强气流冲耳
胃管接橡皮球打气或吊气	在打气的过程中颈部食管会出现波状鼓起，捏扁橡气球之后不会再鼓起	没有波状鼓起，捏扁橡气球后迅速鼓起
用嘴吹入气体	伴随气流的吹入，劲沟会伴随波动	没有明显波动
将胃管外端浸入水中	水中没有产生气泡	胃管中有气泡出现

（三）直肠给药法

　　直肠给药法是猪病治疗中常见的一种药物给予方式，该方法将药物直接输送到猪的直肠中，特别适用于那些由于口腔、食管或胃部疾病而无法通过口腔或胃管进行药物投给的猪。这种方法不但为治疗提供了另一条途径，而且在处理便秘情况时，通过灌肠也能发挥作用。

　　在执行直肠给药时，操作者应选择适当粗细的胶管，市场上常用的胃导管便是此类操作的常见工具。使用前，需在胶管外涂抹液状石蜡或植物油以便插入。插入时，应对准肛门，缓缓推进胶管至一定深度。为保证药物能够顺利到达直肠并发挥效用，通常先通过胶管注入温水以清洗肠道，清除肠内残留的宿粪。当温水和宿粪排出完成后，即可开始药物的注入。药物应直接灌入直肠深部，以确保其能够被直肠黏膜吸收，并进入血液循环，发挥治疗效果。此法的优势在于能够绕过胃酸的破坏作用，适合那些对胃酸敏感或易被胃酸破坏的药物。

该方法将药物直接输送到猪的直肠中。这种方法的优点在于能够快速地使药物通过黏膜吸收，绕过肝脏的初步代谢，从而提高药物的生物利用度。在实际操作过程中，需要精确控制药物的剂量和温度，以防止因药物过量或温度不适引起猪的不良反应。为确保药物能够被有效吸收而不被猪体排出，直肠给药的剂量应根据猪的体重和病情来调整。使用剂量的计算需要严格按照药物使用说明进行，同时要考虑猪病的严重程度。过量给药不仅不能增加疗效，反而可能由于刺激排粪中枢而导致药物被排出体外，从而影响治疗效果。药物的温度控制也是直肠给药法的一个重要方面。药液的温度应调节至接近猪的体温，即约38℃至39.5℃之间。温度过低的药液会刺激直肠黏膜，引发猪的不适感和排便反射，从而导致药物的流失。药液加温是确保药效的关键步骤。

（四）混饲投药法

将药物均匀地拌入饲料中，使得猪通过采食饲料获得药物，达到预防和治疗疫病的目的。这种方法是一种非常方便和高效的给药方式，因为它可以同时为大量的猪进行投药，适用于大规模养殖场和群体饲养的情况。

混饲投药法的优点在于省时省力，投药方便。由于药物是直接拌入饲料中的，因此可以保证每个猪都能够获得均匀的药物剂量，不会出现有的猪采食药物量不足或有的猪采食药物过量的情况。混饲投药法还适用于长期给药的情况，因为药物可以持续地被猪摄入。但混饲投药法也有一些缺点。首先，如果药物搅拌不均匀，可能会导致部分猪采食药物量不足或过量，从而无法达到预期的治疗效果或发生药物中毒的情况。其次，如果猪对某种药物过敏或不喜欢吃含有这种药物的饲料，那么这种方法就不太适用。混饲投药法可能会增加饲料的成本，因为需要购买额外的药物和饲料。

（五）混水给药法

混水给药法是一种简单而有效的给药方法，将药物均匀地混合在猪的饮水中，让猪在饮水时摄入药物，从而达到预防传染病的目的。这种给药方法的优点在于省时省力，特别适用于群体给药。由于猪的饮水量有限，当猪饮水时往往要损失一部分水，因此使用这种方法时需要将用药量适当加大一些。由于猪个体之间饮水量存在差异，每头猪获得的药量可能会有所不同。这可能会对药物的疗效产生一定的影响。在使用混水给药法时，需要根据猪的实际情况和具体用药量进行调整，以确保每头猪都能获得适当的药物剂量。

二、注射法

注射的方法有很多，如皮下注射、肌内注射、静脉注射、胸腔注射、气管注射等。选用什么方法进行注射，主要应根据药物的性质、数量及疾病的具体情况而定。

（一）皮下注射

该方法涉及将药物注入皮下组织，猪只通过毛细血管对药物进行吸收。由于皮下组织中脂肪层的存在以及毛细血管的稀疏分布，药物吸收速度相对缓慢，通常在 10 至 16 分钟后开始发挥效果。皮下注射适用于刺激性较低的药物，如疫苗或血清。在具体操作上，应选取皮肤较薄且皮下组织松散的部位进行注射，如耳根后方或股内侧。在注射前需对猪只的局部区域进行剪毛和消毒处理。操作者应用一手捏起皮肤形成皱褶，另一手准确地将针头插入 2 至 3 厘米深。注射完成后应及时拔出针头，并对局部区域进行消毒处理。在操作过程中，每一注射点的药物剂量不应过多，如需注射较大量药液，则应分散至多个注射点以防止药物积聚。

（二）肌内注射

肌内注射的优势在于肌肉组织内的众多血管能够促使药液被猪只迅速吸收。适合肌内注射的药物类型包括水剂、乳剂、混悬剂和油剂，特别是那些刺激性较强、吸收难度较高的药物。注射时，应选取肌肉丰富且无大血管的部位，如颈侧、耳后、臀部，以减少注射相关并发症的风险。注射过程需要严格的无菌操作，包括剪毛、消毒等步骤，以预防感染。正确的注射技术要求注射器与皮肤成直角，迅速刺入肌肉 2 至 4 厘米深，缓慢推进药液。为防止针头折断，需确保针头刺入方向与其本身方向一致，并保留针头三分之一在皮肤外部。完成注射后，应立即拔出针头并对局部进行消毒处理，确保注射部位的安全。

（三）静脉注射

此方法通过将药物直接注入静脉，确保了药物能够迅速达到疾病部位，从而加快疗效。由于药物在血液中的停留时间较短，这种方式特别适用于需要立即生效的情况，如使用氯化钙、水合氯醛等刺激性药物治疗时。在使用量较少时，可以采用 50 至 100 毫升的注射器进行操作。当需要大量药液时，则应使用输液瓶，并通过较粗的针头与胶管连接以输送药物。为了精确控制输液速率，胶管中通常装有滴注管。静脉注射在紧急情况下，对于猪病的治疗具有决定性的作用。

在进行猪的静脉注射时，通常选取耳静脉或前腔静脉作为注射部位。耳静脉注射法因其清晰可见的血管和操作的方便性而被频繁采用。在实施注射前，需对猪只进行适当的固定，对注射区域的毛发进行剪裁，并进行彻底消毒，以减少感染的风险。实施耳静脉注射时，操作者需利用右手拇指压迫耳根部静脉，以便于针头的准确插入。针头应与耳背部静脉平行，呈 35 至 40 度角穿透皮肤并进入静脉。在针头成功刺入血管后，轻轻抽动注射器手柄，观察是否有血液回流，这是确认针头已准确进入血管的标志。操作者应调整针头位置，使其顺着血管方向轻微前伸，同时松开原先压迫的拇指。利用左手拇指和食指固定耳缘和针头，确保注射过程的稳定性。右手缓慢推动注射器手柄，将药液均匀注入静脉中。

注射完成后，需迅速而谨慎地拔出针头，并再次对注射部位进行消毒，并完成整个注射过程。

（四）胸腔注射

胸腔注射特别适用于胸膜炎和肺炎等病症。此技术通过直接将药物输送至疾病部位，能显著提升药物的局部浓度，从而增强疗效。在执行胸腔注射时，精确的解剖定位至关重要。一般而言，注射点位选在第7肋间，距胸外静脉上方2厘米处，以确保药物能准确无误地送达目标部位。

操作前，需对猪只进行适当的固定，以防止注射过程中的不必要运动，可能导致操作失败或造成不必要的伤害。固定方法可根据猪只的大小和行为特性选择站立或侧卧方式。局部剪毛及消毒是预防感染的基本步骤，必须严格执行。注射时，操作者需用左手稳定注射部位并轻拉皮肤1至2厘米，找到一个适宜的刺入点。随后，右手持注射器沿肋骨前缘垂直刺入，深度控制在3至5厘米。在药液注入或胸腔积液抽取过程中，需稳固注射器，避免由于不稳定操作导致的意外伤害或气胸的发生。完成注射或抽液后，应迅速拔出注射器，执行消毒工作，以减少感染的风险。整个过程中，防止空气进入胸腔是至关重要的，因为空气一旦进入胸腔很可能会导致气胸，加剧猪只的病情。

（五）气管注射

在动物医疗实践中，气管注射是一种针对猪类气管和肺部疾病的有效治疗手段。该方法的准确性对于药物的有效输送至关重要。注射部位的确定需在颈部上方腹部正中线，选择两个气管环之间的位置进行药物的直接注入。此过程中，固定动物的姿势是至关重要的步骤，可以采用仰卧或侧卧方式，以确保前躯略高于后躯，这样有助于药物的正确投给。在实施注射前，必须对注射部位进行剪毛和消毒处理，以降低感染的风险。注射者需用一只手稳固气管，另一只手持注射器，确保垂直刺入预定部位。针头刺入后，应缓慢推进药筒，确保药液平稳注入。注射完毕后，需迅速拔出注射器，并对局部进行再次消毒，以完成整个治疗过程。

为减少注射引起的刺激，建议将药液加热至接近动物体温。同时，为避免注射引发的咳嗽反应，可先行注入2%普鲁卡因或普鲁卡因溶液2至5毫升，以起到局部麻醉的作用。这种预处理不仅有助于减轻动物的不适，也为整个注射过程提供了稳定的条件，从而增加治疗的效果。

第二节　猪疾病的药物治疗

一、抗菌药的合理应用

抗菌药在防控猪传染病和促进猪生长方面具有至关重要的作用。为了充分发挥抗菌药的效果，提高治疗水平，减少对猪产生的不良反应，延缓细菌耐药性的产生，必须合理使用抗菌药。

（一）严格掌握适应证

在猪疾病的治疗过程中，抗菌药物的选用必须建立在精确诊断的基础之上。每一种抗菌药都有其特定的作用范围及适用病种，合理应用抗菌药物的首要任务是确保其使用与疾病相符。对于猪的一般感染性疾病，综合临床症状、生理生化指标以及兽医的临床经验，足以作出准确的诊断。但对于重症感染，更需依靠病原学和细菌学检查，包括必要的药敏试验，以指导合适的抗菌药物选择。抗菌药物在猪体内的药物动力学特性，以及外界环境因素，都可能影响其作用效果。实验室中的药敏试验与临床疗效的一致性大约为80%，表明在选择抗菌药物时，需将确诊、药物的抗菌谱和动力学特性综合考虑，优选那些疗效确切、作用力强、副作用小的药物。在治疗普通细菌感染时，既可选择杀菌药也可选择抑菌药，但在处理危重病例或免疫功能低下的个体时，必须采用抗菌药物。若窄谱抗菌药足以控制感染，则无需使用广谱抗菌药。在确定一种抗菌药物可以有效控制感染的情况下，避免合并使用多种抗菌药物。在临床实践中，对常见病原菌的首选和替代药物的选择，应仅作为治疗决策的参考。

1. 革兰氏阳性菌

（1）金黄色葡萄球菌。金黄色葡萄球菌作为一种常见病原体，能导致多种临床疾病，如化脓性伤口、败血症、呼吸道感染、心内膜炎和乳腺炎。对此，青霉素 G 通常作为首选治疗药物，由于其对上述菌株具有良好的活性和较低的毒性。在某些情况下，可能需要考虑替代治疗方案。例如，若病原菌对青霉素 G 产生耐药性，或者患者对该药物过敏，此时红霉素、头孢菌素类、多西环素及增效磺胺药物则作为替代治疗药物出现。这些替代药物具备不同的作用机制和药理特性，它们能够通过不同途径抑制或杀灭病原体。红霉素和头孢菌素类药物通过抑制细菌细胞壁的合成，阻断细菌增殖。多西环素则是通过破坏细菌的蛋白质合成，进而达到抗菌效果。增效磺胺药则是一种组合药物，它通过阻断细菌内叶酸的合成，使得细菌无法进行必要的代谢活动，从而被杀死或生长受到抑制。

（2）耐青霉素金黄色葡萄球菌。对于革兰氏阳性菌，特别是耐青霉素金黄色葡萄球菌引起的病症，如化脓性创伤、败血症、呼吸道感染、消化道感染、心内膜炎和乳腺炎等，治疗策略需细致考量。

革兰氏阳性菌对多种抗生素表现出不同程度的敏感性。在选择抗生素时，应优先考虑对靶菌有高度活性且能够抵抗细菌产生的 β - 内酰胺酶的半合成青霉素类药物。这类药物能够有效地结合细菌的青霉素结合蛋白，从而抑制细菌壁的合成，导致细菌死亡。在耐青霉素酶的半合成青霉素类药物无法使用或细菌对其产生耐药性的情况下，可选用替代药物。红霉素作为大环内酯类抗生素，通过抑制细菌蛋白的合成，而发挥抗菌作用。卡那霉素和庆大霉素作为氨基糖苷类抗生素，能够干扰细菌30S 亚单位，阻碍蛋白质合成。杆菌肽和林可霉素则通过不同的机制干扰细菌的生长活动。

（3）溶血性链球菌。溶血性链球菌是一种常见的细菌，它能够引起许多不同的感染和疾病。其中最常见的是猪链球菌病，这是一种严重的疾病，常常导致猪的死亡。因此，及时治疗是非常重要的。

青霉素 G 是治疗溶血性链球菌引起的猪链球菌病的首选药物，它的作用机制是抑制细菌细胞壁的合成，从而具有杀菌作用。青霉素 G 对革兰氏阳性菌具有良好的活性，且通常对链球菌属细菌的清除效果显著。

由于各种原因，青霉素 G 有时无法获得或使用，因此需要一些替代药物。这些药物包括红霉素、增效磺胺药和头孢菌素。这些药物虽然不如青霉素 G 有效，但仍然可以用于治疗链球菌感染。红霉素对于某些青霉素 G 敏感的细菌也有效，但由于其作用机制不同，可能会对那些对青霉素有耐药性的菌株有更好的治疗效果。增效磺胺药物是一类合成抗菌剂，通过干扰细菌的叶酸合成来抑制其生长。由于其广谱的抗菌性，增效磺胺药在某些青霉素 G 无效的情况下可以作为备选方案。头孢菌素是 β‑内酰胺类抗生素的一种，与青霉素相似，其主要作用是破坏细菌的细胞壁，导致细菌死亡。由于其对抗细菌酶的稳定性较强，对于产生β‑内酰胺酶的细菌具有更好的治疗效果。

（4）化脓性链球菌。在治疗化脓性链球菌引起的疾病如化脓创、肺炎、心内膜炎及乳腺炎时，青霉素 G 是首选药物。青霉素 G 的高效性和针对性使其成为控制此类细菌感染的重要手段。当患猪对青霉素 G 产生过敏反应或者对该药物出现耐药性时，红霉素、四环素类及增效磺胺药则可以作为替代治疗方案。红霉素和四环素类通过抑制细菌蛋白质的合成来发挥作用，而增效磺胺药通过阻止细菌利用对人体无害的物质来制造对其生存至关重要的叶酸，从而阻断其生长和繁殖。

（5）肺炎双球菌。在治疗肺炎双球菌感染所致的肺炎时，青霉素 G 也是治疗此类感染的首选药物。青霉素 G 因其对革兰氏阳性菌具有良好的活性和较高的安全性，被广泛应用于临床实践中。

在青霉素 G 无法使用或效果不佳的情况下，红霉素、四环素类及头孢菌素可作为替代药物。红霉素作为一种大环内酯类抗生素，通过抑制细菌蛋白合成发挥作用，适用于对青霉素 G 有耐药性的细菌株。四环素类抗生素，包括多西环素、土霉素等，其作用机理也是通过抑制细菌的蛋白质合成，对多种革兰氏阳性菌和阴性菌均有较好的抗菌作用。头孢菌素类，包括头孢噻肟、头孢克洛等，这类药物以其广泛的抗菌谱和较低的毒性成为治疗细菌性肺炎的有效药物。

（6）炭疽杆菌。在处理炭疽杆菌感染时，该细菌属于革兰氏阳性菌，是炭疽病的病原体。炭疽病的治疗应优先考虑青霉素 G，因其对炭疽杆菌具有显著的抗菌活性。

在青霉素 G 不可用或病原菌对其产生抗性的情况下，红霉素、四环素类、庆大霉素和头孢菌素是有效的替代选择。这些替代药物虽然在抗菌谱和作用机制上各有特点，但它们均能对炭疽杆菌发挥抗菌作用。红霉素和四环素类通过抑制细菌蛋白质的合成，而庆大霉素和头孢菌素则通过干扰细菌细胞壁的合成来发挥作用。

（7）猪丹毒杆菌。猪丹毒杆菌是一种对猪只造成严重威胁的细菌，其所致的主要疾病有猪丹毒、关节炎以及创伤感染等。这些疾病不仅影响猪只的健康，还会给养猪业带来严重的经济损失。

2. 革兰氏阴性菌

（1）大肠杆菌。大肠杆菌可导致幼猪白痢、呼吸道和尿路感染、败血症以及腹膜炎等多种疾病。对于这些疾病，环丙沙星或诺氟沙星通常被视为治疗的首选药物。这些药物的选择依据其广谱抗菌活性，尤其是对革兰氏阴性菌的高效作用。

在临床实践中，对环丙沙星和诺氟沙星的依赖需谨慎，以防产生耐药性。因此，在特定情况下，可能需要使用替代药物。庆大霉素和卡那霉素作为替代药物时，虽然具有较强的抗菌能力，但其潜在的肾毒性和耳毒性不可忽视。磺胺类药物及其增效剂，如增效磺胺药，因其对特定细菌群体的选择性抑制作用而备受推崇。多黏菌素和链霉素则由于其特定的抗菌谱而在治疗中发挥作用。

（2）沙门杆菌。沙门氏菌导致的肠炎、下痢及败血症等，合理应用抗菌药物显得尤为重要。头孢唑啉因其针对革兰氏阴性菌的强效作用常被医生作为治疗上述病症的首选药物。在特定情况下，当头孢唑啉不宜使用或疗效不佳时，需考虑替换药物。其中，四环素类和链霉素的组合、磺胺类药物、氨苄青霉素以及氟喹诺酮类药物是备选方案。

（3）巴氏杆菌。由巴氏杆菌引起的疾病，如巴氏杆菌病、出血性败血病、运输热和肺炎时，选择合适的药物对于疾病的控制和预防有着直接影响。在这些病症中，链霉素由于其对革兰氏阴性菌具有较强的抗菌活性，常被视为首选药物。其作用机理主要是通过抑制细菌蛋白质的合成来发挥治疗效果。

在链霉素不可用或出现耐药性问题时，增效磺胺药物、四环素类、青霉素 C 以及氟喹诺酮类药物则可以作为有效的替代治疗选项。增效磺胺药物通过阻断细菌内叶酸的合成，从而抑制其生长和繁殖。四环素类抗生素通过阻止氨酰 –tRNA 与 mRNA 复合物的结合到细菌核糖体的 30S 亚单位，从而抑制蛋白质合成。青霉素 C 主要通过抑制细菌细胞壁的合成来发挥作用，而氟喹诺酮类抗生素则通过抑制细菌 DNA 的超螺旋化和细菌 DNA 复制来产生治疗效果。

3. 螺旋体及霉形体

（1）猪痢疾密螺旋体。猪痢疾密螺旋体是一种常见的螺旋体，其感染主要导致猪痢疾这一主要疾病。猪痢疾是一种严重的肠道传染病，对猪的生长发育和健康产生极大的影响。由于痢菌净对治疗猪痢疾有显著的效果，因此常被医生作为首选药物。如果没有痢菌净或其治疗效果不佳的情况下，林可霉素和泰乐菌素也可以作为替代药物进行治疗。

（2）钩端螺旋体。钩端螺旋体是一种由螺旋状微生物引起的疾病，其所致的主要疾病就是钩端螺旋体病。这种疾病在临床上通常表现为发热、肌肉疼痛、肝脾肿大等症状，严重时甚至可能导致器官衰竭和死亡。在治疗钩端螺旋体病时，首选药物是青霉素 G。这种药物能够有效地杀死钩端螺旋体，从而缓解症状并防止疾病的进一步发展。如果出现对青霉素 G 过敏等无法使用的情况时，可以选用链霉素或四环素类抗生素作为替代药物。这些药物同样具有抗菌作用，可以有效地治疗钩端螺旋体病。

（3）猪肺炎霉形体。猪肺炎霉形体是一种常见的猪病原体，其主要引起的疾病称为猪喘气病。这种疾病在猪群中广泛传播，对猪的健康和生长造成严重影响。猪喘气病的症状包括咳嗽、呼吸困难、体温升高和食欲缺乏等。

治疗猪喘气病的主要药物是单诺或恩诺沙星。这两种药物都属于喹诺酮类抗生素，具有很强的抗菌作用，能够有效杀死猪肺炎霉形体并缓解症状。单诺或恩诺沙星在临床试验中表现出良好的疗效，被广泛用于治疗猪喘气病。如果单诺或恩诺沙星无法获得或无效，可以使用其他药物替代，如土霉素、泰乐菌素和卡那霉素。这些药物都具有抗菌作用，也能够治疗猪喘气病。其中，土霉素和泰乐菌素属于抗微生物药物，卡那霉素则是一种氨基糖苷类抗生素。这些药物在临床实践中也表现出一定的疗效。

（二）制定合理的给药方案

合理的给药方案是确保所选择的抗菌药能够达到预期疗效、减少不良反应的重要保障。临床兽医需要充分了解各种抗菌药的药动学特征，根据病猪的具体情况，选择合适的药物品种，并制定出合理的给药方案。这个过程需要精确药物的剂量、给药途径、给药间隔时间以及使用疗程。在选择药物品种时，除了需要考虑病猪的感染类型、病情严重程度、生理特点以及可能出现的耐药性等因素，还需要考虑抗菌药的抗菌谱、药动学特征、不良反应以及与其他药物的相互作用等因素。通过对这些因素的全面考虑，可以确保所选药物能够有效地治疗疾病，同时减少不良反应和耐药性的出现。在制定给药方案时，需要综合考虑病猪的体重、病情严重程度、药物的药动学特征以及预期的治疗效果等因素。根据这些因素来确定药物的剂量、给药途径、给药间隔时间以及使用疗程。合理给药方案不仅可以提高药物的疗效，还可以减少药物的不良反应和耐药性的产生。

（三）防止细菌产生耐药性

抗菌药物滥用是导致细菌产生耐药性的主要原因。不恰当的药品选择、不充分的剂量、治疗时间过长或不规律，均可能导致细菌耐药性的加剧。因此，合理把握适应症，避免抗菌药物的滥用，是防止耐药性发展的基石。确保使用有效剂量和合理的疗程，可以有效杀灭细菌，减少耐药菌株的产生。同时，应严格遵循抗菌药物的使用原则，包括局部应用、预防应用、饲料添加及联合使用等，这些原则旨在最大化药物效用，最小化耐药性风险。通过有计划地分期交替使用抗菌药，可以避免细菌对某一类药物产生适应性，从而延缓耐药性的形成。

（四）采取综合治疗措施

免疫系统的功能与外部因素之间存在着紧密的相互作用，而机体内在因素的状态在很大程度上决定了治疗的成功与否。不能只看抗菌药物的功效，而需要综合考虑机体的免疫状态以及其他内在因素。抗菌药物在治疗中的作用是有限的，它们主要通过抑制和杀灭病原菌来减轻疾病症状，但并不能清除体内的病原体或恢复机体的功能。因此，治疗疾病需要更多的综合措施。首先，需要关注病猪的种属、年龄、生理和病理特点，因为不同的情况可能需要不同的治疗方法。机体的免疫状态也是需要考虑的方面，因为免疫力的强弱直接影响着治疗的效果。综合治疗的一项重要措施是补充能量。疾病会消耗病猪的能量，导致病猪体弱多病。为此，通过提供高能量的饲料或其他适当的能量补充措施，可以帮助病猪恢复体力，增加其抗病能力。还需要注意扩充血容量，因为一些疾病可能导致血液循环不畅，影响免疫细胞的运输和功能。纠正水盐失衡与酸碱平衡也是重要的，因为这些因素的不平衡会影响机体的正常功能。另一方面，综合治疗还需要根据疾病的症状采取对症措施。例如，如果病猪出现呼吸困难，可以使用支持性呼吸治疗来改善其呼吸功能。如果病猪出现消化不良，可以调整其饮食，提供易消化的食物。这些对症措施有助于改善机体的功能状态，促进疾病的康复。

（五）科学地联合用药

这一方法的主要目的是优化治疗效果，降低药物毒性，减缓细菌耐药性的发展。通常在以下情况下联合使用抗菌药物才会被考虑：首先，在使用毒性较大的抗菌药物时，通过联合应用其他药物可以降低剂量，从而降低毒副反应的风险。其次，对于一些感染病灶难以有效渗透的疾病，如细菌性脑炎，联合使用抗菌药物可以提高药物的治疗效果。在长期治疗、易产生耐药性的慢性感染中，如结核病和慢性尿路感染，联合应用抗菌药物有助于维持治疗的持续有效性。对于混合感染和严重感染，如败血症、腹膜炎和创伤感染，抗菌药物的联合使用可以更好地控制感染的扩散。最后，在疾病病因不明但危及生命的情况下，抗菌药物的联合应用也是一种可行的治疗策略。

在临床实践中，针对细菌感染，通常单一抗菌药物已能够有效控制，但在某些情况下，联合用药是必要的。联合用药的目的是提高治疗效果的同时减少耐药性的发展。联合用药中有不同的效应，包括无关、相加、协同和拮抗作用。无关作用是指联合用药后的效果不超过其中一种药物的效果，这意味着两药合用并没有带来额外的治疗效果。相加作用，又称累加作用，指的是联合用药后的效果相当于两种药物单独使用效果的总和。协同作用则表示联合用药后的效果超过了两种药物单独使用效果的总和，这是理想的效应。拮抗作用则是指两种药物合用时，它们的效果相互抵消，导致治疗效果不如单独使用其中一种药物。在猪疾病的治疗中，其目标是最大程度地实现协同作用或者至少实现相加作用，以确保最佳的治疗效果。这可以通过选择合适的药物组合来实现。除此之外，还需考虑药物的选择和配比。不同的抗菌药物具有不同的作用机制和抗菌谱，因此需要根据疾病的具体情况选择合适的药物。药物的剂量和用药方案也需要谨慎制定，以确保最佳的治疗效果同时最小化潜在的药物不良反应。

临床上根据抗菌药作用特点，将抗菌药物分为四类。第一类为繁殖期杀菌剂，这类药物速效，如青霉素类和头孢菌素类，它们可以在细菌繁殖期快速地破坏细菌细胞壁，从而达到杀菌效果。第二类为静止期杀菌剂，它们作用较慢，如氨基糖苷类和多黏菌素类，这些药物不仅对繁殖期细菌有杀灭作用，对静止期细菌也有杀灭作用。第三类为速效抑菌剂，如四环素类和大环内酯类，它们可以迅速抑制细菌的生长和繁殖。第四类为慢效抑菌剂，如磺胺类抗菌增效剂，它们可以缓慢地抑制细菌的生长和繁殖。不同类型的抗菌药物联合使用可产生不同的后果。通常来说，第一类与第二类合用有协同作用，如青霉素与链霉素合用，因为青霉素破坏细菌的细胞壁，使细菌处于易被链霉素攻击的状态，从而增强链霉素的杀菌效果。第一类与第三类合用与用药顺序有关，如果先用或同时使用第三类则会迅速阻断细菌细胞壁合成，细菌基本处于静止状态，使第一类的作用减弱，出现拮抗作用；若先用第一类，则不至于出现拮抗作用。第三类与第二类合用可获相加或协同作用。第三类与第四类合用可获得相加作用。第四类对第一类通常无重要影响，合用时可能产生相加作用，如青霉素与磺胺嘧啶合用可治疗细菌性脑膜炎。在临床上，除了青霉素与链霉素合用、磺胺与抗菌增效剂合用有确实的协同作用而值得提倡，对其他抗菌药物的合用应持慎重态度。这是因为不同的抗菌药物之间可能会产生相互作用，导致药效减弱或者产生不良反应。因此，在使用抗菌药物时，应该根据病猪的病情和医生的建议，选择合适的抗菌药物，并按照规定的剂量和使用时间使用药物。

二、猪疾病药物治疗的常用药物

（一）抗菌药物

1. 青霉素类

（1）青霉素 G 钠（钾）。青霉素 G 钠（钾），作为一种经典的 β - 内酰胺类抗生素，对多种病原菌都具有显著的治疗效果。该药物的剂型为针剂，通过肌内注射给药，按照 1 万至 1.5 万国际单位每千克体重的剂量，每 8 至 12 小时一次的间隔进行。此种给药方法可以确保药物迅速达到病灶，发挥作用。青霉素 G 钠（钾）的应用范围广泛，涵盖了链球菌病、葡萄球菌病等细菌性感染的治疗。它对于炭疽、气肿疽、恶性水肿等疾病同样有效。由于其作用谱的广泛性，该药也用于螺旋体病、乳腺炎、子宫炎等炎症性疾病的治疗。在一些特定情况下，如创伤感染、肾盂肾炎、膀胱炎，以及与破伤风抗毒素合用治疗破伤风，青霉素 G 钠（钾）也显示出良好的疗效。在使用过程中，需要警惕该药物可能引起的过敏反应。青霉素类药物由于其 β - 内酰胺结构，会在个体间引发不同程度的免疫应答。因此，在临床应用前需进行过敏试验，以确保安全性。还需注意青霉素 G 钠（钾）与某些药物存在配伍禁忌，如与酸性药物如四环素等和磺胺类药物并用时，可能会导致效果降低或增加毒性反应。

（2）氨苄青霉素（氨苄西林）。在兽医临床实践中，氨苄青霉素因其广谱抗菌特性，被广泛应用于对猪疾病的治疗。该药物属于青霉素类抗生素，具备多种剂型，包括片剂和针剂。根据不同剂型，其用法与用量各异，片剂通常以 5 至 20 毫克 / 千克体重剂量口服，每日两次；而粉针剂型则以肌肉注射方式给药,剂量为2至7毫克/千克体重,每日两次。氨苄青霉素的抗菌谱以及其在临床上的应用,虽与青霉素G相似,但在针对革兰氏阳性菌的作用上较青霉素G弱,而对革兰氏阴性菌的效果则更为显著。这一差异决定了氨苄青霉素在治疗特定感染时的独特价值。其主要应用包括对抗猪只的肺炎、肠炎、子宫炎以及胆管和尿路感染等病症。在治疗过程中,氨苄青霉素可与链霉素、庆大霉素、卡那霉素等抗生素联合使用,发挥协同效果,从而增强疗效,降低细菌耐药性风险。

(3)阿莫西林。阿莫西林提供了胶囊和针剂两种剂型,以适应不同治疗需求。阿莫西林在使用时,胶囊形式通过口服给药,针剂则通过肌内注射。标准剂量为每千克体重使用100毫克,每天两次给药,确保药物在体内维持有效浓度,以发挥最佳的抗菌效果。通过这种剂量用法,阿莫西林可以有效对抗呼吸道、泌尿道及胆管感染,尤其在口服应用时,吸收良好,使其疗效优于传统青霉素。与其他青霉素类药物相比,阿莫西林在抗肠道菌属和沙门杆菌方面显示出更强的活性,其效力是氨苄西林的两倍。这一特点使得阿莫西林在治疗某些细菌性感染时成为首选药物。需要注意的是,阿莫西林不宜与氨基糖苷类药物在体外混合,以免降低药效或增加不良反应。

2. 头孢菌素类

(1)头孢噻吩钠(头孢菌素I)。头孢噻吩钠,学名头孢菌素I,属于头孢菌素类抗生素,以其针剂形式广泛应用于兽医临床。该药物对多种细菌具有强效的杀菌作用,尤其在治疗呼吸道、尿路感染以及乳腺炎、骨髓炎、败血症等疾病方面显示出良好的疗效。该药物的使用剂量通常为肌内注射,每千克体重10至20毫克,一日两次。头孢噻吩钠对于那些对青霉素类药物产生耐药的金黄色葡萄球菌感染,提供了一种有效的治疗选择。需注意的是,本品与庆大霉素共用时可能会产生不良的相互作用,因此不推荐合用。在实际应用中,对药物相互作用的认识至关重要,以防止出现药物不良反应,确保治疗的安全性和有效性。

(2)头孢氨苄。头孢氨苄作为一种抗菌药物,属于头孢菌素类,常见剂型为针剂。该药物通过肌内注射给药,按照10至15毫克/千克体重的剂量，每天1至2次进行。头孢氨苄对革兰氏阳性菌与革兰氏阴性菌均显示出较强的抗菌效果。在使用时，需要注意头孢氨苄不宜与红霉素、卡那霉素、四环素、硫酸镁等药物合用，以避免药物间相互作用，可能导致疗效减弱或增加不良反应的风险。

（3）头孢曲松钠。该药物属于头孢菌素类，以针剂形式存在。其抗菌范围覆盖了多种革兰氏阳性菌及革兰氏阴性菌，表现出较强的抗菌效果。在临床应用中，头孢曲松钠通常通过肌内注射给药，剂量根据猪的体重计算，每千克体重10至20毫克，每日一次。头孢曲松钠的使用应严格按照兽医指导，以确保其疗效及减少药物耐药性的发展。头孢曲松钠在与氨基糖苷类药物联用时，可展现出增效作用，但应注意两药需分别注射，避免相互作用可能导致的不良反应。在治疗呼吸道和泌尿道等感染时，合理的使用头孢曲松钠不仅能有效控制感染，还有利于保护动物健康和公共卫生安全。

3.氨基糖苷类

（1）硫酸链霉素。硫酸链霉素为氨基糖苷类抗菌药物中的一种，通常以针剂形式存在。该药物通过肌内注射给药，剂量为每千克体重12毫克，一天两次。硫酸链霉素的应用范围较广，主要针对结核病和革兰氏阴性菌引发的多种感染。临床上，它对肺炎、细菌性肠炎、子宫炎、膀胱炎、败血症及放线菌病等疾病表现出良好的治疗效果。硫酸链霉素与青霉素联合使用时可提升治疗各类细菌性感染的效果。

（2）硫酸庆大霉素。该药物通过肌内注射或静脉注射的方式施用，根据动物体重计算剂量，通常为1到1.5毫克/千克体重，每天3到4次。硫酸庆大霉素的主要疗效体现在对抗耐金黄色葡萄球菌及其他敏感细菌感染，包括但不限于呼吸道、消化道和尿路感染，以及乳腺炎、坏死性皮炎和败血症等疾病。

（3）硫酸卡那霉素。具有较强的对抗革兰氏阴性菌的活性，而对革兰氏阳性菌的活性相对较弱。作为一种针剂形式的抗菌药物，其常规的给药方式为肌内注射，剂量一般为每千克体重10至15毫克，每日两次。硫酸卡那霉素的主要应用领域包括败血症、菌血症治疗以及呼吸道和尿路感染。在使用过程中，需注意药物的适应症范围以及可能产生的耐药性。正确的用法与用量可以最大化疗效，降低耐药性风险。

（4）阿米卡星。主要通过肌内注射给药。根据药物指导原则，其推荐剂量为每千克体重 5 至 7.5 毫克，每日两次。该药物的疗效与卡那霉素相似，但在对抗卡那霉素和庆大霉素耐药的菌株方面表现出较好的疗效。临床上，阿米卡星主要用于治疗猪只的败血症、菌血症、呼吸道感染、肠道感染及腹膜炎等疾病。在使用时需注意，阿米卡星不应与青霉素类药物或氨茶碱混合使用，以避免药物相互作用导致的不良反应。

4. 四环素类

（1）土霉素。土霉素作为广谱抗菌药物，对多种细菌及其他微生物，如支原体、衣原体、立克次体和螺旋体具有治疗作用。该药物在猪疾病治疗中应用广泛，既适用于系统性感染，也适用于特定局部疾病如子宫炎和坏死杆菌病。其剂型多样，包括粉剂和针剂两种形式。在使用时，粉剂通常混合于饲料中，按 300 至 500 毫克每千克饲料的比例使用；针剂则通过肌肉或静脉注射给药，剂量为每千克体重 5 至 10 毫克，每日 1 至 2 次。在使用土霉素时，应注意其不可与青霉素类药物联用，以防药物间相互作用，影响治疗效果。

（2）多西环素。多西环素以其广谱、高效和低毒的特性在临床治疗中得到应用。该药物的抗菌范围包括支原体、立克次体、大肠杆菌、沙门杆菌以及巴氏杆菌等多种病原体。强力霉素的疗效是土霉素与四环素的 2 至 10 倍，表明其在抗菌治疗中的效率较高。在具体应用中，多西环素提供了粉剂和针剂两种剂型。粉剂通过混入饲料的方式给药，其剂量通常为每千克饲料添加 100 至 200 毫克。针剂则通过肌内注射给药，剂量为每千克体重 1 至 3 毫克，每天 1 至 2 次。这种用药方式使得多西环素能够根据不同的病情和治疗需求灵活地调整剂量和使用频率。尽管多西环素的疗效显著，但在使用时仍需注意其与其他药物的相互作用，如不应与青霉素类药物连用，以避免药物间的不良反应。

（3）金霉素。在临床应用中，金霉素对于革兰氏阳性菌、革兰氏阴性菌、支原体、衣原体、立克次体及螺旋体等所致的感染表现出较好的疗效。金霉素的剂型为粉剂，便于通过口服或混饲的方式应用。在使用时，依据动物体重计算出相应剂量，通常为每千克体重 10 至 20 毫克，每日三次；或按照每千克饲料 200 至 500 毫克的比例混饲，连续使用 3 至 5 天。在治疗猪疾病时，金霉素可单独使用，也可与阿莫西林、支原净或氟苯尼考等其他抗生素联合应用，以增强治疗效果。联合用药时，药物间的相互作用可提升疗效，特别是在对抗复杂感染时。在使用过程中必须注意用药的剂量和时间，以防止细菌产生耐药性。

（二）抗寄生虫药物

1. 敌百虫

敌百虫作为一种常见的抗寄生虫药物，在猪疾病治疗中发挥了重要作用。该药物以结晶粉末形式存在，具备广谱驱虫效果。在使用时需按照体重计算剂量，确保内服时 80 至 100 毫克／千克体重，最大不超过 7 克，而外用则根据需要配制 1% 至 3% 的溶液进行涂擦或喷雾。敌百虫能有效对付猪体内外的多种寄生虫，包括胃肠道线虫及多种体外寄生虫，如蜱、螨等。由于其治疗量与中毒量十分接近，使用时须谨慎，一旦出现中毒反应，应立即使用解磷定或阿托品进行救治。敌百虫不宜与碱性药物或碱性溶液混合使用，以防药效降低或产生不良反应。因此，在临床应用中，对于敌百虫的使用需要严格按照指南执行，以确保安全性和有效性。

2. 左旋咪唑（左噻咪唑）

左旋咪唑，又称左噻咪唑，是兽医在临床上常用的抗寄生虫药物，具有片剂和针剂两种剂型。该药物在使用上根据动物体重进行剂量的精准调整，体现了剂量个体化的治疗原则。在口服片剂时，推荐剂量为每千克体重 8 毫克；而肌内注射针剂的建议剂量稍低，为每千克体重 7.5 毫克。左旋咪唑的广谱性使其能对多种消化道线虫发挥作用，特别是对猪蛔虫、类圆线虫及后圆线虫等具有显著的驱虫效果，同时对猪肾虫也显示出很好的治疗效能。除了抗寄生虫作用，左旋咪唑还具备免疫调节功能，这一特性为提高宿主抵抗力、减少寄生虫重复感染提供了辅助。

3. 伊维菌素

伊维菌素对于治疗猪后圆线虫、猪蛔虫、有齿冠尾线虫、食道口线虫、兰氏类圆线虫及其幼虫表现出较高的治疗效率。该药物对猪的外寄生虫如猪疥螨、猪血虱等也展现出优异的杀灭能力。伊维菌素的给药方式为肌内注射，按照0.3毫克/千克体重的剂量进行。通常情况下，单次用药即可达到治疗效果，但在必要时，可在7至9天后重复注射以确保治疗效果。在使用伊维菌素时，应遵守正确的用药方法和用量，以避免药物的不当使用可能带来的副作用。

4. 三氮脒（贝尼尔、血虫净）

三氮脒作为一种抗寄生虫药物，具有抑制寄生虫DNA合成的作用，从而有效控制其生长与繁殖。在治疗猪附红细胞体病方面表现出高效性。该药物以针剂形式存在，根据病情轻重，肌内注射剂量范围为每千克体重3.5毫克至9毫克。为减轻可能出现的副作用，可在用药前或同时注射阿托品。在使用过程中，应严格按照剂量指导进行，以确保治疗效果并最小化不良反应。

（三）作用于呼吸系统的药物

1. 喷托维林

喷托维林是一种常用于治疗猪呼吸系统疾病的药物，具有显著的镇咳效果。在猪呼吸道炎症引起的干咳症状中，此药物可通过口服形式给药。治疗剂量一般为体重每千克50至100毫克，一日三次。在应用该药物时，需注意剂量与给药频率，以确保疗效并降低产生不良反应的风险。喷托维林的药物形态包括粉剂与片剂，便于不同养殖规模的生猪养殖户按需使用。

2. 复方甘草合剂

复方甘草合剂为临床治疗猪疾病时应用于呼吸系统的药物。该药物具有祛痰、镇咳、解毒及抗炎等功效，对咳喘疾病尤其是伴随无痰症状的情形，显示出较好的治疗效果。合剂形式的药物便于内服给药，通过调整剂量，可根据猪的体重计算出所需用量。在使用时，依据体重以每千克 10 至 30 毫克剂量，每天三次进行投药。

3. 氨茶碱

氨茶碱作为一种支气管舒张剂，在猪疾病药物治疗中发挥了重要作用。该药物通过松弛支气管平滑肌，缓解呼吸道疾病中的喘息症状，同时具有强心和利尿的附加效果。针对支气管疾病及心性水肿的治疗，氨茶碱可作为有效的治疗选择。针剂的形式便于快速发挥作用，肌内注射的给药方式则确保了药物的直接吸收和快速发挥疗效。在使用时，按照 0.25 至 0.5 克/千克体重的剂量进行肌内注射。由于氨茶碱不宜与酸性药物合用，因此在联合用药时应注意药物相互作用，避免减弱疗效或增加副作用的风险。

（四）作用于消化系统的药物

1. 大黄末

粉末剂型的大黄末，通过口服可以发挥不同的治疗效果。小剂量时，大黄末的苦味成分可刺激胃部，起到健胃的作用；当剂量增加，其收敛性及抗菌特性得以显现，有助于治疗轻微的消化不良症状；而在大剂量下，大黄末则会表现出泻下作用，适用于治疗便秘等疾病。大黄末的临床应用需注意剂量与症状之间的匹配，以实现期望的治疗效果。例如，与硫酸钠合用时，可增强其治疗便秘的效能。大黄苏打片中碳酸氢钠的含量还具有中和胃酸的附加功能，为治疗提供了更多选择。因此，大黄末在治疗猪疾病时，既可单独使用，也可与其他药物配合。

2. 硫酸钠（镁）

硫酸钠或硫酸镁作为猪疾病治疗中常用的药物，其应用范围主要集中在调节消化系统功能。根据所需治疗效果的不同，药物剂量有显著差异。当药物以小剂量内服时，能对消化道黏膜产生适度刺激，从而起到健胃的效果。而大剂量时，则展现其泻下作用，常用于解决大肠便秘及清除肠道内容物。药物作用的发挥与给予的水量有着直接联系，因此在使用时通常将其配制成4%至6%的溶液，并需保证病猪能够摄入足够的饮水。在使用过程中，需要特别注意的是溶液的浓度不能过高，以免造成过度泻下，引发肠炎并加剧脱水症状。硫酸钠或硫酸镁与钙盐共用是禁忌，因为这可能导致不良的药物相互作用，从而影响治疗效果或者对动物健康产生负面影响。因此，在使用这类药物时，严格遵守用药指导原则，合理调配药物浓度和配比，是确保疗效与安全的关键。

3. 鞣酸蛋白

鞣酸蛋白是一种治疗猪急性肠炎和非细菌性腹泻的药物，其以粉剂形式存在。鞣酸蛋白的治疗机制涉及内服后在肠道内的作用，其中鞣酸与蛋白质分散开来，鞣酸部分具有收敛作用，有助于止泻。该药物的使用需遵循规定的剂量，通常为每次2到5克。在应用鞣酸蛋白时，应注意其主要适用情况，确保针对性地治疗急性肠炎与非细菌性腹泻，避免在其他类型的腹泻中使用，以免影响治疗效果。还需考虑鞣酸蛋白的用量与猪的具体病情相适应，以确保药物能够达到最佳治疗效果。

4. 干酵母

干酵母作为一种药物剂型，常以片剂形式出现。该药物内含丰富的B族维生素及其他生物活性物质，这些成分对维持猪只正常的生理功能至关重要。B族维生素在糖、蛋白质、脂肪的生物转化和转运过程中，作为某些酶系统的构成要素，发挥了关键作用。因此，干酵母在食欲减退、消化不良以及维生素B缺乏症的辅助治疗中显示出其疗效。在应用干酵母时，须严格按照推荐剂量进行，通常内服剂量为5到10克。剂量的准确把握对于充分发挥药效至关重要。超出建议用量可能导致不良反应，如腹泻等消化系统问题。因此，在使用时需严格监控剂量，确保既能发挥其治疗作用，又能最小化副作用的风险。

（五）作用于泌尿生殖系统的药物

1. 氢氯噻嗪

氢氯噻嗪是一种临床上常用于治疗水肿的利尿药。该药物具备多种剂型，包括粉剂、片剂及针剂，以适应不同治疗需求。在使用时，应根据动物的具体情况选用适当剂型和剂量。口服剂型通常推荐剂量为每次50至100毫克，每日1至2次；而肌内注射剂型的推荐剂量则为每次50至75毫克。氢氯噻嗪的利尿效果显著，适用于治疗多种类型的水肿病状。在长期应用时，需注意其可能导致的电解质失衡，尤其是血钾降低。在长期治疗过程中，需配合氯化钾使用，以补充体内可能流失的钾离子，保持电解质平衡。在治疗实践中，监测病猪的电解质水平，特别是血钾浓度，对于确保治疗安全性与有效性至关重要。

2. 孕酮

孕酮药物，是一种常用于猪疾病治疗中的激素类药物。该药物以针剂形式存在，通过肌肉注射方式给药。在临床应用中，孕酮通常用于防止流产和调节母猪发情周期。具体用量为每次15至25毫克，根据具体情况进行调整。孕酮的主要功能是维持妊娠，它通过模拟孕期黄体分泌的激素影响，起到安胎作用。在动物兽医实践中，孕酮被用于处理习惯性流产和先兆性流产等问题，以增加繁殖成功率。该药物还可应用于调整母猪的发情周期，促进同期发情，这对于提高生产效率和管理方便性有着重要意义。

3. 脑垂体后叶激素

脑垂体后叶激素是一种以针剂形式存在的激素类药物，主要通过肌内注射给药。此药物在使用剂量上有明确指导，范围从10至50国际单位每次。脑垂体后叶激素具备调节子宫收缩的功能，剂量不同可导致不同的生理反应。低剂量时，能增强子宫的节律性收缩，而高剂量则可引起子宫的强直性收缩，从而达到止血的目的。在临床治疗中，脑垂体后叶激素应用于母猪的催产，特别是在胎位正常、产道通畅而子宫收缩无力、子宫颈已开放的情况下。该药物还用于处理胎衣无法排出以及产后出血的问题。由于脑垂体后叶激素的作用时间较短，因此常与麦角新碱联合使用，以增强治疗效果。

4. 催产素

催产素作为一种常用于猪疾病治疗的药物，其剂型为针剂，具备有效的子宫收缩功能。该药物通过肌肉注射方式给药，每次用量介于 10 至 50 国际单位。催产素的主要作用机制与脑垂体后叶激素相似，能够促进子宫平滑肌的收缩，但与脑垂体后叶激素不同，催产素不含抗利尿作用。在临床上，催产素用于处理分娩中的子宫收缩无力，产后出血，促进分娩，胎衣排出不畅以及死胎的排出等情况。

（六）作用于中枢神经系统的药物

1. 复方氨基比林

复方氨基比林是一种针对中枢神经系统的药物，具备解热镇痛的效果。该药物由氨基比林与巴比妥两种成分复合而成，因此具有较强的持续作用，主要用于治疗各类疼痛症状，如神经痛、肌肉痛、关节痛以及急性风湿性关节炎。该药物通过肌内注射给药，建议剂量为每次 5 到 10 毫升。需注意的是，长期连续使用复方氨基比林可能导致粒性白细胞减少症，在使用过程中应监测患者的血液学指标，以便及时发现潜在的副作用。

2. 硫酸镁注射液

硫酸镁注射液作为一种药理制剂，其临床应用方式包括静脉注射或肌内注射，具体用量根据病情调整，一般每次用量控制在 2.5 至 7.5 克之间。该药物的主要功能是通过镁离子的作用对中枢神经系统产生抑制效果，进一步阻断神经肌肉的运动终板部位的传导，导致骨骼肌松弛。因此，在破伤风、士的宁中毒等病症中，硫酸镁注射液常被作为治疗手段之一。

3. 安乃近

安乃近为中枢神经系统药物，以片剂和针剂两种剂型存在。片剂通过口服给药，每次剂量范围为 2 至 5 克；针剂则通过肌内注射方式给药，每次剂量为 1 至 3 克。该药物的主要疗效包括解热、镇痛，且具有一定的消炎和抗风湿功能。长期应用安乃近容易导致粒细胞减少症，这一副作用会增加出血倾向。因此，在使用时需仔细监测猪只的反应，遵循适应症及医师指导，确保药物安全有效地发挥作用。

4. 阿司匹林

阿司匹林为常见的非甾体抗炎药，主要在猪疾病治疗中发挥解热、镇痛作用。其具有显著的消炎效果，尤其在抗风湿治疗方面效果卓著，能有效抑制炎症的发展。该药物适用于治疗猪发热、风湿症、神经痛、肌肉痛、关节痛、软组织炎症及痛风等疾病。在使用过程中，应注意阿司匹林的单次剂量为 1 至 3 克，过量可能引发副作用。对于肾功能不全的病猪，由于其代谢排泄受限，使用阿司匹林亦应谨慎，以防药物蓄积导致毒性作用。治疗痛风时，推荐与碳酸氢钠等量同服，以提高疗效并降低胃部刺激。

5. 柴胡注射液

柴胡注射液作为兽医临床上常用的药物之一，其主要剂型为针剂。该药物在动物医疗中，特别是对猪病的治疗上，多以肌内注射的方式缓解猪只的病痛。在用量上，根据具体情况，每次注射量通常为 5 至 10 毫升。该药液主要用于发热症状的治疗，如感冒、上呼吸道感染等，并因其显著的解热效果而得到广泛应用。除解热外，柴胡注射液还具有镇静、镇咳、镇痛和消炎的效果。在使用时，应注意其药效及可能出现的反应，以确保动物的安全和药物的有效性。

（七）作用于传出神经系统的药物

1. 肾上腺素

肾上腺素是一种常用的药物，属于内源性儿茶酚胺类激素，具有显著的心血管作用。该药物以针剂形式存在，通过肌内注射或稀释后的静脉注射给药，按照动物体重计算剂量。在临床治疗中，肾上腺素可有效刺激心脏，增强心肌收缩力，加快心率，并提升心血输出量。同时，该药物能够导致血管收缩，从而迅速提高血压。因其强效作用，主要用于急性麻醉过深、心力衰竭以及过敏性休克时的心跳减弱或骤停情况。肾上腺素的使用需谨慎，禁止与洋地黄、钙剂和碱性药物合用，因为这可能导致不良的药物相互作用。水合气醛中毒的猪也不宜使用肾上腺素，以防加剧病情。

2. 阿托品

阿托品作为一种抗胆碱类药物，在兽医领域的应用十分广泛，其主要作用体现在能够有效缓解动物胃肠道的平滑肌痉挛。阿托品还能抑制腺体的分泌功能，扩大瞳孔，减轻迷走神经对心肌的抑制作用，并且在抗休克和兴奋呼吸中枢方面显示出一定的效果。阿托品的这些特性使其成为处理胃肠痉挛、有机磷农药中毒及胆碱药中毒的主要药物。在全身麻醉前使用阿托品能显著减少腺体分泌，优化麻醉过程。在临床使用中，阿托品通常以针剂形式存在，通过皮下或肌内注射给药。剂量根据动物体重计算，以每千克体重 0.02 至 0.05 毫克的比例进行调配。阿托品的使用须谨慎，因其在超出推荐剂量时容易导致中毒。阿托品中毒的补救措施包括应用巴比妥类或水合氯醛等药物进行治疗。

第三节　猪疾病的针灸治疗

一、白针疗法

白针疗法采用毫针或小宽针，选择肌肉丰满处、背脊椎骨之间或关节骨隙等非血管密集区域作为穴位，针刺至一定深度后，通过行针、留针等操作引发病猪的针感或得气现象，从而发挥治疗效果。由于刺入穴位不引起出血，故与血针疗法形成对比，称为白针。白针疗法的安全性较高，因其避免了血管损伤和出血的风险，更适用于对猪只进行治疗时的非侵入性操作。该疗法的应用需根据猪疾病的具体病症和病理条件来定制，旨在通过调节猪只体内的气血平衡，促进猪只的康复。

其操作技巧要求根据不同穴位选择合适的刺入角度，包括直刺、斜刺和平刺。针刺深度应根据猪的体型调整，以避免过浅或过深导致的不良后果。具体而言，刺激背脊穴位时需避开脊髓，而刺激胸腹穴位时需避免损伤内脏器官。针感反应是针灸效果的重要指标，通过精确的穴位刺激和恰当的针法操作（如捻转、提、插等）来诱发。该反应通常表现为猪只出现弓腰、翘尾、局部肌肉收缩和皮肤颤动等生理现象。针感出现后，针灸治疗才被认为可能发挥疗效。白针疗法在临床应用中，通常用于治疗猪的消化系统疾病、肌肉损伤、扭伤、外周神经麻痹、母畜不孕症等症状。该疗法还可用于点刺治疗，如通过点刺黄肿部位促进液体或毒素的排出。有效的针灸治疗依赖治疗者对穴位的精确识别和操作技巧的熟练掌握，以及对猪只反应的敏感观察。

二、血针疗法

血针疗法，又名红针或放痧疗法，是一种通过在特定穴位或静脉上刺入针具引出少量血液的传统治疗方法，目的在于防治疾病。该疗法中会使用的工具包括小宽针、三棱针或刮痧刀等。在操作时，为避免损伤血管，通常会将针刃与血管走向保持平行。血针疗法所选穴位较浅，通常针刺 0.5 厘米左右深度可引起出血。治疗效果与放血量密切相关，根据疾病的性质和猪的体质，放血量需适度调整。对于热性病症、肿痛症和体态健壮的猪，可以适当增加放血量。例如，成年猪在多个穴位放血，总出血量达到 100 毫升左右对猪来说通常是可接受的。刺血后，血液一般会自行凝固止血，或者可以通过压迫方法在放出适量血液后止血。通过这种方法，可以达到调整体内气血、缓解病症的目的。

血针疗法是兽医针灸中的一种方法，主要用于猪疾病的治疗。在实际操作中，选择合适的穴位至关重要。猪常用的刺血穴位包括耳尖、人中、鼻中、尾尖、尾本、涌泉和滴水等。其中，特定的穴位如"肚斑痧"位于腹下乳头外侧皮下的胸外静脉分支上，通常左右侧各刺 4 针，共 8 针。腋夹穴和吊筋穴则分别位于腋窝臂部和前肢腕关节内侧方的脉管上，每个位置各刺 1 针。兽医在选穴时，会根据个体差异和疾病特点进行选择，由此形成不同的选穴配方。例如，"九路针"穴组的命名就是基于腋夹、吊筋、涌泉、滴水和尾本穴位的组合，共计刺 9 针。而"四海、五湖、八络"穴组则涉及涌泉、滴水、尾尖和"肚斑痧"穴位的组合。这些不同的穴位组合代表着兽医对猪只进行针灸时的个性化治疗思路，旨在针对特定疾病发挥最大的治疗效果。通过对这些穴位进行刺血，可以达到疏通经络、调整气血、缓解疼痛和促进病猪恢复健康的目的。

血针疗法具备多种生物学功能，如保健促膘、泄热开窍、止痛解痉、消黄散肿及泻毒。在热性疾病的治疗中，尤其是猪感冒、中暑、中毒等病症，血针疗法展现出了其显著优势。在实际应用中，血针疗法通过刺激特定的穴位，如"八络"等，对改善某些体质虚弱、肌肉消瘦且腹部膨大的病猪具有积极效果。这些病猪在接受血针治疗后，通常会显示出生长促进和膘肉增加的积极反应。这种治疗方法的有效性得到了兽医实践的验证，其安全性和经济性使其成为猪疾病治疗中的一种可行选择。

三、水针疗法

水针疗法，亦称穴位注射疗法，通过将药物直接注入穴位或痛点，结合了中医的针灸理念与西医的药物治疗方法。此法通过调节生物体功能，转变病理状态，进而治疗疾病。药物的直接作用于特定穴位，旨在激发穴位的局部及全身疗效，促进生理平衡的恢复与病理条件的改善。此种疗法的应用，体现了中西医结合的创新实践，拓宽了传统治疗方法的边界，为猪疾病的治疗提供了一种可行的替代方案。

水针疗法在猪疾病治疗中应用广泛，其使用简便的医疗器械，如注射针头与注射器，对特定病症进行针灸治疗。在治疗过程中，依据疾病类型选择不同的穴位，如前肢疾患可选抢风穴，后肢疾患则选大胯或小胯穴。眼病与消化道疾患分别选择太阳穴与大椎、百会穴。治疗时注射穴位数量宜限制在 1 至 3 个，过多可能不利于疗效。根据疾病的不同，选择合适的中西药液进行肌内注射，剂量通常为普通肌内注射量的 1/5 至 1/3，每个穴位注射 3 至 5 毫升为佳。此法通过在特定穴位注射药物，刺激穴位达到治疗效果，是结合传统中医针灸原理与现代药物治疗优势的典型表现。

此法适用于猪的外伤跛行、风湿病、神经麻痹等多种临床症状，尤其在后肢瘫痪、便秘、泄泻等治疗中效果显著。水针疗法还可用于繁殖障碍如胎衣不下、脱肛及子宫脱垂，和眼病等其他临床问题。在穴位注射上，引入生物药品能进一步增强疗效，提升机体免疫力。研究表明，穴位注射使用的生物药品可以根据不同的疾病状态进行特异性的选择，从而达到针对性治疗和免疫调节的目的。通过精确的穴位选择和适当的药物辅助，水针疗法不仅提供了一种非药物治疗的选择，还有助于减少药物治疗中可能出现的副作用，为猪疾病的综合管理提供了有力支持。

四、卡耳（尾）疗法

卡耳（尾）疗法在兽医学中属于传统治疗方法，通过药物埋入猪耳或尾部特定穴位进行治疗。该疗法被视为针灸疗法的一种变体，旨在针对特定猪病提供治疗。在使用此法时，常见的药物选择为砒石与蟾酥，这两种物质均具有毒性特点。砒石具有不同的类型，如红砒、白砒与砒霜，其使用量需严格控制在安全范围内，一般为一粒绿豆大小。而蟾酥，作为蟾蜍分泌的毒液，需在专业指导下采集与使用。此疗法的实施需依据兽医专业知识，确保安全有效地应用于疾病治疗中。尽管历史悠久，但在现代兽医实践中，此法的应用仍需结合科学研究与实践经验，以确定其在现代畜牧业中的适用性与有效性。

卡耳（尾）疗法是一种特殊的针灸治疗方式。该法通过在猪只的耳朵或尾巴的特定穴位上形成皮下囊并植入药物，以达到治疗效果。此法的具体操作包括使用宽针平刺皮下，在挑起皮肤形成囊后，放入大小相当于绿豆的砒石或蟾酥。治疗后的部位可能出现红肿或溃烂，形成小洞，若为卡尾则尾巴下段有可能出现坏死。虽然这种现象可能对猪的外观产生影响，但对其生长没有影响。卡耳疗法通常一次只针对一只耳朵，若需要重复治疗，应在一周后针对另一只耳朵进行，通常最多进行两次治疗。此种治疗方式需依照严格的操作规程执行，以确保疗效并减少副作用。

卡耳（尾）疗法作为猪疾病治疗的一种替代方法，其原理基于针刺和药物的双重诱导作用，旨在诱发猪体内的"内黄症"以激发其自身的抗病能力，进而消除病灶。该方法在传统药物治疗效果不显著或经济负担较重的慢性病例中尤为适用，如猪气喘病、猪流感及某些热性病的恢复期。通过埋卡治疗，药物本身也能发挥"以毒攻毒"的作用，为疾病提供了治愈的可能性。

第九章 混合感染疾病的防控

第一节 猪多病原混合感染

一、猪蓝耳病病毒、猪圆环病毒、副猪嗜血杆菌、小袋纤毛虫混合感染

（一）临床症状

感染猪只通常出现高热，体温可达 40.5℃，精神状态不佳，表现出明显的嗜睡行为。被毛粗乱和食欲减退甚至丧失，是感染症状的外在体现。呼吸频率加快，以腹式呼吸为主，这可能与呼吸系统受损有关。病理表现中，腹泻为常见症状，粪便性状由糊状转变为水样，且有恶臭味，时有鲜血混杂，这可能与消化道的病变有关。消瘦、皮肤苍白或发黄、黏膜发黄及淋巴结肿大均反映了机体严重的全身性反应。皮肤充血、皮下出血、瘀血以及关节肿大等症状在臀部、耳郭、腹下和四肢内侧部位更明显，更是感染后局部反应的直观表现。这些症状可能是由于血管内皮损伤和凝血机制紊乱所致。跛行、转圈、共济失调等神经症状则指示感染可能已影响到中枢神经系统。

（二）防控方案

1. 改进保健方案

采用针对性的抗菌药物预防措施，可有效预防细菌性疾病。在实际操作中，可通过在饲料中添加特定剂量的抗菌药物进行预防。例如，添

加 20% 多西环素、替米考星以及 70% 阿莫西林，或者 10% 氟苯尼考与
10% 阿奇霉素，这样的药物组合使用持续 7 天，能够有效抑制细菌性疾
病的发生。考虑到副猪嗜血杆菌感染的严重性及其对幼猪的早期影响，
对哺乳仔猪进行定时注射 20% 氟苯尼考，并在饮水中添加电解多维和黄
芪多糖，这一做法有助于提高幼猪的机体抵抗力。这种长期的保健措施
有助于减少疾病的发生率，并增强动物的整体健康状态。

2. 针对性治疗

治疗措施中，保育猪及中大猪饲料中添加 20% 替米考星和 10% 盐
酸恩诺沙星以及 30% 多西环素是常见的治疗方案。这种方法利用了联合
药效，能针对多重感染提供覆盖，降低单一药物使用频率，减少耐药性
产生。同时，注射头孢噻呋钠或泰乐菌素可具有更为直接的治疗作用。

对于腹泻严重且食欲下降的病猪，腹腔注射 5% 葡萄糖氯化钠注射
液与维生素 C 可以有效补充体液，改善猪只的整体状况。这种治疗方案
能迅速纠正脱水症状，提供必要的营养支持，促进病猪恢复健康。治疗
次数和持续时间应根据病猪脱水程度以及临床症状的改善情况来调整，
以确保治疗的效果。

二、猪蓝耳病病毒、圆环病毒、弓形虫、肺炎支原体混合感染

（一）临床症状

受感染猪只常表现出高热，体温可达 40 至 41.5 摄氏度，伴随精神
不振，食欲和饮水减退。部分猪只虽能勉强站立饮水，但不愿活动，且
粪便呈干硬球状，外包白色黏液，尿量减少且颜色偏黄。观察到部分感
染猪只的眼结膜出现潮红，眼睑出现粘连。发病初期，猪只可能流出清
晰鼻液，随着病程的发展，鼻液变得黏稠。皮肤毛孔出血，特别是在阴
门、腹部及耳朵等部位，可能出现蓝紫色变化，腹部和后躯等处有可能
出现蚕豆大小的出血斑。极个别猪只可能会突发死亡，临终前呼吸急促，
死后鼻孔可能流出白色泡沫状液体或带血液体，腹部皮肤变为淡紫色。

（二）防控方案

1. 发病猪治疗

肌内注射磺胺间甲氧嘧啶能有效抑制细菌的生长，恰当的剂量和使用频率对于遏制病情发展至关重要。为增强疗效，初次剂量加倍后连续使用 3 天，便可中断治疗，此法可减少药物滥用的风险，降低细菌耐药性的形成。针对病情较重的个体，头孢噻呋钠的肌内注射可作为抗生素治疗的一部分，其具备广谱抗菌特性，有助于控制混合感染中的细菌成分。静脉注射葡萄糖氯化钠、黄芪多糖、维生素 C 及维生素 B 的复合疗法有助于提升病猪的整体免疫力和生理恢复。这种综合疗法不仅针对病原体，还注重维持和提升动物自身的免疫防御功能，对于重症猪只而言，这种方法可帮助其快速恢复健康。

2. 未发病猪的防治

在未发病的猪群中，通过在饲料中添加磺胺六甲氧嘧啶、抗菌增效剂以及碳酸氢钠，可在一定程度上预防病原微生物的感染与扩散。这种做法利用了磺胺类药物和抗菌增效剂的联合抑制效果以及碳酸氢钠的调节作用，以达到预防效果。对于已发病的猪舍，饮水中添加黄芪多糖和维生素 C 能够抑制病毒的繁殖并增强猪群的免疫力。黄芪多糖作为一种免疫调节剂，能提升机体的非特异性免疫反应，而维生素 C 作为一种抗氧化剂，有助于减轻病毒感染引起的氧化应激，从而提高机体的防病能力。

3. 保育猪防治

在保育猪阶段，通过在饲料中添加药物进行预防是一种有效的方法。特定的药物剂量，如 20% 替米考星 400 克 / 吨配合中药复合制剂，可以通过连续喂养 7 天达到预防目的。此方法可以减少病原体的感染率，提高保育猪的生存率。同时，饲料中加入中药复合制剂有助于增强猪只的免疫力，减轻药物的副作用。

4. 环境防控

实施有效的消毒隔离措施对于控制病原体的传播至关重要。建议采用 2% 氢氧化钠对外部环境进行周密消毒，频率为每周两次，以降低环境中病原体的浓度，切断传播途径。同时，猪舍内部应选用高效而低毒的消毒剂，进行定期的带猪消毒，确保消毒剂对猪只安全且有效。除此之外，全场各车间的封锁隔离是防止病原体横向传播的有效措施。对于病死猪，必须进行无害化处理，以防病原体通过尸体进一步扩散。

三、猪流行性感冒病毒、胸膜肺炎放线杆菌、肺炎球菌、肺炎支原体混合感染症

（一）临床症状

感染猪只通常出现咳嗽、流泪、鼻涕及步态不稳，这些症状表明感染已经影响到猪只的呼吸系统及神经系统。感染猪只出现的喜卧和拒食现象反映了全身性的不适与能量代谢的降低。体温的显著升高，通常在40.5 至 41.5 摄氏度之间，是典型的炎症反应。临近死亡的猪只通常表现出精神沉郁和食欲全无，这是由于感染的系统性影响及机体对持续病原负荷的反应。鼻孔内脓性分泌物的堵塞和张嘴喘气，以及腹式呼吸，指示存在下呼吸道的严重感染，这可能导致气流受限和呼吸功能减弱。充血现象及皮肤发绀，尤其是在颈部、四肢内侧、耳尖和鼻盘等处，是由于感染引发的循环障碍和氧合不足。此类综合症状表明感染已经引起了严重的全身性炎症反应，可能导致猪只生命体征的迅速恶化。

（二）防控措施

猪场保温不足及卫生条件差是导致疾病发生的重要因素。为应对这一问题，必须实施有效的防寒保温措施，并进行定期及强制性的猪舍清洁，以降低疾病发生的风险。具体来说，猪舍的清洁消毒工作是防病控病的基本措施之一。使用冰醋酸熏蒸发病猪舍，需要稀释后多点熏蒸，可有效消灭病原体。猪场外周环境使用 2% 的氢氧化钠定期消毒，能够进一步减少病原体在猪场周围环境中的存活，从而切断疾病的传播途径。在饲养管理上，对保育阶段猪只饲料添加适量油脂，可以增加饲料的能量密度，帮助猪只抵抗疾病，增强其体质。这种饲料调整是基于现有饲

料配方进行的优化，旨在满足猪只在保育阶段对能量的高需求，促进其健康成长。

将阿司匹林和替米考星以 300 克 / 吨和 400 克 / 吨的剂量添加至饲料中，持续喂养 7 天，可减轻炎症反应并控制细菌感染。此法在减轻发病猪群症状方面发挥作用，也能通过减少应激反应，降低其他继发感染的风险。注射疗法的选择则更侧重于直接对抗病原体。上午柴胡注射液与青霉素的组合使用，每千克体重分别为 0.2 毫升和 6 万国际单位，每天一次，连续 3 天，可以发挥抗炎和抗菌的双重效果。下午泰乐菌素、地塞米松、安乃近的肌内注射同样遵循每千克体重 10 毫克、0.2 毫克和 0.2 毫升的剂量，这种方案旨在通过不同机制发挥抗菌和抗炎作用，同时减轻病猪的疲劳感。饮水添加剂的配方设计，考虑到维持水电解质平衡、提高机体的抵抗力及控制其他潜在的继发感染。葡萄糖、卡巴匹林钙、多种维生素与水溶性林可霉素的组合，以 3000 克 / 吨、200 克 / 吨、500 克 / 吨和 200 克 / 吨的剂量，供猪自由饮用，旨在支持猪群的整体健康状况，促进恢复。

第二节　猪两种病原混合感染

一、猪传染性胃肠炎病毒与大肠杆菌混合感染

（一）临床症状

猪传染性胃肠炎病毒与大肠杆菌的混合感染在临床上以各年龄阶段猪只的腹泻为主要表现。泌乳母猪表现出厌食和腹泻，粪便通常为灰褐色，体表无显著异常。经过观察发现，尽管少数猪只出现体温轻微升高和呕吐，但这并非普遍现象。值得注意的是，经过初期治疗的母猪有时会出现便秘反应。育肥猪和妊娠母猪腹泻的情况较少见。哺乳仔猪的临床症状最为严重，这一群体出现剧烈的水样腹泻，粪便颜色多变，可能为黄色、乳白色或灰白色，其中混有未消化的乳凝块和气泡，散发恶臭。这类仔猪还会出现脱水症状，四肢无力，站立不稳，导致高死亡率。

（二）防控措施

1. 预防接种

疫苗接种作为一种主动免疫方法，对于预防疾病具有核心作用。以全场妊娠母猪为对象，在产前 20 到 30 天进行交巢穴接种，可激活母猪的免疫系统，从而产生特异性抗体。这些抗体能够通过胎盘传给胎儿，或通过初乳传给新生猪仔，从而在出生后的猪仔中建立早期的免疫保护。接种猪传染性胃肠炎与猪流行性腹泻二联苗，量为 4 毫升，是防控这两种疾病的有效手段。

2. 对症治疗

（1）母猪对症治疗。对症治疗中，白细胞干扰素作为免疫调节剂，以每日 3 万国际单位的剂量来增强母猪免疫力，助力抵抗病毒感染。15% 浓度的盐酸吗啉胍也具有抗病毒效果，以每千克体重 25 毫克的剂量，每日两次的注射可直接抑制病毒复制。硫酸阿米卡星则针对大肠杆菌感染，以每千克体重 15 毫克的剂量，每日两次肌内注射，可以有效地控制细菌的扩散。补充 10% 维生素 C 注射液，每头 2 克，每天两次，可增强机体抗压力，减轻症状。口服补液盐的添加有助于维持猪只的电解质平衡，防止脱水，而对于病情严重的母猪，葡萄糖静脉输液则是必要的支持治疗，以保证其生命体征稳定。

（2）仔猪对症治疗。建议使用白细胞干扰素，剂量为 1 万国际单位 / 头，每日一次；15% 盐酸吗啉胍注射液，25 毫克 / 千克体重，每日两次；硫酸阿米卡星，15 毫克 / 千克体重，每日两次；10% 维生素 C 注射液，1 克 / 头，每日两次。这些药物均通过肌内注射方式给药，连续三天。为了有效补充水分和电解质，建议每日两至三次强制给予口服补液盐，将氯化钠 3.5 克、碳酸氢钠 2.5 克、氯化钾 1.5 克、葡萄糖 20 克溶于温水 100 毫升中，让仔猪自由饮用。对于病情较为严重的仔猪，则需要通过氯化钠注射液、碳酸氢钠注射液、氯化钾注射液及葡萄糖注射液的混合溶液进行腹腔补液。产房中新生小猪出生后应立即注射干扰素，以提高其免疫力。在治疗过程中，保持产房温暖对于猪只恢复健康来说也是至关重要的环节。

二、猪圆环病毒与附红细胞体混合感染

（一）临床症状

猪圆环病毒与附红细胞体混合感染是猪群中常见的病症，临床表现多样。感染猪只通常在腹部、臀部和后肢皮肤上出现特征性的黑色丘疹，这些丘疹中央凹陷并形成痂皮。部分病猪在鼻端、四肢、下腹部及背部也会出现紫红色的瘀斑。感染猪只耳朵发紫并常伴有高热，体温可达40℃。眼结膜苍白以及颌下和腹股沟淋巴结肿大，尤其是腹股沟淋巴结，是混合感染的明显体征。从前腔静脉采集的血液常呈稀薄状，类似水。

（二）防控方案

对病情严重且无治疗价值的病猪进行淘汰，是减少疾病传播风险的前提。采用针对圆环病毒高效的消毒剂进行环境消毒，可有效降低病原体浓度，切断传播途径。具体的消毒程序包括每天两次的消毒，连续实施一周后调整为每三天一次。这样的安排旨在通过持续的消毒活动，确保病原体受到持续压制，从而最大程度地控制病原体的浓度，减小其对健康猪只的感染风险。

对症治疗方面，针对发病猪具体用药量为血虫净7毫克/千克体重与长效土霉素20毫克/千克体重，每日一次，连续用药3至5天。血虫净用于杀灭附红细胞体，而长效土霉素则针对可能的细菌感染。对于严重贫血的猪，注射牲血素3至5毫升可作为辅助治疗，以补充红细胞并缓解贫血状况。同时，应用黄芪多糖0.2毫克/千克体重能增强猪只的免疫力，有助于猪只抵抗病毒感染并加速恢复。饲料添加剂也是防控策略的一部分，将30%强力霉素以1000克/吨的剂量与阿散酸180克/吨的剂量加入饲料中，连续喂养5至7天，可以通过改善猪只的肠道环境，降低病原体负荷，进而减轻病情。

三、猪瘟病毒与弓形虫混合感染

（一）临床症状

高热是猪只感染猪瘟病毒后的显著特征，病猪体温可上升至 40.3 至 42℃，呈现为持续性发热。精神状态和食欲受损，甚至完全丧失，进一步加剧了病猪的衰弱。皮肤症状包括紫斑和出血点，消化系统表现为粪便干燥后转为腹泻，粪便中常带有黏液。部分感染猪只会有呕吐行为和呼吸频率增加的状况，体表淋巴结肿大，尤其是腹股沟淋巴结。呼吸系统症状进展为呼吸困难，病猪可能出现腹式呼吸或犬坐式呼吸，严重时后肢麻痹导致不能站立。在繁殖方面，感染母猪可能流产、早产、死产，产下的仔猪体弱，多在出生后 3 至 5 天内死亡。病程的后期，猪只会出现衰竭，卧地不起，临终前体温骤降。

（二）防控方案

针对此类感染，应实施严格的生物安全措施，包括病死猪、流产胎儿及排泄物的焚烧和深埋处理，以减少病原体在环境中的传播风险。同时，病猪的隔离至关重要，可防止病毒与弓形虫进一步在群体中扩散。猪舍、圈养用具及环境的彻底消毒也是控制感染的重要环节，能够有效降低病原体的存活率。紧急免疫接种策略的实施，如对猪群施行猪瘟高效活疫苗接种，是预防猪瘟病毒传播的有力措施。正确的接种剂量能够确保免疫效果，从而提高猪群的整体抵抗力，减少疫情的发生与蔓延。

磺胺间甲氧嘧啶注射液以 15 毫克 / 千克体重的剂量，首次加倍后，每日两次肌内注射，连续使用 3 至 5 天。该疗程旨在抑制混合感染引起的病理变化，减轻临床症状。同时，饲料中添加磺胺五甲氧嘧啶与抗菌增效剂的组合用药策略，辅以碳酸氢钠，以稳定动物的内环境，连续饲喂 5 天，可增强药物疗效，促进恢复。

第三节　猪两种细菌混合感染

一、副猪嗜血杆菌和肺炎支原体混合感染

（一）临床症状

感染这两种病菌的猪只通常出现体温升高至 40.5℃左右的情况，并伴随食欲减退或采食量降低。此类病例中咳嗽现象普遍，表现出痉挛性，同时伴有呼吸急促。在疾病进程中，呼吸困难加剧，可观察到腹式呼吸。部分猪只个体会显示耳尖发紫，消瘦和被毛粗乱，形状异常，体型中间大而两端小，类似刺猬形态。另外，由于后肢关节肿大，猪只常表现出不愿站立的行为，若被强行驱赶，则可能出现跛行或站立不稳。在疾病晚期，后肢麻痹现象显现，导致动物无法站立。在死亡前，可能会出现角弓反张等神经系统症状。

（二）防控方案

1.控制病情

将保育猪进行合理分群，根据健康状态及症状的严重程度，实行分级管理。健康无病猪只与刚出现咳嗽症状但未有喘气的猪只留在保育舍，以减少疾病传播的风险。同时，出现明显喘气但症状不严重，有治疗价值的猪只应放置于隔离舍中接受治疗。对于那些已严重喘气且消瘦的猪只，应及时淘汰，以防止疾病进一步扩散。对于食欲正常的健康猪群，通过饲料添加复合药物进行预防措施是一种有效方法。具体做法包括在饲料中加入 10% 氟苯尼考 400 克 / 吨配合 70% 阿莫西林 300 克 / 吨，或是 80% 泰妙菌素 120 克 / 吨结合 15% 金霉素 3000 克 / 吨再加 70% 阿莫西林 300 克 / 吨，连续使用一周。肌肉注射林可霉素 10 毫克 / 千克体重或阿米卡星 8 毫克 / 千克体重也是防控此类混合感染的常用方法。这种

防控方案可以有效减少疾病的发生率，增强猪群的整体健康状况。隔离舍猪治疗方案包括隔离病患猪只，并采取饮水给药与注射相结合的方法。饮水给药的做法是在饮用水中加入特定剂量的药物，如水溶性氟苯尼考和水溶性林可霉素，确保猪只能自由饮用含药的水。此方法能确保药物均匀分布于猪只摄入的水分中，有助于药物的均衡摄入。同时，注射复方长效磺胺嘧啶或泰乐菌素等药物是为了直接将抗生素输送到体内，以确保立即和直接的药物作用，特别是在病情较重时。这种直接注射的方式可以迅速提升血药浓度，对抗病原体产生即时效果。

2. 调整保健方案

针对此类感染，特定的保健方案调整显得尤为必要。该方案应依据猪群发病的特点，通过饲料中添加特定药物来进行。例如，在 35 至 42 日龄阶段，黄芪多糖与氟苯尼考的组合使用，有助于增强猪群的免疫力，并对抗细菌感染。随着猪只年龄增长至 42 至 47 日龄，无味恩诺沙星与多西环素的联合添加，旨在针对细菌性疾病提供更强的保护。10 至 18 周龄的猪只处于呼吸道疾病高发期，替米考星与多西环素的组合，其添加量的精确计算，旨在预防可能的细菌感染，特别是那些对猪群健康构成较高风险的病原体。这样的预防策略，通过药物的精确添加，有望降低疾病发生率，优化猪群的整体健康状况。合理的饲料药物添加计划，可视为一种积极的预防手段，有助于减少抗生素的滥用，进而减缓细菌耐药性的发展。

3. 拟定措施

生物安全措施是防控的基石，实施"全进全出"制度可以显著降低交叉感染的风险。仔猪在从产房转移到保育舍时，应尽量减少应激，维护其群体稳定性，这有助于提高猪只的整体健康水平和生长性能。保育舍内环境的温度控制对猪只健康同样重要。确保温度维持在 21 至 23 摄氏度，为猪只提供一个舒适且干净的环境，有助于促进猪只生长并减少疾病发生。合理选用刺激性较小的消毒药物并定期进行消毒，每周两次，能有效减少病原体的负担，降低感染的可能性。

二、猪巴氏杆菌和副猪嗜血杆菌混合感染

（一）临床症状

感染初期，可能观察到无预兆的急性死亡，死猪表现为腹部、耳朵及四肢皮肤发绀。随着病情发展，患猪出现精神萎靡、食欲减退甚至完全不进食，体温异常升高至41至42.5摄氏度，伴有咳嗽及流鼻液等症状，其中鼻液可能带血。口鼻发紫、咽喉肿胀和犬坐式呼吸等症状也可能出现，表明呼吸系统受到严重影响。若治疗不及时或方法不当，死亡率高，通常在3天内发生。在更长时间的病程中，患猪可能表现为跛行、关节肿大，且站立困难，有时伴有排泄灰色稀便。慢性感染的病程较长，可持续10天以上，症状包括打寒战、挤堆行为、被毛粗乱、皮肤苍白，呼吸方式转为腹式，伴随拉稀和四肢无力，导致生长发育不良。最终若无有效干预，患猪将逐渐消瘦，直至死亡。

（二）防控方案

针对猪巴氏杆菌与副猪嗜血杆菌的混合感染，制定了基于药敏试验结果的防控方案。该方案主要包括两种药物的应用，即通过全群饮水和饲料添加的方式实施。在饮水中加入10%氟苯尼考、70%阿莫西林以及黄芪多糖，有助于针对多种病原体的综合治疗，且黄芪多糖的添加可以起到增强免疫力的辅助作用。此方案建议持续饮用5至7天。在饲料中添加10%无味恩诺沙星与40%林可霉素，则提供了另一途径以确保药物的有效摄入，同样建议连续喂养5至7天。

治疗上，推荐使用环丙沙星或氟苯尼考，具体剂量分别为8毫克/千克体重和20毫克/千克体重，持续3至5天。对于急性和慢性的重症病例，应采用扑杀和无害化处理的方法以防疫情扩散。环境管理方面，加强猪舍的保温、通风和换气，尤其是要注意减少日夜温差，以减少猪只的应激反应。要提高舍内外环境及用具的消毒和卫生水平，以降低感染源和传播途径。经过一周的治疗与管理后，猪群状态通常显示稳定迹

象。此时，可通过口服接种猪多杀性巴氏杆菌弱毒苗进行免疫强化，剂量为每头猪2头份，以提高群体的抗病能力，预防疾病的复发。

三、猪链球菌和胸膜肺炎放线杆菌混合感染

（一）临床症状

猪链球菌与胸膜肺炎放线杆菌的混合感染导致的临床表现复杂，典型症状包括精神状态不佳，嗜睡，运动障碍如站立不稳，喜欢卧着不动，以及被毛粗乱。早期表现为眼结膜充血，进而发展为缺氧引起的发绀，并伴有眼角分泌物。疾病进程中体温显著升高至40.5至41摄氏度，呼吸频率和心跳次数增快。呼吸障碍表现为明显困难，呈现浅表的腹式呼吸。鼻镜干燥并伴有特征性的红色浆液性或铁锈色分泌物。干咳是另一常见症状，部分病猪在接受胸部触诊时表现出疼痛。感染猪只食欲下降，粪便干燥，尿液颜色深变。抗生素治疗可以暂时改善食欲，但一旦停药，食欲再次丧失，表现为离槽呆立。部分感染猪只会出现短暂呕吐和腹泻。皮肤症状包括早期广泛出血和潮红，尤其在耳、头颈、背部区域，后期可能发展为出血性紫斑，严重病例可出现结痂、坏死和脱落。

（二）防控方案

1. 紧急处理方案

规范化的免疫程序是有效控制此类感染的基础，应按照既定要求执行链球菌与传染性胸膜肺炎的疫苗注射。环境卫生管理同样对疫病控制至关重要，需采用高效广谱消毒剂对猪舍进行定期消毒，以及使用氢氧化钠对猪舍周边环境进行消毒，从而减少病原体的生存和传播。此外，加强饲养管理，维持圈舍清洁，及时隔离疑似病猪，对猪粪进行无害化处理，均为限制疾病扩散的重要环节。限制人员进入猪舍及禁止病猪买卖亦为防控措施中的关键部分，以防止疾病通过人员或交易传播。

2. 针对性治疗

治疗此类混合感染，建议通过饲料添加特定抗生素。例如，土霉素

与氟苯尼考的组合，或替米考星与多西环素的联合使用，均能对病原体施加有效抗菌压力，需要连续喂养一周。在饮水中添加水溶性阿莫西林与多西环素同样可作为治疗方案，连续使用一周。治疗应尽早开始，并在症状消退后继续用药 1 至 2 天以防复发，绝不可中断。重症感染需要增大药物剂量。由于病猪容易产生抗药性，故选择对病原体有敏感性的药物至关重要。

在针对猪链球菌和胸膜肺炎放线杆菌混合感染的治疗中，多种方案被提出以应对临床需求。一种常见做法是使用头孢拉定，剂量为每千克体重 10 毫克，治疗周期通常为 3 至 4 天。解热药物的使用对于控制发热症状同样重要，如氟尼辛葡甲胺、磺胺六甲氧嘧啶或氟苯尼考，这些药物的剂量分别为每千克体重 2 毫克或 20 毫克，通过肌内注射给药，每日两次。特别值得注意的是，氟苯尼考与头孢拉定的联合应用，剂量按照前述标准，连续使用 3 至 4 天，可观察到显著的疗效。氟苯尼考与卡那霉素的组合，同样以每千克体重 20 毫克和 15 毫克的剂量，分别进行肌内注射，每天两次，维持 3 至 4 天的疗程，也是治疗该混合感染的有效方案之一。这些治疗方案的选择需根据具体的临床症状和细菌培养结果来决定，以确保治疗的针对性和效率。

第四节　猪两种病毒混合感染

一、猪蓝耳病病毒与猪伪狂犬病毒混合感染

（一）临床症状

刚出生的仔猪在产后三天内开始出现病态，发病率及死亡率在感染七天内达到最高峰。临床症状包括精神萎靡、食欲下降、腹泻、发抖、运动障碍、痉挛及抽搐等神经症状，以及体温异常升高。受感染的仔猪在病程进展到一定阶段后，体温会下降，出现腹式呼吸，并在 12 小时内死亡。中大型猪的症状则以食欲缺乏、发热、呼吸困难为主，同时出现

皮肤上的紫斑，体温升高至41至42摄氏度，继而逐渐下降。此类猪只的临床表现还包括畏寒，且每日都有个体死亡发生。

（二）防控方案

病死猪的深埋无害化处理是防止病毒传播的基本措施，这有助于消减病原体在环境中的存活。对于母猪及仔猪的管理，广谱抗生素的使用能有效预防细菌继发感染，这对于降低疫情对养殖业的经济影响具有重要意义。在猪场卫生防疫方面，通过执行周密的消毒程序，如定期对猪舍的地面、墙壁和设备进行消毒，可有效控制病毒的传播。粪便的集中处理和发酵池的使用可以进一步减少病原体的外部传播风险。防鼠和灭鼠措施对于切断病毒的潜在传播途径同样至关重要。

对全猪群执行猪伪狂犬病双基因缺失活疫苗的紧急接种，每头猪接种一份。这种疫苗能激发猪只对两种病毒的免疫反应，减少疾病的发生和传播。同时，加强饲养管理，提供优质全价饲料，对猪只体质的增强起着至关重要的作用。营养丰富的饲料可以提升猪只的整体健康和抗病力，从而辅助疫苗发挥更好的预防效果。对于流产的母猪，推迟配种时间至少一个发情周期，这有助于母猪恢复体力和健康状态，避免因连续妊娠对其健康造成的负面影响。此举可减少因体弱多病导致的再次流产风险，也有助于保证后代猪只的健康。

药物治疗方案的选用，旨在减少继发感染，通过在饲料中添加林可霉素、壮观霉素和阿莫西林，可见一周的连续喂养对控制感染有积极作用。这种药物组合利用了不同药物的协同效应，提高了治疗效率。支持疗法的应用，如在饮水中添加高浓度口服葡萄糖及水溶性黄芪多糖，对提升猪只的免疫力和采食量具有显著效果。高能量的葡萄糖补充有助于恢复猪只体力，而黄芪多糖作为一种免疫调节剂，可增强机体对病原体的防御能力。

二、仔猪伪狂犬病毒与猪瘟病毒混合感染

（一）临床症状

感染初期，仔猪体温显著升高至 41 至 42 摄氏度，呈现出气喘、发抖和精神萎靡等非特异性临床症状。消化系统受累，表现为呕吐和腹泻，且病猪不再吮乳。皮肤和黏膜出现发绀及出血现象，说明循环系统也受到了影响。如出现眼球震颤、兴奋不安、抽搐和转圈行为表明病毒对中枢神经系统的直接侵犯。病变进一步发展就会出现神经功能衰退导致部分病例呆立或头部触碰栏杆，四肢麻痹至最终不可逆地丧失运动能力，表现为游泳状划动的状况。病变进展至后期，伴随流涎和加重的呼吸困难，临床上表现为整窝仔猪发病，体温下降，并在 1 至 2 天内迅速衰竭死亡。

（二）防控措施

在仔猪伪狂犬病毒与猪瘟病毒混合感染的防控过程中，迅速隔离病猪是阻断疫情传播的关键步骤。对于症状严重的仔猪，需要立刻扑杀并进行深埋处理，确保疫源得到彻底消除。对栏舍及使用的工具进行彻底消毒，是切断病毒传播途径的必要措施。指定专人负责饲养，限制无关人员不得进入栏舍，可以有效减少病毒由人员带入和带出的风险。灭鼠工作的有效执行，进一步降低了害虫可能成为病毒携带者的可能性。病原查明后，采用猪瘟高效活疫苗和伪狂犬病基因缺失活疫苗进行免疫接种，是预防疾病扩散的有效手段。

猪伪狂犬基因缺失疫苗的使用，可提供对伪狂犬病的免疫保护。建议种猪每年接种三次，免疫程序应在 35 至 40 月龄时进行第二次免疫，每次接种量为 1 头份。猪瘟高效活疫苗的应用对控制猪瘟疫情同样重要。种猪在春秋两季接种，新生仔猪出生后应通过滴鼻的方式接种猪伪狂犬基因缺失活疫苗，每次接种 2 头份。种母猪在产后 20 至 25 天接种猪瘟高效活疫苗，以及仔猪在 20 日龄及 60 日龄时再次接种，均为 1 头份/次。

三、猪流感病毒和猪瘟病毒混合感染

（一）临床症状

功能的显著改变。感染初期，猪只体温显著升高，表现出精神萎靡和食欲缺乏，随后发展为完全拒食。病猪多会聚集挤卧，活动能力减弱，呈现眼结膜潮红和分泌物增多的症状。患猪皮肤出现多发性小出血点，呼吸急促，甚至出现呼吸困难，且可能伴随咳嗽和清鼻涕。消化系统同样受影响，表现为便秘、排出干燥粪球，且粪便表面可能覆盖有黏液。部分患病猪只会出现全身颤抖，腹泻，甚至排出水样或黏液性的恶臭粪便，以及尿液颜色异常。感染还可能导致猪只肌肉和关节疼痛，增加触摸敏感性。在感染后期，妊娠母猪流产的现象也可能发生。一般而言，从感染开始的三天内，疫情可能导致猪只死亡。

（二）防控方案

隔离病猪，及时淘汰和处理病死猪，这一步骤对于切断传播途径至关重要。加强猪舍卫生和消毒工作，定期进行彻底清扫和消毒，能有效降低病原体在环境中的存活率。使用3%的氢氧化钠对外环境进行消毒以及使用1:300复合酚对内环境进行消毒，针对不同环境选择适宜的消毒剂，以确保消毒效果。紧急免疫接种猪瘟疫苗对于控制病毒传播具有重要作用。确保按照猪只体重和成长阶段调整疫苗剂量，并严格执行接种程序，是保障免疫效果的关键步骤。

对于发热症状的病猪，推荐使用青霉素与柴胡加氨基比林的组合进行治疗，此法能有效对抗细菌感染并缓解发热症状。该药物组合以指定剂量肌内注射，一日两次，持续三天。对于表现出喘气及严重咳嗽症状的病猪，建议采用阿米卡星与地塞米松或泰乐菌素进行治疗。这种治疗可有效缓解症状，减轻呼吸道炎症。药物以规定剂量肌内注射，每日两次，疗程为三至四天。继发感染的控制同样重要，建议在全群饲料中添加无味恩诺沙星与多西环素，以减少继发细菌感染的可能性，连续使用七天。这种预防策略能够减轻病毒感染后细菌二次感染的风险，促进猪群健康。

参考文献

[1] 周改玲，乔宏兴，支春翔，等．养猪与猪病防控关键技术 [M].郑州：河南科学技术出版社，2017.

[2] 吕志强．养猪手册 [M].石家庄：河北科学技术出版社，1997.

[3] 许益民．安全优质生猪的生产与加工 [M].北京：中国农业出版社，2005.

[4] 曹洪战．规模化生态养猪技术 [M].北京：中国农业大学出版社，2013.

[5] 张永康，李世满，杨刚．养猪实用技术 [M].银川：阳光出版社，2022.

[6] 米文宝，李陇堂，李文华，等.中国自然资源通典：宁夏卷[M].呼和浩特：内蒙古教育出版社，2015.

[7] 吴家强．肉猪疾病临床诊治与规范用药 [M].济南：山东科学技术出版社，2021.

[8] 舒相华，宋春莲，尹革芬．规模化猪场疾病防控 [M].昆明：云南科技出版社，2017.

[9] 刘建涛．猪的采食、排泄以及群居行为 [J].养殖技术顾问，2012（5）：37.

[10] 远永来，王国辉，郭春辉，等．高产母猪的饲养策略 [J].饲料与畜牧，2017（12）：54-55.

[11] 许秀平．三元杂交瘦肉型猪综合配套技术系列讲座之六：二元母猪妊娠期、哺乳期的饲养管理 [J].农家致富，2001（6）：23-24.

[12] 李涛．皮特兰猪的生产性能与科学利用 [J].当代畜牧，2003（7）：5-6.

[13] 王蕾．皮特兰猪的饲养管理要点 [J].山东畜牧兽医，2013（3）：9.

[14] 徐炜 . 影响猪病治疗效果的因素及对策 [J]. 吉林畜牧兽医，2023（10）：
39-40.

[15] 薛隐龙，常攀峰，何健，等 . 猪链球菌病的诊断与防治 [J]. 甘肃畜牧兽医，
2023（5）：38-40.

[16] 王云飞 . 猪水疱疹病的诊断和防治措施 [J]. 新农业，2023（17）：65-
66.

[17] 邓英 . 仔猪红痢病的诊断与防治 [J]. 养殖与饲料，2023（9）：53-55.

[18] 楚牧 . 猪副嗜血杆菌病的诊断与防治 [J]. 养殖与饲料，2023（9）：
56-58.

[19] 任仓虎，邢延军，刘利，等 . 猪细小病毒病的诊断 [J]. 当代畜牧，2023（8）：
9-10.

[20] 于振波 . 仔猪链球菌病的诊断与防治 [J]. 吉林畜牧兽医，2023（8）：
59-60.

[21] 杨蕴力 . 三种常见猪病的诊断与防控浅析 [J]. 新农业，2023（15）：
66-67.

[22] 宋子杰，蔡平梨，朱悦 . 浅析秋冬季常见猪病的诊断与治疗 [J]. 畜禽业，
2023（7）：68-70.

[23] 蔡家竹 . 探析夏季常见猪病的诊断与治疗 [J]. 畜禽业，2023（7）：
71-73.

[24] 梁刚，刘贵祥，孙泰山 . 常见猪病的诊断与防治 [J]. 今日养猪业，2023
（4）：72-74.

[25] 王素梅 . 猪腹泻病诊断与防治 [J]. 农业技术与装备，2023（6）：154-
156.

[26] 陈国栋 . 猪蓝耳病的诊断与综合防治措施 [J]. 畜牧兽医科技信息，2023
（6）：127-130.

[27] 刘帮文 . 猪病防治现状与策略 [J]. 新农业，2023（10）：67-68.

[28] 李冰洁，李巍 . 猪病诊断中存在问题及常见病治疗分析 [J]. 吉林畜牧
兽医，2023（5）：45-46.

[29] 章红兵.我国猪病流行现状、未来趋势及主要猪病防控思路 [J].今日养猪业，2023（3）：11-16.

[30] 周永才.仔猪白痢的诊断与防治措施 [J].当代畜牧，2023（4）：86-88.

[31] 何小军.猪弓形虫病的诊断和防治 [J].猪业观察，2023（2）：38-39.

[32] 周礼伟.猪口蹄疫病的疾病诊断方式及防治措施 [J].中兽医学杂志，2023（4）：34-36.

[33] 张皓淳，魏澍.猪流行性感冒诊断及防治措施 [J].现代畜牧科技，2023（3）：88-90.

[34] 袁文博.生猪常见疾病的诊断与治疗研究 [J].中国畜牧业，2023（5）：101-102.

[35] 陶佳丽，孙彬.猪气喘病的诊断、防治与净化 [J].山东畜牧兽医，2023（1）：41-44.

[36] 黄和文.猪链球菌病诊断与防治 [J].畜牧兽医科学(电子版)，2022(23)：67-69.

[37] 宋志鹏.猪常见四种寄生虫病的临床症状、诊断方法及防治研究 [J].今日畜牧兽医，2022（11）：104-105，120.

[38] 周得玖.探析现代生物技术在猪病诊断和防治中的应用 [J].畜牧兽医科技信息，2022（7）：38-40.

[39] 李建平.现代生物技术在猪病诊断和防治中的实践 [J].中国畜禽种业，2022（3）：165-166.

[40] 代芳平.现代生物技术在猪病诊断和防治中的应用 [J].中国畜禽种业，2022（1）：146-147.

[41] 王萃.现代生物技术在猪病诊断和防治中的应用分析 [J].中国畜禽种业，2021（12）：151-152.

[42] 秦春意.现代生物技术在猪病诊断和防治中的应用探析 [J].畜禽业，2021（7）：42，44.

[43] 李贝贝.现代生物技术在猪病诊断与防治中的应用 [J].科教导刊，2021（13）：74-77.

[44] 边莉.现代生物技术在猪病诊断和防治中的应用 [J].中国畜禽种业，2020（4）：142.

[45] 刘志强.现代生物技术在猪病诊断和防治中的应用 [J].今日畜牧兽医，2019（9）：25-26.

[46] 徐艳姣，卢朝军.现代生物技术在猪病诊断和防治中的应用 [J].中国高新区，2018（10）：231.

[47] 张汉武.现代生物技术在猪病诊断和防治中的应用研究 [J].畜牧兽医科学（电子版），2017（8）：6-7.

[48] 康忠杰.现代生物技术在猪病诊断和防治中的应用 [J].畜牧兽医科学（电子版），2017（3）：34.

[49] 马守君.现代生物技术在猪病诊断和防治中的应用 [J].农业与技术，2016（20）：99.

[50] 崔宇超，崔尚金.现代生物技术在猪病诊断和防治中的应用 [J].猪业科学，2011（8）：32-37.